食品科学与工程学科研究生系列教材

食品脂质

刘元法　主编

中国轻工业出版社

图书在版编目（CIP）数据

食品脂质／刘元法主编 .—北京 ：中国轻工业出版社，2023. 5

ISBN 978-7-5184-4378-9

Ⅰ. ①食… Ⅱ. ①刘… Ⅲ. ①食品—脂类—教材
Ⅳ. ①TS201. 2

中国国家版本馆 CIP 数据核字（2023）第 030601 号

责任编辑：张　靓
文字编辑：刘逸飞　　责任终审：许春英　　封面设计：锋尚设计
版式设计：砚祥志远　　责任校对：朱燕春　　责任监印：张　可

出版发行：中国轻工业出版社（北京东长安街 6 号，邮编：100740）
印　　刷：三河市国英印务有限公司
经　　销：各地新华书店
版　　次：2023 年 5 月第 1 版第 1 次印刷
开　　本：787×1092　1/16　印张：15. 25
字　　数：340 千字
书　　号：ISBN 978-7-5184-4378-9　定价：58. 00 元
邮购电话：010-65241695
发行电话：010-85119835　传真：85113293
网　　址：http://www. chlip. com. cn
Email：club@ chlip. com. cn
如发现图书残缺请与我社邮购联系调换
220417J7X101ZBW

本书编写人员

主　编　刘元法　江南大学

副主编　徐勇将　江南大学

邓乾春　中国农业科学院油料作物研究所

周大勇　大连工业大学

郑召君　江南大学

参　编（按姓氏拼音排序）

毕艳兰　河南工业大学

柴秀航　江南大学

何东平　武汉轻工大学

刘炎峻　江南大学

孙尚德　河南工业大学

吴时敏　上海交通大学

叶　展　江南大学

尹世鹏　江南大学

前　言

脂质广泛存在于农产品生物资源中，也作为原料应用到各种加工食品中，是人体所需七大营养素之一。脂质对食品体系的消费、营养品质特性和机体的正常生理功能均有重要影响。目前，食品脂质及脂质营养、加工、生物制造等方面受到了全球各界的关注。本教材重点从食品脂质分子与物性理论及科学基础、食品脂质营养健康和食品脂质加工制造基础等方面系统教授学生和行业从业者。这是国内首部详细论述食品脂质基本理论和生产工艺的教材，并以真实产品为实例展开详细说明，本书同时涵盖国内外主要产品及生产工艺、检测分析技术及产品品质控制和评价。

本书共分五章，第一章系统阐述了脂质的结构与理化性质；第二章从食用油制取与精炼技术、油脂改性与凝胶化、功能性脂质加工、食品脂质产品及其应用四个方面阐述了食品脂质加工基础与应用；第三章介绍了脂质的新资源开发、生物制造技术与应用；第四章从脂质营养功能、消化与吸收、膳食脂质代谢、膳食脂质与疾病调控四方面，阐述了脂质的营养与健康；第五章详细介绍了食品脂质相关分析与检测的原理与方法。

本教材在撰写及校正的过程中，编者本着科学求真的态度完成本书。本书可以作为食品脂质的应用技术教材供油脂领域从事科研、理论应用以及生产的科技人员参考。

编　者

目　录

第一章　脂质的结构与理化性质 …… 1
学习目标 …… 2
第一节　脂质概述 …… 2
一、脂质的定义 …… 2
二、脂质的分类 …… 3
三、脂质的作用 …… 5
第二节　简单脂质 …… 5
一、脂肪酸 …… 5
二、甘油酯 …… 22
三、蜡 …… 29
四、植物甾醇酯 …… 31
第三节　复合脂质 …… 32
一、磷脂 …… 32
二、糖脂 …… 36
第四节　衍生脂质 …… 38
一、甾醇 …… 38
二、类胡萝卜素 …… 42
三、单萜 …… 43
四、天然酚类物质 …… 46
思考题 …… 57

第二章　食品脂质加工基础与应用 …… 59
学习目标 …… 60
第一节　食用油制取与精炼技术 …… 60

一、油料预处理与油脂制取 …… 60
二、食用油脂的精炼 …… 67
第二节 油脂改性与凝胶化 …… 75
一、油脂氢化 …… 75
二、油脂酯交换 …… 78
三、油脂分提 …… 81
四、油脂凝胶化 …… 85
第三节 功能性脂质加工 …… 87
一、天然功能性脂质的提取 …… 87
二、结构脂质合成 …… 91
三、微生物油脂制取 …… 93
四、油脂粉末化 …… 94
第四节 食品脂质产品及其应用 …… 95
一、典型餐饮用油脂 …… 95
二、食品工业专用油脂 …… 101
三、功能性脂质 …… 108
思考题 …… 117

第三章 脂质的生物制造 …… 119
学习目标 …… 120
第一节 脂质新资源开发 …… 120
一、新植物源脂质 …… 120
二、新动物源脂质 …… 124
三、微生物源脂质 …… 129
第二节 脂质生物制造基础 …… 132
一、脂质生物合成过程 …… 132
二、脂肪酸合成基因 …… 134
三、甘油三酯合成基因 …… 136
第三节 脂质生物制造技术 …… 138
一、基因工程 …… 139
二、蛋白质工程 …… 141
三、代谢工程 …… 144

第四节　脂质生物制造应用 …… 149
一、脂质酶法制取 …… 149
二、合成生物学 …… 153
三、细胞工厂 …… 154
思考题 …… 158

第四章　脂质营养与健康 …… 159
学习目标 …… 160
第一节　脂质营养功能 …… 160
一、脂质的营养功能 …… 160
二、膳食脂质来源及推荐摄入量 …… 162
三、功能性脂质的生理功能 …… 163
第二节　脂质消化与吸收 …… 169
一、脂质的胃肠道消化 …… 170
二、脂质的吸收 …… 172
第三节　脂质代谢 …… 174
一、甘油三酯代谢 …… 174
二、磷脂代谢 …… 182
三、胆固醇代谢 …… 185
第四节　膳食脂质与疾病调控 …… 188
一、膳食脂质与肥胖 …… 189
二、膳食脂质与糖尿病 …… 190
三、膳食脂质与心血管疾病 …… 192
四、膳食脂质与癌症 …… 194
思考题 …… 195

第五章　脂质分析与检测 …… 197
学习目标 …… 198
第一节　脂质提取、分离和分析 …… 198
一、脂质的提取 …… 198
二、脂质的分离 …… 201
三、脂质的分析 …… 204

第二节 油脂基本理化性质分析 …… 209
一、油脂基本物理性质分析 …… 209
二、油脂基本化学性质分析 …… 212
第三节 油脂氧化酸败的测定方法 …… 219
一、油脂酸价的测定 …… 219
二、油脂过氧化值的测定 …… 220
三、油脂 2-硫代巴比妥酸值的测定 …… 221
四、油脂 p-茴香胺值的测定 …… 221
五、油脂中聚合物和极性化合物的测定 …… 222
六、油脂中抗氧化剂的测定 …… 222
第四节 食品专用油脂特征指标的分析 …… 223
一、食品专用油脂结晶行为分析 …… 224
二、食品专用油脂热行为分析 …… 225
三、食品专用油脂机械性能分析 …… 226
第五节 油脂中有毒有害物质的测定 …… 228
一、油脂中残留溶剂的测定 …… 228
二、油脂中生物毒素的测定 …… 229
三、油脂中残留农药的测定 …… 230
第六节 油脂中功能物质的测定 …… 230
思考题 …… 232

参考文献 …… 233

第一章

脂质的结构与理化性质

学习目标

1. 了解脂质的分类、结构与理化性质，理解脂质的结构和性质对人体生理功能的影响，深刻领会脂质与机体健康之间关系的重要性，树立“大食物观”。

2. 了解脂质的实际应用，增强自觉运用脂质结构和性质的基础知识指导生活实践的能动性。

脂质是人体需要的重要营养素之一，可以供给机体所需的能量，提供机体所需的必需脂肪酸，还是人体细胞组织的组成成分。本章主要阐述脂质的分类与结构、脂质的物理与化学性质。学习时需辩证分析脂质的结构与性质之间的关系。在此基础上，理解脂质与人民饮食和身体健康之间的辩证关系，把握“大食物观”，从更好满足人民美好生活需要出发，自觉将饮食与生命健康意识融入专业课的学习思考和研究中，为提升国民健康水平贡献智慧和力量。

第一节　脂质概述

一、脂质的定义

脂质是广泛存在于自然界的一大类有机物质，从高级动植物到微生物的一切生命体中普遍存在脂质。脂质是人体需要的重要营养素之一，可以供给机体所需的能量、提供机体所需的必需脂肪酸，是人体细胞组织的组成成分。

脂质是低溶于水（如 $C_1 \sim C_4$ 极短链脂肪酸可溶于水），易溶于脂肪溶剂（醇、醚、氯仿、苯）等非极性有机溶剂的一类有机物，通常是指脂肪酸与醇脱水缩合生成的酯及其衍生物。

然而，由于脂质的复杂性和异质性，目前脂质还没有一个更精确的定义。根据前人研究可知，脂质本身具有明显的特性：来源于生物体，并被生物体所利用；一般为酯，尤其以甘油酯为主；低溶于水而高溶于非极性溶剂。综上所述，可总结其定义为：脂质是一类疏水性基团和亲水性基团兼备的有机化合物。

大多数脂质领域的科学家一般更倾向于将“脂质”的定义限制在脂肪酸及其天然衍生物（酯或酰胺）上。该定义可以扩展到包括通过生物合成途径合成（例如前列腺素、脂肪族醚或醇），或者生化或功能特性（例如，胆固醇）与脂肪酸衍生物密切相关的化合物等方面。

二、脂质的分类

脂质的多样性和复杂性致使其分类也不尽相同，可以根据脂质在室温下的物理状态分为液态的油脂和固体的脂肪；也可根据其极性的不同分为中性油脂和极性油脂；同样的根据其结构的不同可分为简单脂质、复合脂质和衍生脂质。

（一）根据脂质的结构特征分类

根据脂质的结构特征，脂质可分为简单脂质、复合脂质和衍生脂质。简单脂质是脂肪酸与各种不同的醇类脱水缩合形成的酯，水解时最多产生两种不同实体的脂质，包括脂肪酸、甘油酯类、蜡、甾醇酯。复合脂质即含有其他化学基团的脂肪酸酯，水解时产生三种或更多产物，包括有磷脂、糖脂等；衍生脂质是由单纯脂质和复合脂质衍生而来或与之关系密切，但也具有脂质一般性质的物质，包括萜类、类胡萝卜素、天然酚类物质等，如图 1-1 所示。

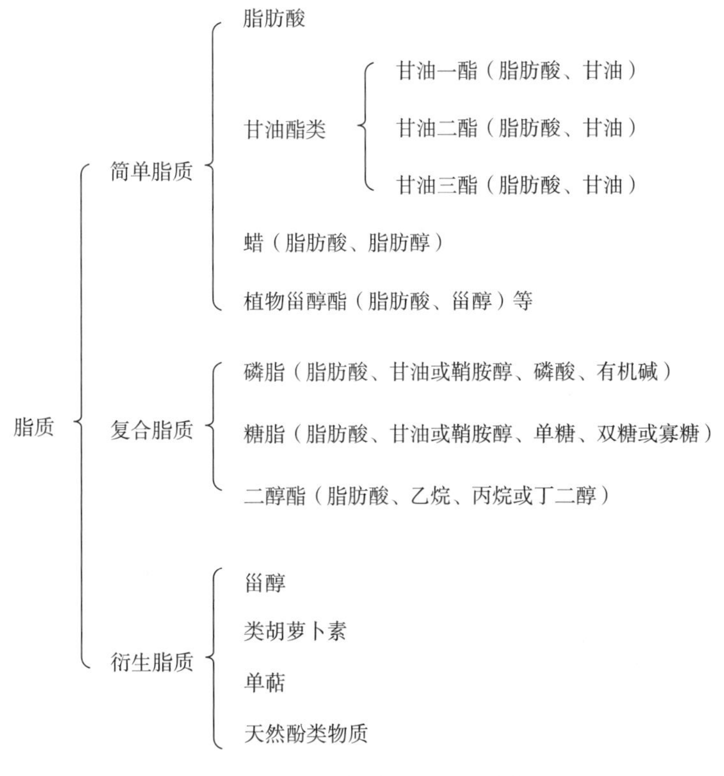

图 1-1　脂质根据结构特征的分类图

（二）根据“中性–极性”特征分类

广义上的脂质可定义为疏水性或两亲性小分子，某些脂质因为其两亲性的特质（兼具亲水性与疏水性），能在水溶液环境中形成囊泡、脂质体或膜等结构。因此，根据脂质的疏水特性可将其分为中性脂质和极性（两亲性）脂质两类，如表 1-1 所示。中性脂质包括脂肪酸、甘油酯（甘油一酯、甘油二酯和甘油三酯）、甾醇与甾醇酯、类胡萝卜素、蜡和生育酚；极性（两亲性）脂质类包括甘油磷脂、甘油糖脂、鞘磷脂和鞘糖脂。

表 1-1 脂质根据“中性–极性”特征分类表

中性脂质	极性（两亲性）脂质
脂肪酸（$>C_{12}$）	甘油磷脂
甘油一酯、甘油二酯、甘油三酯	甘油糖脂
甾醇、甾醇酯	鞘磷脂
类胡萝卜素	鞘糖脂
蜡	
生育酚*	

注：*生育酚通常被认为是“氧化还原类脂质”。

（三）基于“脂质组学”的分类

随着脂质组学的发展，对脂质分子进行全面分析对于理解细胞生理学和病理学至关重要，脂质生物学已成为后基因组革命和系统生物学的主要研究目标。2005 年，国际脂质分类和命名委员会在 LIPID MAPS 联盟的倡议下，开发了具有与信息学要求兼容的通用平台的脂质综合分类系统，其分类称为 LIPID MAPS 分类系统。

该分类系统是基于脂质的生物合成的 2 个构建模块（building blockers）：“酮酰基模块（乙酰基和丙酰基）”和“异戊二烯基模块”（图 1-2）进行分类的，并将脂质分为八个大类：脂肪酰基、甘油酯、甘油磷脂、鞘脂、糖脂、聚酮酸（酮酰亚基的缩合）、甾醇脂质和异戊二烯脂质（异戊二烯亚基的缩合）。根据此分类方案，为每个脂质分配一个唯一的 12 或 14 个字符的标识符（LIPID MAPS ID，简称 LM ID），LM ID 包含分类信息，该分类系统提供了为每个脂质分子分配唯一标识的系统方法，并允许将来添加大量新的类别和子类别。更多的脂质分类信息可通过 LIPID MAPS 结构数据库进行查看并获得具体的相关分类信息。

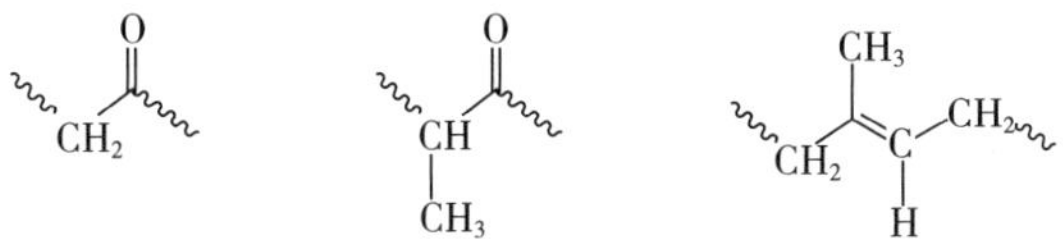

乙酰基 丙酰基

酮酰基模块 异戊二烯基模块

图 1-2 脂质生物合成的构建模块

三、脂质的作用

脂质是人体必需的七大营养素之一，供给机体所需的能量，提供机体所需的必需脂肪酸，在人体细胞、组织中发挥重要的结构功能与生理功能，对机体营养与健康具有积极作用。

脂质最重要的生理作用是氧化供能和在细胞内储备能量，与碳水化合物或蛋白质相比，脂质能够释放的平均能量更多。

脂质是参与机体组织结构的重要组成部分。脂肪酸是生物脂质中最基本的结构，常用来建构复杂脂质。在生物中重要的脂肪酸主要衍生自花生四烯酸的类花生酸；另一种为二十碳五烯酸（EPA），包括前列腺素、白三烯、血栓素等。二十二碳六烯酸（DHA）对生物体也相当重要，尤其是对生物的视觉。其他重要的脂肪酸类脂质包括脂肪酸酯及脂肪酸胺，脂肪酸酯包括重要的生物化学中间产物，例如蜡酯、脂肪酸硫酯辅酶 A 衍生物、脂肪酸硫酯酰基载体蛋白衍生物、脂肪酸肉碱；脂肪酸胺包括 *N*-脂肪酰基胺，例如大麻素中的神经传导物质花生四烯酸乙醇胺。除此之外，由脂质组成的脂质双分子层提供了细胞膜的基础结构，可以充当脂溶性化合物的载体，如甘油酯；磷脂是细胞膜（双层）和脂蛋白颗粒（单层）的结构成分。

此外，脂质是脂溶性维生素的溶剂，可促进脂溶性维生素的吸收。

第二节 简单脂质

一、脂肪酸

（一）脂肪酸的定义、结构和组成

脂肪酸是由碳、氢、氧三种元素组成，且一端含有一个羧基的脂肪族碳氢有机物，广泛存在于动植物体内，是人体的重要组成成分。脂肪酸是最简单的一种脂质，也是构成其他脂质重要的结构基础之一，影响真核细胞膜的结构与动力学、信号转导等多个方面，而烷基链的长度、饱和程度和双键的位置赋予了各种脂肪酸特有的生物活性，脂肪酸能显著影响和改善神经类疾病、内分泌失调以及代谢综合征等疾病，如糖尿病、阿尔茨海默病等。动植物中的脂肪酸相对比较简单，基本都是直链脂肪酸，可含有多个双键，也存在少量含有三键、环氧基及环丙烯基等的脂肪酸。而细菌的脂肪酸结构比较复杂，最多只有一个双键，可含有支链或脂环。

脂肪酸因其组成、碳链的长度和饱和程度等不同而具有不同的物理和化学性质。根据不同的划分标准，脂肪酸可以分为不同的类别。按照脂肪酸中脂肪链所含碳的多少，脂肪酸可以分为长链脂肪酸、中链脂肪酸和短链脂肪酸。长链脂肪酸是指含有 14 个碳以上的脂肪酸；中链脂肪酸是指含有 8~12 个碳的脂肪酸；短链脂肪酸则是指含有 4~6 个碳的脂肪酸。按照碳链的饱和程度，脂肪酸可以分为饱和脂肪酸和不饱和脂肪酸两大类，不饱和脂肪酸又可以分为多不饱和脂肪酸和单不饱和脂肪酸，亚油酸、亚麻酸属于多不饱和脂肪酸，油酸属于单不饱和脂肪酸。

饱和脂肪酸是指饱和直链脂肪酸，通式为 $C_nH_{2n}O_2$，天然油脂中存在从 C_4 ~ C_{30} 的饱和脂肪酸，癸酸（C_{10}）以下的饱和脂肪酸只在少数油脂中存在，如甲酸、乙酸、丙酸等在天然脂肪中并不常见，通常不将其纳入脂质的定义范畴。然而，在许多食品中发现了此类脂肪酸的非酯化类型，如丁酸在乳制品脂肪中具有重要的作用。目前已经鉴定出超过 100 种单不饱和脂肪酸，油酸是最常见的单不饱和脂肪酸，代表性不饱和脂肪酸如下所示。单不饱和脂肪酸双键最常见的位置是 $\Delta 9$。然而，在某些植物中也发现了一些双键位置不常见的脂肪酸，例如菟葵属植物籽油含有双键位置在 $\Delta 5$ 的单不饱和脂肪酸。多不饱和脂肪酸是指含有两个及两个以上双键的直链脂肪酸，这些脂肪酸通常呈非共轭的五碳双烯结构（—CH ═CHCH$_2$CH ═CH—），共轭结构较少，包括二烯酸、三烯酸、四烯酸和多烯酸。

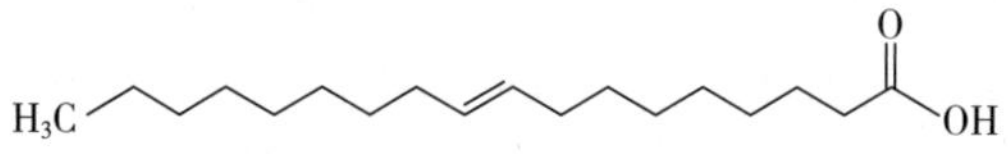

油酸 18:1 $\Delta 9$

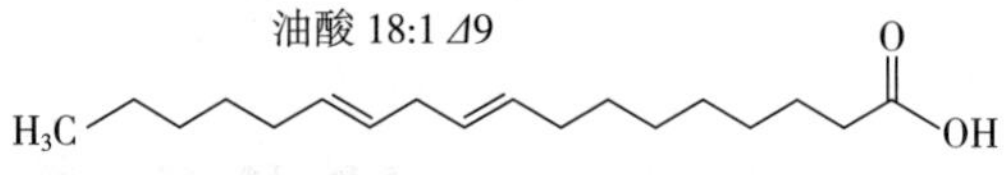

亚油酸 18:2 $\Delta 6$

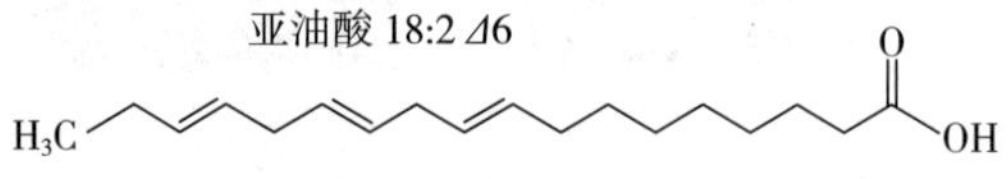

亚麻酸 18:3 $\Delta 3$

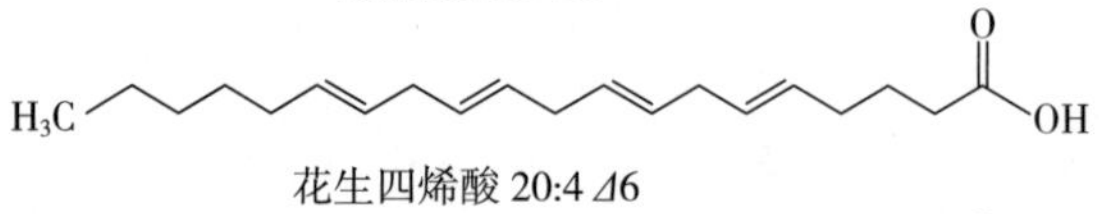

花生四烯酸 20:4 $\Delta 6$

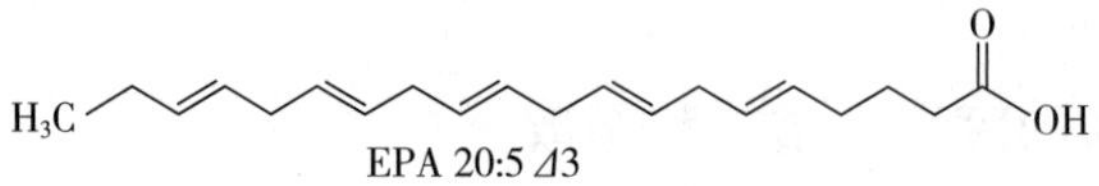

EPA 20:5 $\Delta 3$

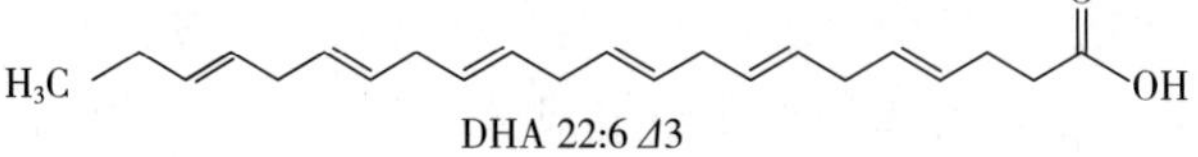

DHA 22:6 $\Delta 3$

（二）脂肪酸的物理性质

低级的脂肪酸一般为无色液体，有刺激性气味；高级的脂肪酸是蜡状固体，无明显气味。脂肪酸分子烃基部分碳原子之间的排列并非一条直线，而是按一定角度成折线排列，相邻碳键夹角约为112°，键长约为0.25nm。饱和脂肪酸的碳原子排列为直线“之”字形，不饱和脂肪酸由于双键的影响排列稍有不同。反式脂肪酸与饱和脂肪酸的排列相同，具有相同的直线“之”字形，顺式脂肪酸为对称“之”字形结构排列。

脂肪酸的物理性质由其结构决定。碳链的长短、双键数目及构象会对脂肪酸的熔点、密度、黏度、溶解度、晶态结构、热学性质、光谱性质等产生不同程度的影响。

1. 脂肪酸的同质多晶

通常情况，晶态下脂肪酸分子以双分子层的形式排列，两个脂肪酸分子的羧基通过一分子的羰基氧与另一分子的羧基氢互成两对双键。层间的作用力为双分子甲基端的弱范德瓦耳斯力，所以脂肪酸分子通常有滑腻感，这是晶体层间滑动的结果。结晶态的脂肪酸呈长柱形，长柱形晶体中，每一棱上有一对脂肪酸分子，柱中心也存在一对类似的脂肪酸分子。其中，中心的一对与一条棱上的一对共四个脂肪酸分子组成一个晶胞单位，其他三条棱上的三对则与另外有关中心的三对分子组成另外三个晶胞（图1-3）。

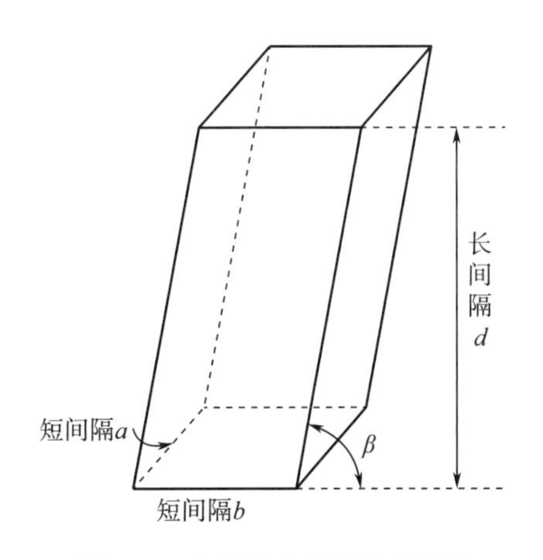

图1-3　长链脂肪酸的晶胞结构

饱和脂肪酸的多晶态现象与碳链的数目有关。偶数碳烷酸主要存在A、B、C三种晶型；奇数碳烷酸为A′、B′、C′晶型，碳链的倾斜角按顺序依次降低，而晶体的稳定性随倾斜角的减小而增强。偶数碳烷酸的稳定性顺序为C型>B型>A型；奇数碳烷酸则有所不同，最稳定的晶型为B′型。值得指出的是，无论是偶数碳饱和脂肪酸还是奇数碳饱和脂肪酸其晶型与亚晶胞的结构具有一致性的关系，即A、A′属于三斜晶系；

而B、B′或C、C′属正交晶系。除了上述常见的六种晶型外，偶数碳烷酸还发现了超A型（与A型结晶非常相似）和B_1型晶体，奇数碳烷酸则存在D′型等。

在一定的条件下，脂肪酸不同晶型之间可以转化，但这种晶型转变具有单向性，即A型到B型到C型。所以，以不稳定的A型或介稳定的B型在升温至C型的熔点前，就已经转化为稳定的C型晶体。也就是说，脂肪酸的晶型对其熔点没有影响，一种脂肪酸只有一个熔点。

2. 脂肪酸的熔点和密度

（1）熔点　脂肪酸的熔点与脂肪酸的碳链长度和不饱和程度有关。脂肪酸的熔点随着碳链的增长呈不规则升高，奇数碳脂肪酸的熔点低于与其最接近的偶数碳脂肪酸的熔点，例如十七碳酸的熔点为61.3℃，既低于十八碳酸（69.6℃），也低于十六碳酸（62.7℃）。此现象不仅存在于脂肪酸，也见于其他长碳链化合物。不饱和脂肪酸的熔点通常低于饱和脂肪酸，双键越多，熔点越低，双键位置越靠近碳链两端，熔点越高。引入一个双键到碳链中会降低脂肪酸的熔点，双键位置越向碳链中部移动，熔点降低越大，顺式双键产生的这种影响大于反式。双键增加，熔点下降，但共轭双键除外。经过氢化、反化或非共轭双键异构化成共轭烯酸等都会提高熔点。

支链脂肪酸不利于碳链的堆积和晶体的形成，所以其熔点低于同碳数的直链脂肪酸。羟基酸则由于氢键的形成而导致熔点升高。脂肪酸甲酯的熔点低于相应的酸。混合脂肪酸的熔点理论上低于其组成的任何组分的熔点。

（2）密度　脂肪酸的相对密度一般都小于1，与其相对分子质量成反比，随温度的升高而减小，随碳链增长而减小，不饱和键越多密度越大。共轭酸的密度大于同碳数的非共轭酸；含有羟基和羰基的取代酸密度最大。

不同晶态的脂肪酸密度略有不同，但差异不大。如常温下硬脂酸B、C两种晶型的密度分别为$1.036g/cm^3$和$1.021g/cm^3$。

3. 脂肪酸的黏度和溶解度

由于长烃基链之间的相互作用，一般脂肪酸都具有较高的黏度。不饱和脂肪酸的烃基链之间的作用力较饱和酸小，黏度相应有所降低。脂肪酸的黏度通常随温度增加而降低，在一定的温度范围内，黏度的对数与绝对温度的倒数成负线性相关。

脂肪酸在水中的溶解度随着碳链的增长而降低，随不饱和度的增加而增加。甲酸、乙酸、丙酸和丁酸能与水以任意比例互溶，C_6~C_9饱和脂肪酸在水中有一定的溶解度，C_{10}~C_{18}饱和脂肪酸在水中的溶解度很小，且其溶解度的对数随碳链长度的增加而成线性递减。随着温度的升高，脂肪酸与水的相互溶解能力均有所提高。水在油脂中溶解度的增加与温度的升高有近乎直线的关系，温度越高，溶解度越大。

脂肪酸有非极性的长链烃基，易溶于非极性有机溶剂中。但是脂肪酸具有极性羧基，所以也可溶于一定极性的有机溶剂中。在有机溶剂中，脂肪酸的溶解度一般都随温度的增加而升高，随不饱和度增加而升高，而随碳链长度增加而降低。不饱和脂肪酸的顺式异构体在有机溶剂中的溶解度通常大于其反式异构体，而且双键位置越靠近羧基端其溶解度越大。

4. 脂肪酸的沸点和比热容

同系列脂肪酸的沸点随着碳链的增长而升高，相同碳数的饱和脂肪酸的沸点和不饱和脂肪酸的沸点相差很小。理论上采用分馏的方法可以分离相差两个或两个以上碳原子的脂肪酸，但是由于脂肪酸通常不是一个理想的混合物（性质偏离拉乌尔定律），因此采用分馏操作很难达到完全分离。为了更精确地分馏，常采用脂肪酸甲酯（脂肪酸乙酯、脂肪酸丙酯也可以，但它们的热稳定性不如脂肪酸甲酯）的形式进行分馏。这是由于脂肪酸甲酯的性质更接近理想状态，沸点比相应的脂肪酸要低，热稳定性也比相应的脂肪酸要好。

脂肪酸的比热容随着不饱和度以及温度升高而逐渐增大。温度较低时脂肪酸的比热容一般在0.4~0.6，高温时则为0.6~0.8。

5. 脂肪酸的光学性质

脂肪酸的折光指数与其结构有密切的关系。折光指数通常随碳链的增长和不饱和度的增加而增加，共轭体系大于相应的非共轭体系不饱和酸。通过测定脂肪酸折光指数的大小，可以预测其分子构成情况，了解其部分性质。

以液态或晶态存在的绝大多数脂肪酸的介电常数大都在2~3。脂肪酸及其酯的介电常数随不饱和度的增加而减小。随温度的变化比较复杂，多数脂肪酸的介电常数随温度的增加而减小。

在200~300nm的紫外区，含有共轭双键的不饱和脂肪酸有明显的特征吸收，而饱和非共轭酸则没有显著吸收。紫外光对反式和顺式共轭双键的吸收差别很小。一般反式构型的吸光系数大于顺式，但反式构型的最大吸收在较短的波长处。而且，共轭双键越多，最大吸收峰越向长波方向移动。例如，9*t*-18：2、11*t*-18：2的最大吸收峰在230nm处，而9*t*-18：4、11*t*-18：4的最大吸收峰分别在288nm和302nm处。脂肪酸的顺式双键在红外区只有不明显的较小吸收，而反式双键则在10.3μm（970cm^{-1}）处有显著的吸收，并且多烯酸吸收峰强度与其所含反式双键数目成正比。因此，红外光谱可以用于测定反式脂肪酸的含量。

脂肪酸的物理性质，其实也是其化学组成与结构的表现。在高级脂肪酸中，存在非极性的长碳链和极性的—COOH与—COOR。碳链长短与不饱和键的多少各有差异，导致脂肪酸的各种物理与化学性质的差异明显。

（三）脂肪酸的化学性质

脂肪酸中—COOH称为羧基，是脂肪酸的重要官能团。从形式上看，羧基是由羰基和羟基组成，实际上并非两者的简单组合，这两个基团相互影响，使他们不同于醛、酮分子中单独的羰基和醇分子中单独的羟基，而表现出一些特殊的性质。

1. 中和反应

脂肪酸羧羟基上的孤对电子与羰基的 π 键形成 $p-\pi$ 共轭体系。

$p-\pi$共轭体系　　sp^2杂化

共轭的结果是电子云密度被平均化，碳原子的正电性下降，羟基中氧原子的负电性下降，使得羰基亲核加成的活性要比醛、酮小得多，而羧羟基作为亲核试剂的亲核性也比醇低得多，共轭使得羟基中 O—H 键极性增强，有利于质子的离去，使得脂肪酸呈现出明显的酸性。

因此，脂肪酸具有弱酸性（$pK_a \approx 4.8$），大部分脂肪酸在水中主要以未解离的分子形式存在。在室温下，随着相对分子质量的增大，脂肪酸在水中的解离常数减小，即其酸性随着脂肪酸链的增长而减小，但是 C_{12} 以上高级脂肪酸的解离常数几乎不变。

脂肪酸可以和强碱（NaOH 等）、弱碱（碳酸盐、碳酸氢盐）、有机碱（胺）等作用生成盐。

$$RCOOH+KOH \longrightarrow RCOO^-K^++H_2O$$

$$2RCOOH+Na_2CO_3 \longrightarrow 2RCOO^-Na^++H_2O+CO_2$$

$$RCOOH+N(CH_2CH_2OH)_3 \longrightarrow RCOO^-\overset{+}{N}H(CH_2CH_2OH)_3$$

碱土金属和其他过渡金属的脂肪酸盐可以通过脂肪酸和其金属氧化物或氢氧化物作用得到；脂肪酸与金属乙酸盐的反应或金属盐与钠皂的复分解反应均可以得到脂肪酸盐。

$$2RCOOH+Ca(OH)_2 \longrightarrow (RCOO)_2Ca+2H_2O$$

$$2RCOOH+Co(OAc)_2 \longrightarrow (RCOO)_2Co+2AcOH$$

$$6RCOONa+Al_2(SO_4)_3 \longrightarrow 2(RCOO)_3Al+3Na_2SO_4$$

2. 酯化反应

脂肪酸与醇在催化剂的作用下生成酯和水的反应，称作酯化反应。酯可以通过羧酸与醇直接酯化得到；也可以由其他活性酰基供体如酰氯、脂肪酸乙烯酯等与醇反应得到；或由羧酸与活性烷基化试剂如卤代烃、叠氮烃等作用得到。

$$R_1COOH+R_2OH \longrightarrow R_1COOR_2+H_2O$$

$$R_1COCl+R_2OH \longrightarrow R_1COOR_2+HCl$$

脂肪酸的直接酯化是水解反应的逆反应，需要酸的催化作用，其机理如下所示。

$$R_1-\overset{O}{\overset{\|}{C}}-OH + H^+ \rightleftharpoons R_1-\overset{\overset{+}{O}H}{\overset{\|}{C}}-OH \xrightleftharpoons{R_2OH} R_1-\underset{R_2-\underset{+}{O}H}{\overset{OH}{C}}-OH \rightleftharpoons R_1-\underset{R_2-O}{\overset{OH}{C}}-\overset{+}{O}H_2 \xrightleftharpoons{-H_2O} R_1-\overset{\overset{+}{O}H}{\overset{\|}{C}}-OR_2$$

$$\rightleftharpoons R_1-\overset{O}{\overset{\|}{C}}-OR_2 + H^+$$

脂肪酸与醇的酯化反应也可以在脱水剂，如二环己基碳二亚胺（dicyclohexyl carbodiimide，DCC）的作用下在温和条件下实现。酰卤与醇的反应通常在吡啶等弱碱催化下进行。而脂肪酸钠与环氧氯丙烷的反应则广泛应用于甘油三酯的化学合成。

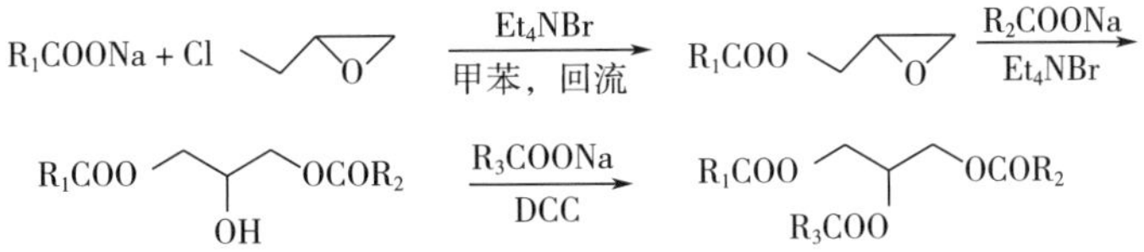

R_1COONa + Cl（环氧丙基） $\xrightarrow[\text{甲苯，回流}]{Et_4NBr}$ R_1COO（环氧丙基） $\xrightarrow[Et_4NBr]{R_2COONa}$

R_1COO—CH_2—CH(OH)—CH_2—$OCOR_2$ $\xrightarrow[DCC]{R_3COONa}$ R_1COO—CH_2—CH(R_3COO)—CH_2—$OCOR_2$

脂肪酶不仅可以催化甘油酯的合成，也可以催化其他酯化或酰化反应，是有机合成中应用最广泛的生物催化剂之一。比如，利用Candida rugosa脂肪酶（CRL）实现内消旋薄荷醇的酶法拆分。

薄荷醇（OH） + RCOOH $\xrightarrow[\text{正己烷}]{CRL}$ 薄荷醇酯（OCOR） + 薄荷醇（OH）

3. 酰胺化反应

脂肪酸与氨或胺反应，首先生成铵盐，羧酸铵受热脱水后产生酰胺。酰胺进一步脱水生成腈；腈在催化剂作用下可以被还原成胺类。由脂肪酸衍生的含氮衍生物主要有三类：铵盐、酰胺和胺。

$$RCOOH+NH_3 \longrightarrow RCOONH_4 \xrightarrow[\text{加热}]{-H_2O} RCONH_2 \xrightarrow[\text{加热}]{-H_2O} RCN \xrightarrow[H_2]{\text{骨架镍}} RCH_2NH_2$$

4. 酰卤化反应

脂肪酸羟基中氧的亲核性虽不强，但是与活泼的无机氯化物（五氯化磷、三氯化磷、亚硫酰氯）或有机氯化物（碳酰氯、草酰氯、三苯基膦-四氯化碳）作用时，分子中的羟基被卤原子取代，生成酰卤。

$$R—COOH+PCl_5 \longrightarrow RCOCl+O=PCl_3$$

$$R—COOH+PCl_3 \longrightarrow RCOCl+P(OH)_3$$

$$R—COOH+SOCl_2 \longrightarrow RCOCl+SO_2+HCl$$

$$R—COOH+COCl_2 \longrightarrow RCOCl+CO+HCl$$

$$R—COOH+ClCOCOCl \longrightarrow RCOCl+CO_2+CO+HCl$$

$$R—COOH+Ph_3P—CCl_4 \longrightarrow RCOCl+O=PPh_3+CHCl_3$$

酸酐可以通过脂肪酸与乙酸酐或乙酰氯在回流温度下反应得到；也可以由脂肪酰氯与乙酸酐反应得到。

$$R—COOH+(CH_3CO)_2O \longrightarrow (RCO)_2O+CH_3COOH$$

$$R—COOH+CH_3COCl \longrightarrow (RCO)_2O+CH_3COOH+HCl$$

$$R—COCl+(CH_3CO)_2O \longrightarrow (RCO)_2O+CH_3COCl$$

使用二环己基碳二亚胺（DCC）作为脱水剂，则可以在室温下制备脂肪酸酐。

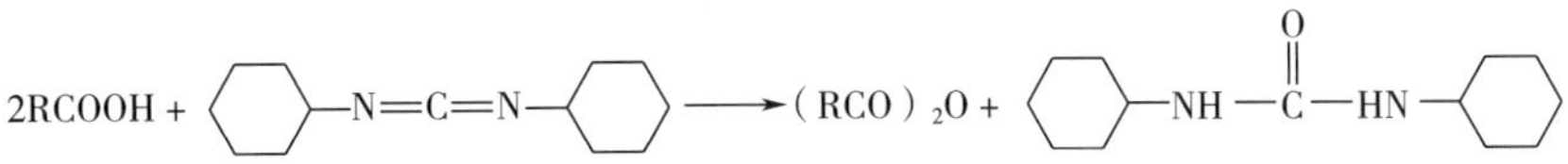

$$2RCOOH + C_6H_{11}—N=C=N—C_6H_{11} \longrightarrow (RCO)_2O + C_6H_{11}—NH—\overset{O}{\overset{\|}{C}}—HN—C_6H_{11}$$

酰卤和酸酐是两类重要的脂肪酸衍生物，是常用的酰基化试剂。

5. 生成过氧酸的反应

脂肪酸的羧基是在碳原子氧化的最高阶段，再堆积氧，极易发生碳链的折断，因此，羧基一般对氧化剂是稳定的。但是，脂肪酸在酸催化下可与过氧化氢作用，生成过氧酸。反应通常在浓硫酸或甲基磺酸中进行，它们既是溶剂又是催化剂。

$$RCOOH+H_2O_2\ (30\%\sim80\%)\xrightarrow{H^+}RCOOOH+H_2O$$

在脂肪酸过量，或者高浓度过氧化氢，或者及时除去生成水的条件下，反应趋于完全。

过氧酸可以通过能量上稳定的五元环形成分子内氢键，所以过氧酸的酸性很弱，只相当于其母体酸的千分之一。

O- -H
R—C O
O

过氧乙酸等过氧酸是工业上常用的氧化剂。低碳链过氧酸为液体，受热易分解或爆炸，通常需要低温避光保存或即用即制。长碳链过氧酸常温为固体，比较稳定。

6. 羧基 α-H 的反应

脂肪酸的 α-H 受到羧基的吸电子诱导效应，具有一定的酸性和反应活性，可以被氯、溴取代生成 α-卤代酸，也可以发生磺化反应生成 α-磺化酸，或者在强碱作用下生成 α-烷基取代的脂肪酸。

在少量红磷、三氯化磷（PCl_3）、三溴化磷（PBr_3）等催化剂的存在下，脂肪酸 α-H 被氯或溴取代生成 α-卤代酸的反应称为赫尔-乌尔哈-泽林斯基（Hell-Volhard-Zelinsky）反应。

$$CH_3CH_2CH_2CH_2COOH+Br_2\xrightarrow[70℃]{P}CH_3CH_2CH_2CHBrCOOH$$

$$RCH_2COOH\xrightarrow[Br_2]{PBr_3}RCHBrCOBr\xrightarrow{H_2O}RCHBrCOOH$$

在强酸（HBr、HI）存在下，脂肪酸也可以与 *N*-卤代丁二酰亚胺反应生成卤代脂肪酸。

$$RCH_2COOH+N\text{-溴代丁二酰亚胺}\xrightarrow{HBr}RCHBrCOOH+\text{丁二酰亚胺}$$

脂肪酸可以与三氧化硫（SO_3）、氯磺酸（$ClHSO_3$）等磺化试剂作用生成 α-单磺化脂肪酸。反应经烯醇式重排完成。

$$RCH_2COOH\xrightarrow{SO_3}RCH_2C(=O)OSO_3H\longrightarrow RCH=C(OH)OSO_3H\longrightarrow RCH(SO_3H)COOH$$

脂肪酸酯也可与 SO_3 反应生成 α-单磺化脂肪酸酯。

$$\text{RCH}_2\text{COOMe} \underset{}{\overset{SO_3}{\rightleftharpoons}} \text{(cyclic adduct)} \rightleftharpoons \text{RCH=C(OH)OSO}_3\text{Me} \underset{}{\overset{SO_3}{\rightleftharpoons}} \text{(sultone intermediate)} \longrightarrow \text{RCH(SO}_3\text{H)COOMe} + SO_3$$

α-磺化脂肪酸、酯和钠盐都是性能优良的表面活性剂，抗硬水能力强，对环境无害，容易降解。

脂肪酸的 α-H 受羧基的诱导效应呈一定的酸性（$pK_a \approx 25$），因此能够在低亲核性强碱作用下发生 α-烷基化反应。

$$\text{RCH}_2\text{COOH} \xrightarrow{\text{二异丙基氨基锂}} \text{R}\overset{-}{\text{C}}\text{HCOO}^- \xrightarrow[\text{六甲基磷酰三胺}]{R_2Br} \text{RCH(R}_2\text{)COOH}$$

7. 脱羧反应

在一定条件下脂肪酸或者其盐脱去羧基放出二氧化碳的反应称为脱羧反应。脂肪酸或脂肪酸盐在隔绝空气下受热脱羧，饱和脂肪酸生成醛酮；不饱和脂肪酸裂解为烯烃。

$$2RCOOH \xrightarrow[\Delta]{300\sim400℃} R-\overset{O}{\overset{\|}{C}}-R + CO_2 + H_2O$$

8. 与双键有关的反应

不饱和脂肪酸或酯具有烯烃的典型性质，能够发生亲电加成、氧化、还原甚至聚合等反应。双键的 α-H 受到双键的诱导及超共轭作用，能够发生氧化、卤代、异构化等反应。

（1）氢的加成　在高温、高压及镍、铂和钯等催化剂存在的条件下，氢气可加成到不饱和脂肪酸的双键上，成为不饱和度降低的脂肪酸甚至饱和脂肪酸，这一反应称为氢化（hydrogenation）反应或加成反应，其反应如下。

$$-HC=CH-+H_2 \underset{\text{高温，高压}}{\overset{Ni}{\rightleftharpoons}} -CH_2-CH_2-$$

氢化反应为吸热反应（37.5kcal/mol），须在高温下进行，在催化剂作用下降低反应的活化能。依据催化剂的不同，分为非均相催化（金属、金属氧化物）和均相催化（金属配合物）。

（2）卤素加成　卤素与双键的加成反应遵循离子反应历程，以反式亲电加成为主，首先形成鎓离子，然后卤素负离子从背面亲核进攻。

$$\text{(H)(R}_1\text{)C=C(H)(R}_2\text{)} \longrightarrow \text{鎓离子 (X}^+\text{, X}^-\text{)} \longrightarrow \text{XCH(R}_1\text{)-CH(R}_2\text{)X} + \text{对映体}$$

顺式双键生成苏式加成产物；反式双键生成赤式加成产物。如果反应体系中含有卤素之外其他亲核试剂的存在，则会发生类似的亲电加成反应。

$$-CH=CH- \xrightarrow{Br_2} -\overset{Br^+}{CH-CH}- \begin{cases} \xrightarrow{Cl^-} -CHBrCHCl- \\ \xrightarrow{HOH} -CHBrCH(OH)- \\ \xrightarrow{ROH} -CHBrCH(OR)- \\ \xrightarrow{RCOO^-} -CHBrCH(OCOR)- \end{cases}$$

氟、氯的加成反应剧烈，须在低温下进行。碘单质不能单独进行加成反应，常用的卤素加成试剂为 Br_2、ICl 和 IBr 等。就多不饱和脂肪酸的加成而言，非共轭双键能够全部被加成；共轭双键往往剩余一个双键不能被加成；炔酸的加成通常停留在卤代烯烃的阶段。

卤素加成在油脂分析上的一个重要应用是测定油脂的不饱和程度，用碘值表示。碘值为每 100g 油脂所能加成的碘的克数。反应通常在韦氏试剂（ICl 的乙酸溶液）中进行。

硫氰与卤素一样，在极性溶剂中可与双键进行离子型加成，其加成反应具有选择性，与油酸的反应几乎能够定量进行；但只能加成亚油酸的一个双键、亚麻酸的两个双键。事实上，由于反应体系中 SCN—、Br—、CH_3COO—的存在，油酸与硫氰的反应生成四种产物。

$$R_1CH=CHR_2 \xrightarrow[CH_3COOH]{Br_2+Pb(SCN)_2} R_1CH(NCS)CH(SCN)R_2 + R_1CH(NCS)CH(NCS)R_2 + R_1CH(NCS)CH(OOH_3C)R_2 + R_1CH(NCS)CH(Br)R_2$$

65%　11.5%　10.7%　7.5%

（3）羟汞化反应　不饱和脂肪酸可以与乙酸汞和甲醇或其他亲核试剂反应生成一系列含汞加成物。这些化合物可以进一步转化为其他非汞化合物。

$$-CH=CH- \underset{}{\overset{Hg(OAc)_2}{\rightleftharpoons}} -\overset{\overset{+}{H}gOAc}{CH-CH}- \xrightarrow{MeOH} -CH(OMe)CH(HgOAc)-$$

$$-CH(OMe)CH(HgOAc)- \xrightarrow{NaBr,MeOH} -CH(OMe)CH(HgBr)- \xrightarrow{HCl} -CH=CH-$$

$$-CH(OMe)CH(HgOAc)- \xrightarrow{HCl} -CH=CH-$$

$$-CH(OMe)CH(HgOAc)- \xrightarrow{NaBH_4} -CH(OMe)CH_2-$$

$$-CH(OMe)CH(HgOAc)- \xrightarrow{Br_2} -CH(OMe)CHBr- \xrightarrow{Bu_3SnH} -CH(OMe)CH_2-$$

其中经硼氢化钠（$NaBH_4$）还原得到的甲氧基脂肪酸可以用在质谱分析中确定双键的位置。

（4）羟基化反应　在硫酸、高氯酸等弱亲核性酸的催化下，乙酸等短链酸与脂肪酸双键加成生成酯，进一步水解生成醇羟基。

$$-CH=CH- \xrightarrow[H^+]{AcOH} -CH(H)-CH(OAc)- \xrightarrow{OH^-} -CH(H)-CH(OH)-$$

脂肪酸双键也可以先与过氧酸作用生成环氧化合物，然后在酸催化下开环，进一步水解生成反式二醇。

$$-CH=CH- \xrightarrow{RCO_3H} \text{环氧化物} \xrightarrow{RCOOH} -CH(HO)-CH(OCOR)- \xrightarrow{OH^-} -CH(HO)-CH(OH)-$$

碱性高锰酸钾或四氧化锇（O_sO_4）可以经一环状过渡态将脂肪酸双键氧化成1,2-邻二醇。

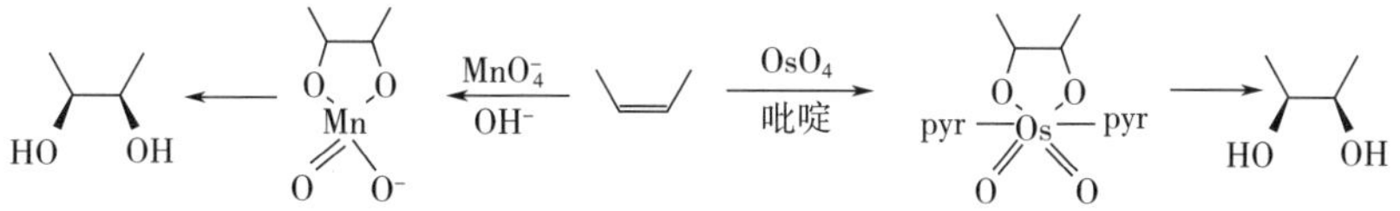

(5) 其他加成反应　在质子酸（80%的硫酸）或Lewis酸催化下，腈类与不饱和脂肪酸加成生成氨基取代的脂肪酸，称为里特（Ritter）反应。

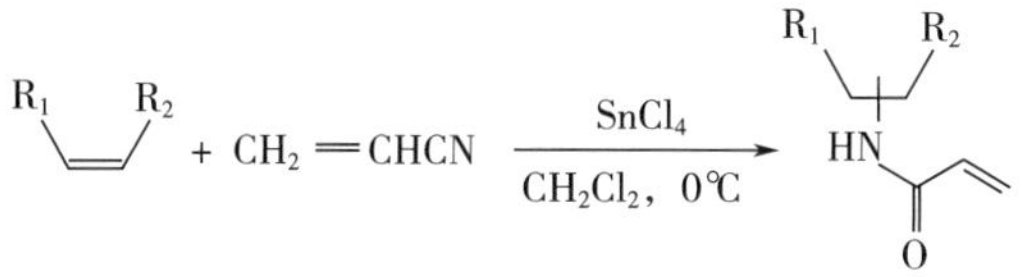

不饱和脂肪酸低温下与浓硫酸反应生成硫酸酯，硫酸酯很容易在稀释时发生水解，生成醇；高温下发生磺化反应生成磺酸，三氧化硫和氯磺酸也能使双键发生磺化。

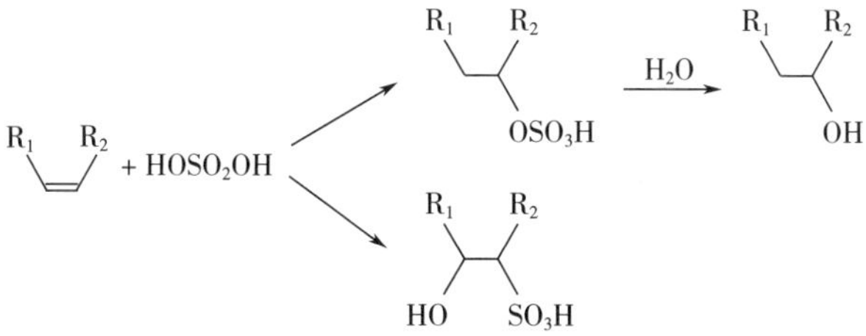

此外，不饱和脂肪酸还可以在酸催化下和硫化氢、二硫化碳、硫醇等发生一系列加成反应，生成含硫脂肪酸衍生物。

(6) 氧化反应　脂肪酸烷基链在双键、双键相邻的烯丙基碳上易发生氧化。烯丙基碳的自动氧化和光敏氧化，可导致不饱和油脂变质，产生哈败味，降低营养价值，但氧化也可有目的地用于干性油的聚合。双键的氧化，无论是断裂烷基链，还是在链中引入其他官能团，都可用于生产油脂化学品。

自动氧化和光敏氧化从不饱和中心产生烯丙基氢过氧化物。

$$\sim HC{=}CH{-}CH_2\sim + O_2 \longrightarrow \sim HC{=}CH{-}CH_2(CH_2OO)\sim$$

在此过程中，双键的位置和几何构型可能会改变。自动氧化和光敏氧化产生的氢过氧化物混合物是不同的，表明二者所涉及的机制是不同的。

①自动氧化是一个自由基链式反应，涉及一系列复杂的反应：链引发、链传播和链终止。

链引发	$RH \longrightarrow R$	
链传播	$R\cdot + O_2 \longrightarrow ROO\cdot$	反应快速
	$ROO\cdot + RH \longrightarrow ROOH + R\cdot$	速率决定步骤
链终止	$R\cdot$，$ROO\cdot \longrightarrow$稳定产物	

链式反应由一个烯丙基氢被取代而发生，烯丙基自由基通过在3个或更多个碳上的离域而得以稳定。链反应的引发剂是一个自由基，它很可能是由现存或光敏氧化形

成的氢过氧化物的分解产生的。分解可能是由热造成的，但更可能是由于微量氧化还原态变价金属离子产生的。自动氧化的主要特征是有一个诱导期，在诱导期内，自由基的浓度一直增加，直到自动催化的链传播步骤成为主导。在诱导期，氧化产物几乎没有增加。

链传播序列的第一步是烯丙基自由基与基态氧分子反应，生成了一个过氧自由基。随后过氧自由基抽取另一个烯丙基氢，产生一个氢过氧化物和新的烯丙基自由基，新产生的烯丙基自由基继续进行链式反应，第一步反应比后步更快。抽氢反应是速率决定步骤，因此大多数情况下对抽取哪个氢是有选择的。亚甲基隔断的二烯和多烯的烯丙基自由基的离域范围超过 5 个碳（1），它们比只有 3 个碳原子离域范围的单烯氧化得更快（图 1-4）。

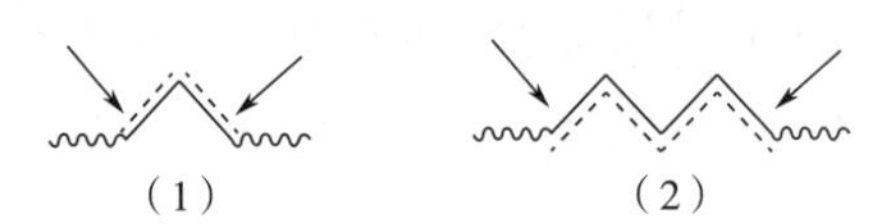

图 1-4 自动氧化产生的丙烯基自由基

（1）孤立双键的自由基在三个碳原子上离域；（2）亚甲基隔断的二烯和多烯自由基在五个碳原子上离域，箭头处为 O_2 结合点，在此点形成一个过氧自由基。

链式反应如果不被自由基清除反应所终止的话，就会通过抽氢反应产生更多的烯丙基自由基。终止链式反应的例子如两个过氧自由基结合形成非自由基产物和氧分子，或自由基与游离自由基清除剂（抗氧化剂）反应，生成一个更加稳定的自由基。

自动氧化的速度随不饱和度的增加而加快。亚油酸甲酯或乙酯比油酸酯大约快 40 倍，对于更高不饱和度的多烯，每增加一个双键，自动氧化速度增加一倍。三亚油酸甘油酯和简单脂肪酸酯的氧化动力学不同，且氧化略快。介质同样影响氧化的敏感性，因此这些结论可能在乳化体系（如多种配方食品）中不适用，因为乳化体系的氧化发生在水相和油相的界面上。在水相胶团中，EPA 和 DHA 十分稳定，其氧化速度比亚油酸酯要慢得多。实验表明，超过一半的亚油酸酯在 50h 内发生了氧化，而约 90% 的 EPA 和 DHA 在 2000h 仍存在。高不饱和度多烯的稳定性归功于它们在水介质中紧密的盘绕结构，使氧气或自由基的攻击更加困难。

自动氧化机理的研究主要集中在受亚甲基隔断的脂肪酸，但许多现象对其他脂质也是有效的。共轭脂肪酸如 CLA-共轭亚麻油酸，同样经一个自动催化的自由基反应而氧化，其主要的氢过氧化物由共轭二烯的几何构型决定，具有活化亚甲基的其他基团也易受氧化影响，如表面活性剂乙氧基化醇的醚亚甲基。

②光敏氧化：在氧存在下，光可促进不饱和脂肪酸的氧化。紫外辐射可分解已经形成的氢过氧化物、过氧化物、羰基和其他含氧化合物，从而产生自由基并引发自动氧化，更长波长的近紫外或可见光诱发的光敏氧化需要一个光敏剂。天然色素，如叶绿素、血卟啉以及核黄素，扮演着光敏剂的角色，四碘荧光素和亚甲蓝这样的染料也是。光将这些光敏剂激发为三线态，并通过Ⅰ类和Ⅱ类机制促进氧化。和自动氧化不

同，光敏氧化没有诱导期。在Ⅰ类光敏氧化中，三线态光敏剂从不饱和油脂中抽取一个氢或电子，产生可引发自动氧化链传播的自由基。由于新自由基是光化学反应产生的，因此链阻断式抗氧化剂不能终止这个反应。在Ⅱ类光敏氧化中，三线态光敏剂的能量可转移给氧分子，使其成为激发单线态，单线态氧对电子具有离度亲和力，可与含烯物以“烯反应”方式进行快速反应，形成烯丙基氢过氧化物，氧连接到含烯物双键的一个碳原子上，与此同时，双键移位并反式化。

H
O=O　→　OOH

烯烃反应与自由基氧化不同，自由基氧化中，氧结合到离域烯丙基自由基外面的碳原子上，产生了不同的氢过氧化物的混合物。比如，亚油酸酯的光氧化产物有四种同分异构体：9-OOH，10t12c，10-OOH，8t12c，12-OOH，9c13t，13-OOH，9c11t。9-氢过氧化物和13-氢过氧化物都是由自动氧化产生的，但是10-氢过氧化物和12-氢过氧化物只能在光敏氧化中产生。

光敏氧化比自动氧化要快很多，亚油酸酯与单线态氧的反应比三线态氧的反应几乎快了1500倍。单烯和多烯之间光敏氧化速率的差异比自动氧化速率的差异小。油酸、亚油酸、亚麻酸、花生四烯酸的相对速率分别为1.0、1.7、2.6、3.1。这和亚油酸酯比油酸酯的自动氧化速率快40倍的情况相反。

③烯丙基氢过氧化物是活性分子，能够以一系列复杂的反应快速分解，分解的过程取决于介质和其他条件。ROOH在O—O之间的分解在能量上是有利的，分解产物是烷氧基和羟基。氧化还原金属离子如Fe^{2+}/Fe^{3+}，Cu^{+}/Cu^{2+}是高效催化剂。产生的自由基可以引发进一步自动氧化，产生许多稳定的产物，其中包括许多具有不良营养和风味特性的产物。与烷氧自由基有同样碳链长度的产物包括环氧化合物、酮类和羟基脂肪酸。具有显著异味的物质是烷氧自由基的β剪切产物，它们是碳链更短的醛类和烃类。脂链二烯醛的气味阈值很低，由ω-3脂肪酸产生的壬二烯醛，哪怕只有十亿分之几的含量，也会有明显的鱼腥味，即使没有其他的氧化迹象。

R′—CH=CH—CH(OOH)—R″

↓

·OH + R′—CH=CH ⋮ CH(O·) ⋮ R″ （A、B为断裂位置）→ 酮类的、环氧的、羟基的、二羟基类的、低聚物和多聚物的 脂肪酸

A → R″CHO + R′CH=CH·

R′CH=CH· —(·OH)→ R′CH=CH—OH ⇌ $R'CH_2CHO$

B → R′CH=CHCHO + R″

R″ —(H·)→ R″H

（7）环氧化反应　环氧化合物是通过双键与过氧酸反应而产生的，遵守协同加成机制，得到顺式加成产物。因此，顺式烯烃产生顺式环氧化物，反式烯烃产生反式环氧化物。一些过氧酸的反应活性顺序为：间氯过氧苯甲酸>过氧甲酸>过氧苯甲酸>过氧乙酸，过氧酸中的吸电子基团能促进反应。其产物羧酸的酸性比过氧酸（存在分子内的强氢键）要强，可导致后续开环反应，尤其是在甲酸存在条件下。小试反应可以在卤化烃或芳香溶剂中进行，让含烯物与间氯过氧苯甲酸反应，用碳酸氢钠中和形成羧酸。

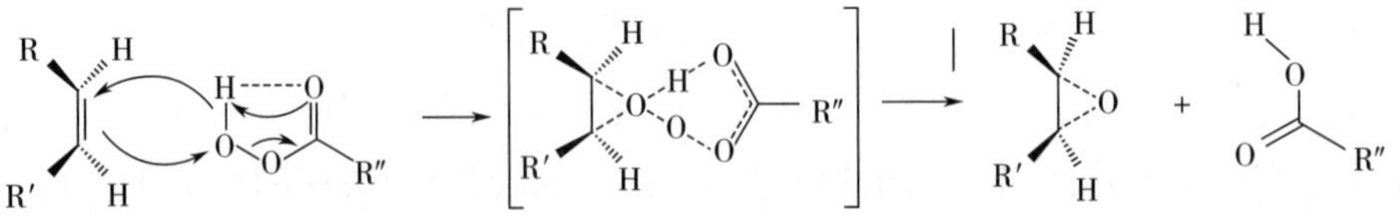

该反应在工业上的重要应用是制备环氧油脂，每年工业上以油脂为原料进行环氧化生产环氧油的规模有 10 万 t，主要是大豆油和亚麻籽油，其用途是作为聚氯乙烯（PVC）的稳定剂和增塑剂。活泼的环氧基团能清除由聚合物降解产生的 HCl。在由甲酸或乙酸与高浓度过氧化氢（70%质量分数）原位生成的过氧甲酸或过氧乙酸参与下，环氧化反应得以发生。过氧酸是不稳定的，环氧化反应是放热反应。无论是在纯油还是在烃溶剂中，均使用低浓度的羧酸，这样使过氧酸的浓度保持在较低水平。羧酸能在环氧化后再生。环氧化无法达到完全程度，因为在酸性介质中会发生开环反应，生成副产物二羟基羧酸盐和羟基羧酸盐。

（8）羰基化反应　在羰基合成催化剂作用下，一氧化碳可与脂肪酸双键发生加成反应，生成醛、酮、酸、酯等羰基衍生物。反应往往伴随有双键位置的重排，因此产物多为多种位置异构的混合物。反应的选择性取决于催化剂、脂肪酸的结构、反应温度等。常用的催化剂为钴、铑、钌、铁等的羰基配合物。

$$—CH=CH— + CO + H_2 \xrightarrow{HCo(CO)_4} —CH—\overset{CHO}{|}—CH—$$

形成二醇的羟基化反应最终产物取决于氧化剂的强度。碱性高锰酸钾稀溶液或四氧化锇与环化中间产物进行反应，生成赤二醇，这些环化中间产物是反应物经顺式加成形成的。环氧化合物在酸作用下的开环反应是反式加成，生成一种苏式产物。

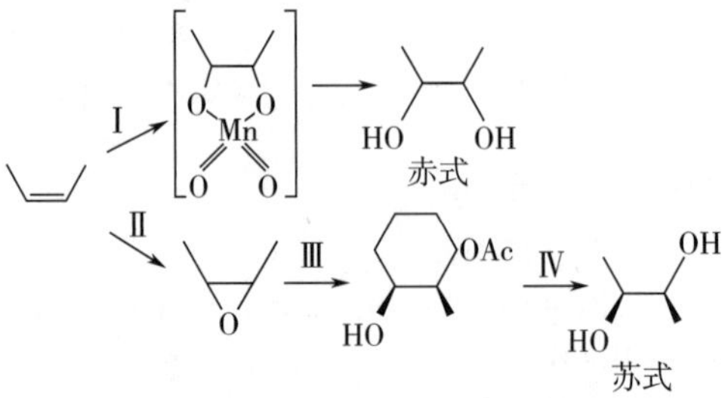

（9）环化和二聚化反应　含有反，反-共轭双键的脂肪酸，以及异构化的共轭多烯酸、脱水蓖麻酸等可以和亲双烯体丙烯醛、顺丁烯二酸酐等发生狄尔斯-阿尔得（Diels-

Alder）反应。

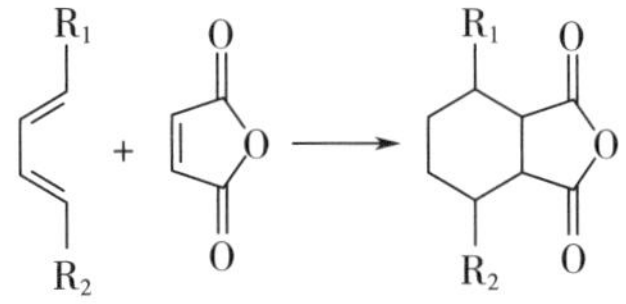

这一反应用来确定反式双烯酸的结构以及用于测定二烯值。二烯值是一种共轭酸含量的标度方法，定义为100g油脂所消耗的顺丁烯二酸酐换算成碘的克数。这一反应也用于干性油的改性，即通过该反应引入两个羧基，羧基可进一步与多元醇反应，提高干性油的官能度。

富含亚油酸或亚麻酸的油脂经过热处理（200~275℃）可以产生环化脂肪酸，为1,2-二取代的环己烷或环戊烷环混合物。亚油酸衍生物含一个双键，亚麻酸衍生物含两个双键。下面是它们经过还原后的结构。

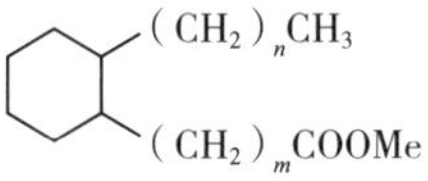

$(CH_2)_nCH_3$，$(CH_2)_mCOOMe$（环己烷）　$m=6\sim9$，$n=10-m$

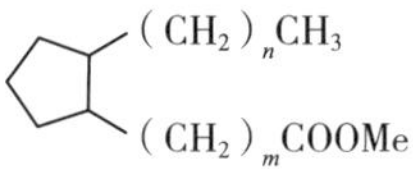

$(CH_2)_nCH_3$，$(CH_2)_mCOOMe$（环戊烷）　$m=6\sim9$，$n=11-m$

不饱和脂肪酸在自由基源存在下，或在活性白土等催化下加热到260~400℃生成二聚酸。二聚酸有非环二聚体、单环二聚体和双环二聚体等多种形式。

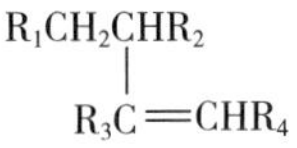

$R_1CH_2CHR_2$ / $R_3C{=}CHR_4$

非环二聚体 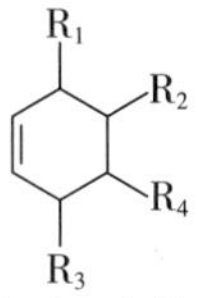　单环二聚体 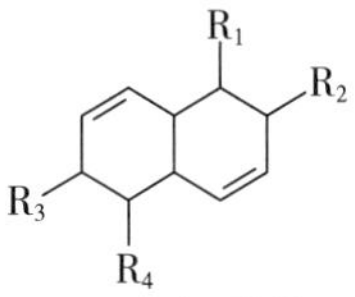　双环二聚体

二聚酸主要用于制备聚酰胺。二聚酸与二胺反应生成具有优良黏合性能的非反应性聚酰胺，用作热熔黏合剂，也可用于印刷油墨；与多胺反应生成的反应性衍生物可用作环氧树脂的固化剂。

（10）置换反应（metathesis）　烯烃的催化置换反应多用于石油化学工业，多不饱和脂肪酸或酯在均相催化剂（如六氯化钨—二氯乙基铝），或非均相催化剂（如负载于氧化铝上的氧化钼）作用下发生如下类似的反应。

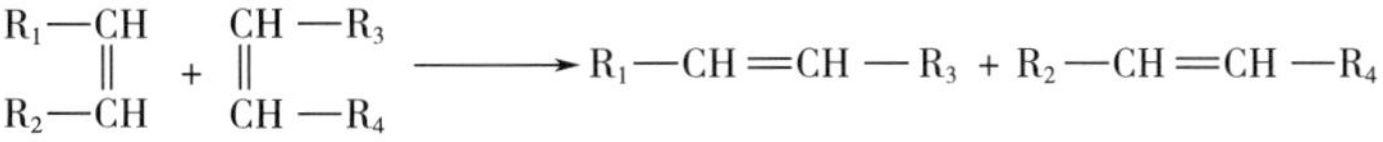

$$\begin{matrix} R_1-CH \\ \| \\ R_2-CH \end{matrix} + \begin{matrix} CH-R_3 \\ \| \\ CH-R_4 \end{matrix} \longrightarrow R_1-CH{=}CH-R_3 + R_2-CH{=}CH-R_4$$

反应可以在同种分子间进行，称作自置换。油酸甲酯发生自置换反应的产物是起始物料（50%）、不饱和烃（25%）、长链不饱和二酯（25%）的混合物，均是顺式异构体和反式异构体的混合物。长链不饱和二酯可以转换为麝香成分灵猫酮，但更有效的途径是由油酸甲酯通过克莱森（Claisen）酯缩合反应得到油烯酮，再经自置换反应进行合成。

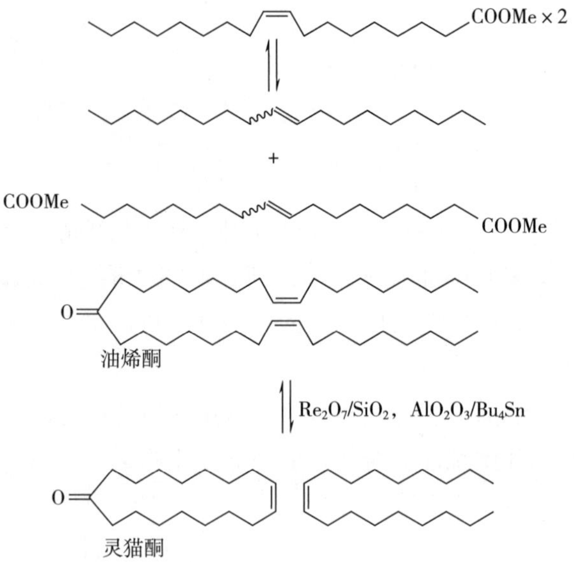

COOMe×2

+

COOMe　COOMe

O

油烯酮

Re_2O_7/SiO_2，AlO_2O_3/Bu_4Sn

O

灵猫酮

不饱和脂肪酸酯与正常烯烃的交叉置换反应是一种合成链缩短或链延长同系物的方法，获得链长范围超出大多数商品油所具有的 C_{16}~C_{22} 的油脂化学品。过量 3-己烯与油酸甲酯反应，会抑制自置换反应，促进反应朝向生成 12 个碳的酯和烃类。类似的，ω-烯烃也可同样进行链延长，将生成的乙烯移去就可以促使反应完全。交叉复分解反应提供了一个使链延长或链缩短的方法，否则一些化合物就很难获得。例如，将芥酸甲酯与 1-十八碳烯的反应物进行还原即得到三十烷醇。乙烯醇解反应（与乙烯的交叉置换反应）产生短链 ω-烯，具有广泛的应用范围。

（11）异构化与共轭化

①顺反异构化。不饱和脂肪酸的双键以顺反两种构象存在，绝大多数天然不饱和脂肪酸以顺式构象存在。从一种构象转化为另一种构象需要约 30kcal/mol 的能量。在光、热以及催化剂如碘、硫、硒、含硫有机物、氮氧化物、酸性土等作用下，天然不饱和脂肪酸易从顺式构象转化为能量上稳定的反式构象。比如，油酸在 HNO_2 存在下加热到 100~120℃，达成下列平衡。

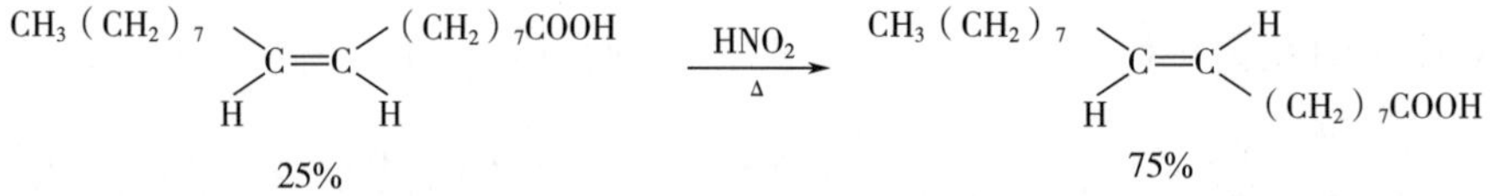

$$\underset{25\%}{\text{CH}_3(\text{CH}_2)_7\text{CH}=\text{CH}(\text{CH}_2)_7\text{COOH}\ (\text{cis})} \xrightarrow[\Delta]{\text{HNO}_2} \underset{75\%}{\text{CH}_3(\text{CH}_2)_7\text{CH}=\text{CH}(\text{CH}_2)_7\text{COOH}\ (\text{trans})}$$

上述反应中起催化作用的是从 HNO_2 释放出的氮氧化物（反应通常是在硝酸和亚硝酸钠作用下进行，二者反应生成的亚硝酸分解生成 NO 和 NO_2 等氮氧化物，是真正的催化剂），反应为自由基历程。反式酸的熔点都高于相应的顺式酸（反油酸的熔点为 45℃，油酸为 13.5℃）。

亚油酸、亚麻酸、顺式共轭酸等都可以发生部分双键反化或全反化，如亚麻酸经甲基苯亚磺酸处理得到 *E*，*E*，*E*（48%）、*E*，*E*，*Z*（41%）和 *E*，*Z*，*Z*（10%）三种反化或部分反化异构体。共轭酸的反化更容易进行，如共轭亚油酸在甲酯化过程就能发生部分反化；α-桐酸、α-羰基十八碳三烯酸以及含有这些脂肪酸的油类（桐油、奥的锡卡油）在紫外光照射下，很容易转变成反式结构而固化。不过这些油经短时间高温（200~225℃）处理可以永久防止异构化。

除一些强酸性催化剂为碳正离子历程外，其他反化作用多数为自由基历程。比如，硫醇在引发剂作用下首先生成烷硫基自由基，进而按下列历程引发反化反应。

RS· + R1 R2 ⇌ SR R1 R2 ⇌ RS R1 R2 ⇌ RS R2 R1 ⇌ R2 R1 +RS·

无论是何种历程，反化反应往往伴随有加成反应或位置异构化反应。

②共轭化反应。在碱性条件下加热即可获得共轭干性油，这种油长期以来用于涂料、油漆。由双烯丙基亚甲基形成的阴离子可经迁移和异构化而发生重排，产生一种顺、反共轭体系。故亚油酸（18：2 9c12c）的共轭化可得到9c11t和10t12c的异构体，而三烯根据中间双键和外端双键发生迁移的先后，可得到部分共轭和完全共轭的异构体混合物。在苛刻条件下制备干性油（碱液，230℃），最终形成一种复杂的异构体混合物，但在可控条件下（KOH溶于丙二醇中，150℃），产物混合物中仅含9c11t和10t12c的共轭亚油酸异构体。此产品和从混合物中制备的纯异构体都可以作为营养补充品。

OH^- ↔ + H_2O +

亚油酸热异构化产生的共轭异构体混合物中，可不含任何顺、反形式的异构体，8c10t和11t13c共轭体的缺失，表明其中存在一步协同周环反应机制，该反应机制排除了双键重排形成几何异构体的可能性。在 $(p\text{-}CH_3C_6H_4)_3P$ 和 $SnCl_2 \cdot 2H_2O$ 存在的条件下，$[RhCl(C_8H_{14})_2]_2$ 是亚油酸共轭化的有效催化剂，可高收率地生产具有特殊干燥性能和高抗溶剂性的共轭大豆油。

③碳链的缩短和延长。碳链缩短后进行碳链延长，就可以对脂肪酸的羰基作 ^{13}C 或 ^{14}C 的标记。Hunsdieker反应（在卤素存在下的脂肪酸银盐脱羧反应）的链缩短仅仅适合饱和脂肪酸，而Barton在一种卤化碳试剂中用*N*-羟基-吡啶-2-硫酮研发了不改变不饱和度的替代方法。用标记氰化物延长碳链，然后进行水解或者标记二氧化碳与衍生化格氏试剂发生反应，就能得到标记脂肪酸。Barton的脱羧反应最近在代谢研究中已用于制备1-［^{13}C］-亚油酸和1-［^{13}C］-亚麻酸。

羧基末端两个碳原子的链延伸反应模拟生物合成法，采用丙二酸酯途径。羧基还原为醇后，即可制备得到易于置换的甲磺酸盐，然后与丙二酸二乙酯钠发生反应。皂化反应和脱羧反应可以获得高收率的链延伸产物。C_{20} 多烯不易从天然资源中分离得到，上述方法是从现有 C_{18} 资源开始合成 C_{20} 多烯的一种有效方法。

二、甘油酯

（一）甘油酯定义、结构和组成

天然油脂多指商业概念上的油脂总称，其组成中除95%以上为脂肪酸甘油三酯（也称三酰基甘油或甘油三酯）外，还有含量极少而成分又非常复杂的非甘油三脂肪酸酯成分，包括甘油二脂肪酸酯（也称二酰基甘油或甘油二酯）、甘油一脂肪酸酯（也称单酰基甘油或甘油一酯）等。

甘油酯是食用油脂的主要成分。甘油有三个羟基官能团，可以和1、2、3个脂肪酸进行酯化反应，形成的甘油酯分别是甘油一酯、甘油二酯及甘油三酯。植物油和动物脂肪中主要是以甘油三酯为主，但因为自然存在的酶（脂酶）作用，甘油三酯会分解为甘油一酯、甘油二酯及游离脂肪酸。如果构成甘油三酯的脂肪酸相同，则称为同酸甘油三酯，如不同则称为异酸甘油三酯。

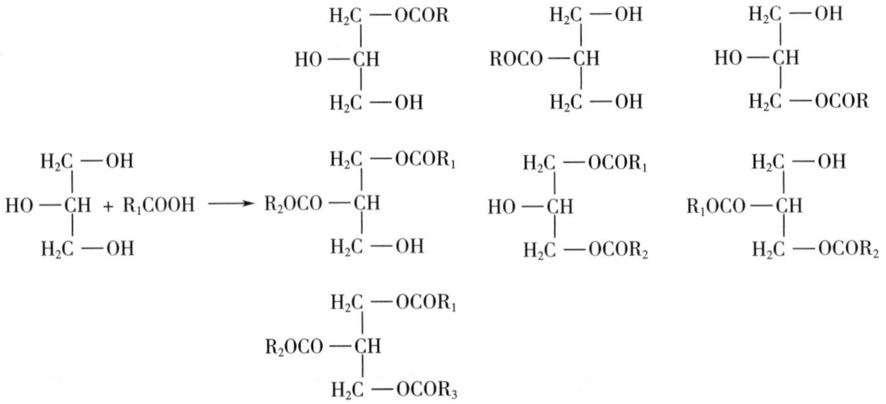

$$\begin{array}{ccc} \begin{array}{l} H_2C-OCOR \\ HO-CH \\ H_2C-OH \end{array} & \begin{array}{l} H_2C-OH \\ ROCO-CH \\ H_2C-OH \end{array} & \begin{array}{l} H_2C-OH \\ HO-CH \\ H_2C-OCOR \end{array} \end{array} \quad \text{甘油一酯}$$

$$\begin{array}{l} H_2C-OH \\ HO-CH \\ H_2C-OH \end{array} + R_1COOH \longrightarrow \begin{array}{l} H_2C-OCOR_1 \\ R_2OCO-CH \\ H_2C-OH \end{array} \quad \begin{array}{l} H_2C-OCOR_1 \\ HO-CH \\ H_2C-OCOR_2 \end{array} \quad \begin{array}{l} H_2C-OH \\ R_1OCO-CH \\ H_2C-OCOR_2 \end{array} \quad \text{甘油二酯}$$

$$\begin{array}{l} H_2C-OCOR_1 \\ R_2OCO-CH \\ H_2C-OCOR_3 \end{array} \quad \text{甘油三酯}$$

甘油三酯的命名有R/S系统命名法和*sn*命名法（stereospecifically numbering，*sn*）。由于天然油脂是混合物，R/S系统命名法无法表示出天然油脂的实际情况。再者，生物体的某些酶能够区分出手性碳原子两端的“$—CH_2OH$”结合的脂肪酰基，而R/S命名法表示不出这两种区别的存在。*sn*命名法可明确表示天然油脂中甘油三酯的结构，后被国际纯粹与应用化学联合会（IUPAC）规定为标准命名法。其命名原则为：以甘油处于Fisher平面构型L式为基础（即中间的羟基位于左边，另外两个位于中心碳原子的右边），从上往下分别是*sn*-1、*sn*-2和*sn*-3。当*sn*-1，*sn*-2和*sn*-3都被硬脂酸酯化时，形成的甘油三酯结构见（1）；当*sn*-1位被硬脂酸酯化，*sn*-2被油酸酯化，*sn*-3被棕榈酸酯化时，形成的甘油三酯见（2）。采用*sn*命名法，（1）表示为三硬脂酰甘油酯，（2）表示为1-硬脂酰-2-油酰-3-棕榈酰-*sn*-甘油。

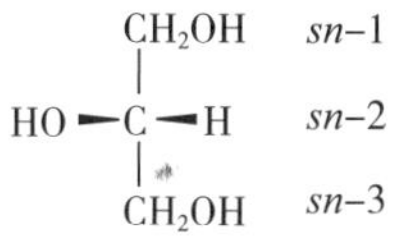

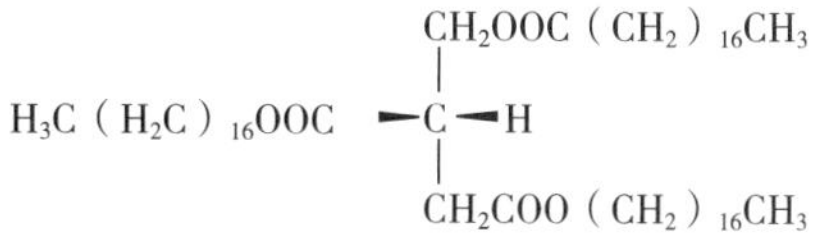

$$
\begin{array}{cc}
 & CH_2OH \\
 & | \\
HO- & C-H \\
 & | \\
 & CH_2OH
\end{array}
\quad
\begin{array}{l}
sn\text{-}1 \\ \\ sn\text{-}2 \\ \\ sn\text{-}3
\end{array}
$$

$$
\begin{array}{rl}
 & CH_2OOC(CH_2)_{16}CH_3 \\
 & | \\
H_3C(H_2C)_{16}OOC- & C-H \\
 & | \\
 & CH_2COO(CH_2)_{16}CH_3
\end{array}
$$

（1）

$$
\begin{array}{rl}
 & CH_2OOC(CH_2)_{16}CH_3 \\
 & | \\
H_3C(H_2C)_7HC=HC(H_2C)_7OOC- & C-H \\
 & | \\
 & CH_2OOC(CH_2)_{14}CH_3
\end{array}
$$

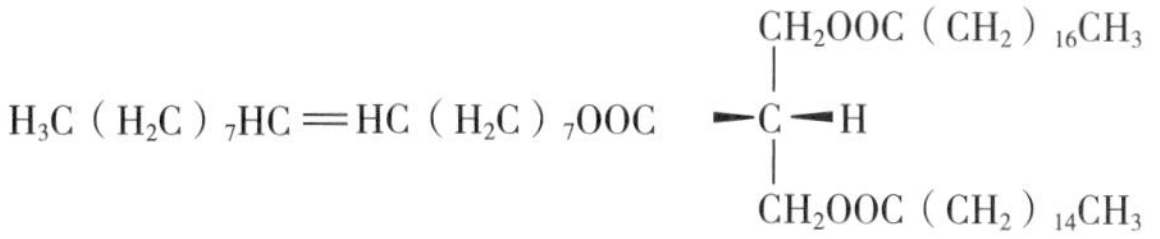

（2）

另外，α、β 命名法也常被用于表示甘油三酯的立体结构，*sn*-1、*sn*-2 和 *sn*-3 又分别称为 α、β、α′位。因此，（2）可表示为 α-硬脂酰-β-油酰-α′-棕榈酰甘油。

同时，脂肪酸采用简单数字标记时，（2）表示为 *sn*-18∶0-18∶1-16∶0。脂肪酸采用英文缩写标记时，（1）表示为 StStSt，（2）表示为 *sn*-StOP。

（二）甘油酯的物理性质

1. 甘油三酯的结晶

甘油三酯分子中特有的音叉结构决定了晶体的结构。X 射线测定发现，甘油酯晶体中分子主要有两种排列方式：一种是以二倍碳链长的排序方式（β_2），另一种是以三倍碳链长的排列方式（β_3）。甘油三酯的排序方式取决于其组分和结构，也受到结晶条件的影响，进而形成了不同的晶型。通常，同酸甘油三酯易形成 β 晶型，但不同脂肪酸的甘油三酯的碳链长度和不饱和度不同，进而空间阻碍比较大，易形成 β′晶型。

X 射线衍射技术可以确定甘油三酯的各种晶型。高级甘油三酯的晶体方式有 3 种，分别是 α、β、β′，分别从低到高代表 3 种不同的熔点。熔融的甘油酯迅速冷却后通常形成 α 晶型；缓慢加热到融化晶体，并保持至刚好高于其熔点的温度，固化形成 β′型晶体；使用类似的方法处理 β′型晶体可以得到 β 型，β 型也可以在低温下从溶剂中重结晶得到。

2. 甘油三酯的熔点

甘油酯的物理性质取决于与甘油主链相连的脂肪酰基的分子结构。甘油三酯的熔点和分子间相互作用由脂肪酰基的饱和度和碳链长度决定，甘油三酯的熔点不仅与酰基有关，还与晶型相关。同酸或对称性好的甘油酯可以形成 α、β、β′晶型。熔点较低的 α、β′晶型无奇偶碳熔点交变现象；而稳定的 β 型晶型不仅有明显的熔点交变现象，而且其熔点与对应的脂肪酸的熔点非常接近。不饱和脂肪酸的甘油酯随着不饱和度的增加，其稳定晶型的熔点也降低。反式不饱和一烯酸甘油酯的熔点明显高于对应的顺式酸，而且双键处于偶数位时的熔点显著高于双键位处于奇数位时的熔点。

甘油酯中，甘油一酯的熔点最高，其次是甘油二酯，甘油三酯最低。天然油脂是脂肪酸甘油酯的混合物，所以没有固定的熔点，而仅有一个熔化的温度范围。只有温度极低时，油脂才会完全形成固体。室温下的固体油脂呈现的是塑性脂肪，是固体脂肪和液体脂肪的混合物。

3. 甘油三酯的膨胀特性

（1）密度和比体积　物质的密度大小与物态、晶型和温度等有直接关系。油脂的密度可以通过相对密度测量，同时 X 射线等手段也可以获得晶胞数进而计算得到。甘油酯的密度通常随着碳链的增长而减小，随着不饱和度的增加，同碳数的甘油酯的密度略有增加。不同晶态的甘油酯的密度略有不同，但差异不大。

由于甘油三酯具有同质多晶现象，导致其密度变化比较复杂。通常，晶型越稳定，分子排列越紧密，密度也就越大。液体油的密度随着温度的升高而降低。大多数脂肪在常温下表现为“固体”，其密度取决于该温度下的固相和液相的比例。在其加热下逐渐转变为液态过程中，密度也呈现阶段性变化。

1g 物质所具有的体积称为比体积，比体积的单位是 cm^3/g。比体积与密度互成倒数关系。

（2）膨胀　固体脂肪和液体油受热发生膨胀，进而引起比体积的增加，但未发生相转变的膨胀称为热膨胀；固体脂肪随着加热转化为液体油而引发的比体积增加的膨胀称为熔化膨胀，熔化膨胀在相变转变时，温度恒定。单位质量的固体或液体油脂每升高 1℃ 发生膨胀时的体积变化称为热膨胀系数。表 1-2 列出了部分甘油三酯的熔化膨胀值和热膨胀系数。尽管不同甘油三酯的热膨胀系数不同，但液体油和固体脂的热膨胀系数分别为 $0.00030cm^3/(g·℃)$ 和 $0.00090cm^3/(g·℃)$，说明液体油的热膨胀引起比体积增加的程度是固体脂的 3 倍，而熔化膨胀引起的比体积增加是热膨胀引起的比体积增加的千倍。

表 1-2　部分甘油三酯的熔化膨胀值和热膨胀系数

甘油三酯	熔化膨胀值		热膨胀系数/[$cm^3/(g·℃)$]	
	cm^3/g	cm^3/mol	固体	液体
三月桂酸甘油酯	0.1428	91.24	0.00019	0.00090
三豆蔻酸甘油酯	0.1523	110.13	0.00021	0.00091
三软脂酸甘油酯	0.1619	130.70	0.00022	0.00092
三硬脂酸甘油酯（α）	0.1610	143.53	0.00026	0.00095
三硬脂酸甘油酯（β'）	0.1316	117.32	0.00029	—
三硬脂酸甘油酯（β）	0.1192	106.26	0.00032	—
三反油酸甘油酯	0.1180	104.48	0.00018	0.00087
三油酸甘油酯	0.0796	69.06	0.00030	0.00099
一硬脂酸二油酸甘油酯	0.1178	101.78	0.00030	0.00095

续表

甘油三酯	熔化膨胀值		热膨胀系数/[cm^3/(g·℃)]	
	cm^3/g	cm^3/mol	固体	液体
一油酸二软脂酸甘油酯	0.1240	100.32	0.00030	0.00091
一软脂酸二硬脂酸甘油酯	0.1553	134.09	0.00026	0.00093
一硬脂酸二软脂酸甘油酯	0.1527	127.55	0.00027	0.00097

注：—表示未测定。

4. 油脂的热性质

（1）沸点和蒸气压　沸点和蒸气压是油脂及其衍生物的重要物理性质之一，在油脂行业有着广泛的用途。脂肪酸及其酯类沸点的大小为：甘油三酯>甘油二酯>甘油一酯>脂肪酸>脂肪酸的低级一元醇（甲醇、乙醇、异丙醇等）酯。它们的蒸气压大小顺序正好相反。其中，甘油酯的蒸气压大大低于脂肪酸的蒸汽压。甘油一酯具有相当高的蒸气压，一般采用高真空短程蒸馏即可将它们有效地分离。甘油三酯的蒸气压很低，即使是高真空蒸馏，也不能保证甘油三酯分子不受破坏而蒸馏出来，因为油脂在200℃以上易分解。

（2）比热容　1g物质升温1℃所需要的热量称为该物质的比热容。甘油三酯的比热容随着温度升高而逐渐增大，碳链长度对固体饱和脂肪酸及其同酸甘油三酯的比热容影响很小，比热容随着不饱和度的增加而增大。另外，不同晶型甘油三酯的比热容不同，稳定的晶型具有相对大的比热容。温度较低时油脂和脂肪酸的比热容一般在0.4~0.6，高温时其值则为0.6~0.8。

（3）烟点　油脂的烟点、闪点、燃烧点是油脂接触空气加热时的热稳定性指标。油脂烟点是指油脂试样在避免通风的情况下加热至出现稀薄连续的蓝烟时的温度。油脂烟点的高低与构成油脂的甘油三酯的脂肪酸组成有很大的关系。一般短碳链或不饱和度大的脂肪酸组成的甘油三酯比长链或饱和脂肪酸组成的甘油三酯烟点低得多。游离脂肪酸、甘油一酯、磷脂和其他受热易挥发的类脂物含量多的油脂烟点相对来说要低一些。烟点的高低是评价精炼油脂品质的一个重要指标。

（三）甘油酯的化学性质

1. 醇解反应

甘油酯与含有羟基的化合物交换烷氧基的反应称为醇解。反应生成脂肪酸酯和甘油；反应分步进行，也可以停留在中间阶段，生成甘油一酯和甘油二酯等中间产物。反应需要酸或碱的催化作用，甲醇和钠是实验室实现甘油酯甲酯化的常用催化剂，其催化机理如下所示。

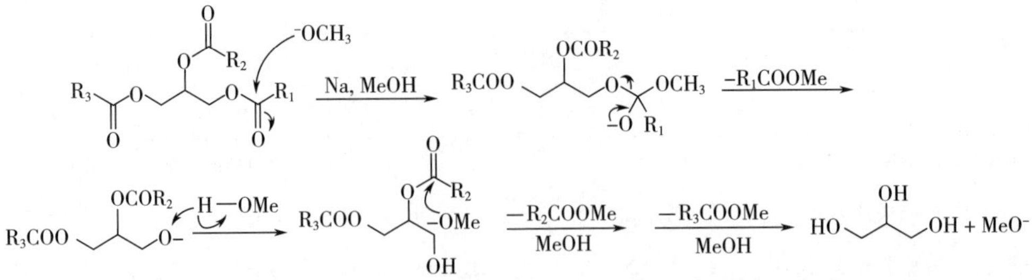

在无水条件下，氢氧化钠、脂肪酸盐等可以产生同样的催化作用，生成脂肪酸甲酯。由于甲酯性质相对稳定且挥发性较好，所以甲酯化成为油脂组成分析的常用衍生方法。利用季铵碱（$MeN^{+}OH^{-}$、$[CF_3C_6H_4NMe_3]^{+}OH^{-}$）则不需要任何处理，可以直接用于色谱分析。

如果油脂中含有相当量的脂肪酸或主要以脂肪酸的形式存在，甲酯化通常在酸的催化下进行，质子酸（HCl、H_2SO_4 等）或 Lewis 酸（BF_3 等）都可用作催化剂。其中，质子酸催化甘油三酯甲酯化的机理如下所示。

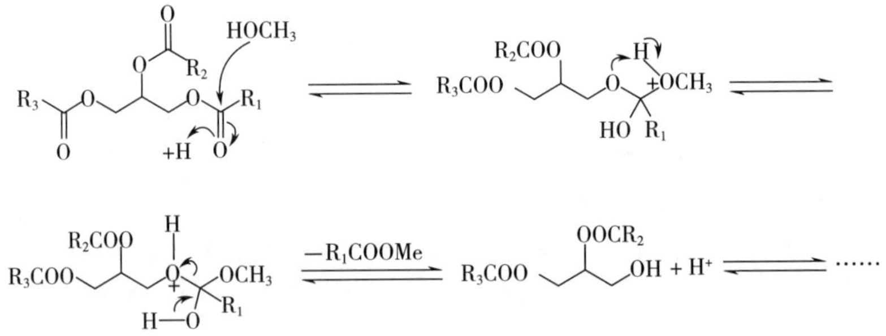

共轭酸或多不饱和脂肪酸在酸催化下甲酯化易发生位置和空间异构化，所以需要在低温或特殊的条件下进行甲酯化。

脂肪酸甲酯在工业上用作生物柴油，通常由廉价脂肪酸在浓硫酸催化下制得，也可由甘油酯通过甲醇醇解得到。油脂醇解反应的一个重要应用是通过甘油酯醇解制备生物表面活性剂——甘油一酯。碱催化的甘油酯醇解反应通常在甘油过量和200℃下进行，得到甘油酯的混合物。反应也可以在温和的条件（在脂肪酶或水解酶的催化）下有选择地进行，得到纯度很高的甘油一酯或甘油二酯产品。

2. 酸解反应

脂肪或酯在酯化反应催化剂如硫酸参与下，与脂肪酸作用，酯中酰基与脂肪酸酰基互换，即为酸解反应。

$$R-\overset{\displaystyle O}{\overset{\|}{C}}-OR' + R''-\overset{\displaystyle O}{\overset{\|}{C}}-OH \rightleftharpoons R''-\overset{\displaystyle O}{\overset{\|}{C}}-OR' + R-\overset{\displaystyle O}{\overset{\|}{C}}-OH$$

例如，椰子油与乙酸或丙酸进行部分酸解，得到的十二酰二乙酰甘油和十四酰二乙酰甘油是一种低熔点的增塑剂。

将油脂与游离脂肪酸进行酸解，可以改变油脂的脂肪酸和甘油酯的组成。由于酸解要在较高温度下进行，反应速度慢，副反应多，因此实际的应用研究比醇解和酯-酯交换要少得多。以酶催化进行酸解反应，可以克服上述缺点，受到高度重视。利用定向脂肪酶进行酸解可制造有重要价值的油脂代用品。

3. 酯–酯交换反应

广义上讲，交换酰基的反应都称为酯交换反应，包括酸解、醇解、酯–酯交换。酯–酯交换包括甘油酯分子内酰基的重新排布、分子间的酰基交换。甘油酯–酯交换反应常用的催化剂是醇钠，其催化机理如下所示。

分子内：

分子间：

从反应机理可知，醇钠其实参加了反应，真正的催化剂是二酰基甘氧基负离子。这一机理可以解释在最终产品中有甘油一酯、甘油二酯存在的原因。

酯交换反应的应用价值在于天然油脂经过交换后其物理性质（熔点、结晶性能、固体脂含量、塑性）发生变化，但其化学性质、营养价值和抗氧化性质则无明显变化。酯交换达到最终平衡时，酰基的分布达成热力学稳定的复合统计规律的平衡。这一反应已在工业上应用于类可可脂等专用脂代用品的生产。酯交换反应其他方面的应用包括利用短碳链甘油酯和脂肪酸甲酯作用合成同酸甘油三酯、利用酸解引入功能性脂肪酸以及合成糖酯等。

然而，在一定条件下，甘油酯不同位置的酰基可以互换而异构化，又称为酰基转移反应，如下所示。

1,2–甘油二酯　　1,3–甘油二酯　　2–甘油一酯　　1–甘油一酯

酰基转移反应改变了甘油一酯和甘油二酯的结构，影响他们的物理化学性质和生

理活性。

酰基转移反应的速率和平衡常数受转移基团、体系、pH、溶剂、温度、压力、时间等条件的影响。一般来说，短链、支链的酰基较长链、直链的酰基转移更快些，低pH体系中的游离脂肪酸可起酰基转移反应催化剂的作用。

4. 还原与氢解反应

酯、脂肪酸和酰卤等可以被还原成醇、醛甚至烃，反应的选择性取决于所用试剂和反应条件。常用的还原剂包括碱金属、氢化物和金属。

在醇存在下碱金属将酯还原成醇是最古老的一种制备脂肪醇的方法，该法不适用于脂肪酸的还原。将金属钠分散于二甲苯中，然后加入酯和1,3-二甲基丁醇，产物中脂肪醇的产率可以达到90%以上。反应的电子转移机理如下所示。

$$R_1-\overset{O}{\overset{\|}{C}}-OR_2 \xrightarrow{Na} R_1-\overset{O^-Na^+}{\overset{|}{\dot{C}}}-OR_2 \xrightarrow{Na} R_1-\overset{O^-Na^+}{\overset{|}{\underline{C}}}-OR_2Na^+ \xrightarrow{R_3OH} R_1-\overset{O^-Na^+}{\underset{H}{\overset{|}{\underset{|}{C}}}}-OR_2+R_3O^-Na^+$$

$$R_1-\overset{O^-Na^+}{\underset{H}{\overset{|}{\underset{|}{C}}}}-OR_2 \xrightarrow{-R_2O^-Na^+} R_1-\overset{O}{\overset{\|}{C}}H \xrightarrow{Na} R_1-\overset{O^-Na^+}{\overset{|}{\dot{C}}}H \xrightarrow{Na} R_1-\overset{O^-Na^+}{\overset{|}{\underline{C}}}HNa^+ + \xrightarrow{R_3OH} R_1-\overset{O^-Na^+}{\overset{|}{C}}H_2+R_3O^-Na^+$$

$NaBH_4$和$LiAlH_4$等金属氢化物是实验室常用的酯和脂肪酸的还原剂。$NaBH_4$可还原酯但不能还原酸；$LiAlH_4$可还原酯、酸和酰卤，但对脂肪酸链上的双键没有影响，而与羧基共轭的双键在不同的溶剂中则呈现不同的选择性。

$$R\text{〰}OH \xleftarrow[THF]{LiAlH_4} R\text{〰}COOMe \xrightarrow[Et_2O]{LiAlH_4} R\text{〰}OH$$

此外，中性氢化物R_nMH_{3-n}（M代表Al或B；R为烷基）可将酯还原成醛。酰卤也可以在钯（Pd）催化下被氢还原成醛。在高温高压和过渡金属催化下，脂肪酸或酯均可以被氢还原成脂肪醇，这是工业生产脂肪醇的主要方法。

$$R_1COOR_2+2H_2 \xrightarrow{催化剂} R_1CH_2OH+R_2OH$$

反应依据催化剂、温度和压力呈现不同的选择性。非选择性催化剂如Cu、Cu-Cr氧化物、Pd/C等催化下，双键被还原甚至有一定量的烃和蜡生成；选择性催化剂如Cu-Cr-Cd、Cu-Cd等作用下，不饱和键基本不受影响。

5. 水解反应

酯可以在碱性、酸性甚至中性条件下发生水解反应。碱性条件下的水解比较彻底，称为皂化反应；酸性或中性条件下的水解为可逆反应，其平衡点取决于水的比例和酯的性质。在中性和酸性条件下，亲核试剂是水，其反应机理如下所示。

$$H_3C{-}\overset{\overset{\large O}{\|}}{C}{-}O{-}CH_3 + H^{\oplus} \underset{第一步}{\rightleftharpoons} H_3C{-}\overset{\overset{\large O^{\oplus}H}{\|}}{C}{-}O{-}CH_3 + H_2O \underset{第二步}{\rightleftharpoons} H_3C{-}C(OH)(OCH_3)(O^{\oplus}H_2) \underset{第三步}{\overset{-H^+}{\rightleftharpoons}} H_3C{-}C(OH)_2(OCH_3) + H^{\oplus}$$

$$\underset{第四步}{\rightleftharpoons} H_3C{-}C(OH)_2{-}O^{\oplus}H{-}CH_3 \underset{第五步}{\overset{-CH_3OH}{\rightleftharpoons}} H_3C{-}\overset{\overset{\large O^{\oplus}H}{\|}}{C}{-}OH + H_2O \underset{第六步}{\rightleftharpoons} H_3C{-}\overset{\overset{\large O}{\|}}{C}{-}OH + H_3O^{\oplus}$$

酸催化的水解反应过程如下所示。

$$R_1{-}\overset{\overset{\large O}{\|}}{C}{-}OR_2 + H^+ \rightleftharpoons R_1{-}\overset{\overset{\large \overset{+}{O}H}{\|}}{C}{-}OR_2 \overset{H_2O}{\rightleftharpoons} R_1{-}\underset{\underset{\large \underset{+}{O}H_2}{|}}{\overset{\overset{\large OH}{|}}{C}}{-}OR_2 \rightleftharpoons R_1{-}\underset{\underset{\large OH_2}{|}}{\overset{\overset{\large OH}{|}}{C}}{-}\underset{+}{O}(H)R_2 \rightleftharpoons R_1COOH + R_2OH + H^+$$

甘油三酯的水解分步进行，经甘油二酯、甘油一酯最后生成甘油。

6. 皂化反应

酯在碱性条件下生成脂肪酸盐和醇的反应称为皂化，其反应机理如下所示。

$$R_1{-}\overset{\overset{\large O}{\|}}{C}{-}OR_2 + {}^-OH \longrightarrow R_1{-}\underset{\underset{\large OH}{|}}{\overset{\overset{\large O^-}{|}}{C}}{-}OR_2 \longrightarrow R_1{-}\overset{\overset{\large O}{\|}}{C}{-}O{-}H + {}^-OR_2 \longrightarrow R_1{-}\overset{\overset{\large O}{\|}}{C}{-}O^- + R_2OH$$

皂化反应是不可逆的，但反应可以看出是分两步进行的，第一步，甘油酯与水发生水解反应，生成脂肪酸和甘油，氢氧化钠供给氢氧根离子，起催化剂的作用。第二步，氢氧化钠和脂肪酸发生中和反应，生成脂肪酸钠盐，从而将脂肪酸不断从反应体系中除去，促使反应完全。工业上利用此反应制取脂肪酸盐（肥皂）与甘油。

三、蜡

（一）蜡的定义和分类

在不同场合，“蜡”的定义是有所区别的。广义上，蜡通常是指植物、动物或者矿物等所产生的某种常温下为固体，加热后液化、易燃烧、不溶于水、具有一定润滑作用的油状物质，包括酯蜡、固醇蜡、长链脂肪醇、长链脂肪酸和烃类等物质。

蜡按照来源并考虑组成可分三大类。

（1）动植物蜡主要成分是长链脂肪酸和长链的一元醇形成的酯，常被称为蜡酯。例如蜂蜡、虫蜡、巴西棕榈蜡、糠蜡、鲸蜡、羊毛脂等。

（2）化石蜡成分复杂，不完全属同一类型。例如地蜡、干馏褐煤所得褐煤蜡几乎完全是高级烃。从页岩沥青和褐烟煤中萃取的蒙丹蜡其组成成分中有近一半是高级脂肪酸与高级醇形成的酯，还有10%以上游离脂肪酸和20%~30%的树脂以及烃类和少量的沥青。

（3）石油精炼过程中自重油里提取出的石蜡，完全是高级烃。目前商品化的动植物蜡的种类不多，主要有昆虫分泌的蜂蜡、虫蜡，从抹香鲸体内获得的鲸头蜡、鲸蜡油，从羊毛表层提取的羊毛蜡（精制羊毛蜡叫羊毛脂），取自巴西一种棕榈叶子上的巴西棕榈蜡，草本植物的堪地里拉蜡，甘蔗表皮的蔗蜡以及得自种子皮层的米糠蜡和霍霍巴蜡（Jojoba oil）。

（二）动植物蜡的组成

动植物蜡组成比较复杂，最主要的成分是高级脂肪醇和高级脂肪酸组成的酯，其他成分包括游离酸、游离醇、烃类，还有其他的酯如甾醇酯、三萜醇酯、二元酸酯、交酯、羟酸酯及树脂等。组成蜡酯的脂肪酸从C_{16}~C_{30}甚至更高，以饱和酸为主。例如从米糠油中提取的糠蜡，主要由$C_{22:0}$、$C_{24:0}$饱和脂肪酸与C_{24}~C_{34}脂肪醇组成的酯，还有少量的其他酯和游离脂肪酸、烃以及甾醇等。

脂肪醇是蜡的主要成分，游离脂肪醇较少，主要以酯的形式存在于蜡中，工业用脂肪醇则主要由氢解油脂或氧化石蜡法等制取。蜡中脂肪醇从C_8开始，最高可达C_{44}。以直链偶碳伯醇为主也有多种支链醇（仲醇），一般是带一个甲基的支链醇，还有多种不饱和醇以及少量的二元醇。

在生物新陈代谢中，酸、醇、酯、烃存在着平衡，烃是最终产物。偶碳酯产生的烃是奇碳的。

$$RCOOR' \longrightarrow R{-}R' + CO_2$$

因此蜡中存在酯、酸、醇、烃四种成分是可以理解的。当游离酸多时，醇必然少，反之亦然。堪地里拉蜡、玫瑰花蜡中烃类含量很高，可达50%。羊毛脂中约含1/3的甾醇脂肪酸酯，这就使得羊毛脂可吸收200%~300%的水。

（三）蜡的性质和用途

纯净的动植物蜡在常温下呈结晶固体，因种类不同而有不同的熔点。例如蜂蜡为60~70℃、中国虫蜡为82~86℃，米糠蜡为79~82℃，巴西棕榈蜡为78~84℃，很多种蜡都有悦目的光泽。蜡的构成决定了它的化学性质比较稳定，具有抗水性。蜡在酸性溶液中极难水解，只有在碱性介质中可以缓慢地水解，比油脂水解困难得多。

$$R{-}\overset{\overset{\displaystyle O}{\|}}{C}{-}OR' + NaOH \longrightarrow RCOONa + R'OH$$

由于酸及醇碳链均很长，因此水解产物皂及醇在蜡中溶解度很大，使得水解很难彻底完成。要使蜡完全水解，可先用苯-醇的氢氧化钾溶液水解，然后用醇钠水解未被水解的部分。

蜡水解虽困难，但可顺利进行酯交换反应。很多多元醇如甘油与蜡进行醇解反应，可以改变蜡的性质。含不饱和醇的液体蜡可以像甘油三酯一样进行催化加氢。

蜡的性质使其具有独特广泛的用途，例如电器绝缘、照明（蜡烛）、鞣革上光、铸造脱模、磨光剂（家具、地板、漆布等的磨光）、蜡漆、鞋油、蜡封、药膏配料、塑型及化妆品等。

在油脂产品中，蜡的存在会影响其透明度，所以需以脱蜡工艺将蜡脱除。

四、植物甾醇酯

（一）植物甾醇酯的定义、结构和组成

植物甾醇酯是植物甾醇的衍生物，是甾醇和脂肪酸的酯化物，具有和植物甾醇相同甚至更优的生理活性功能，三种主要植物甾醇酯结构通式如下。

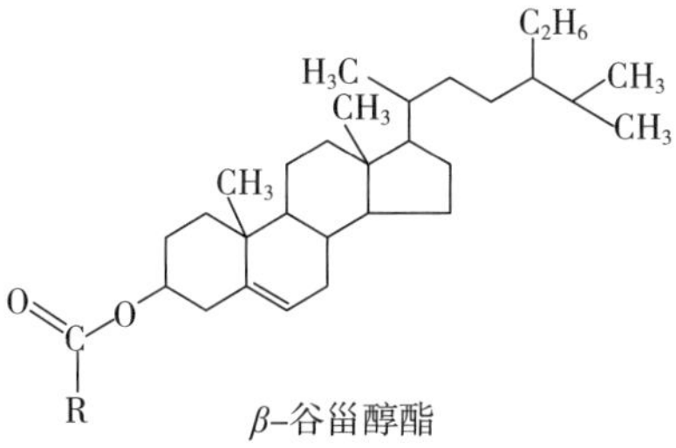

β-谷甾醇酯

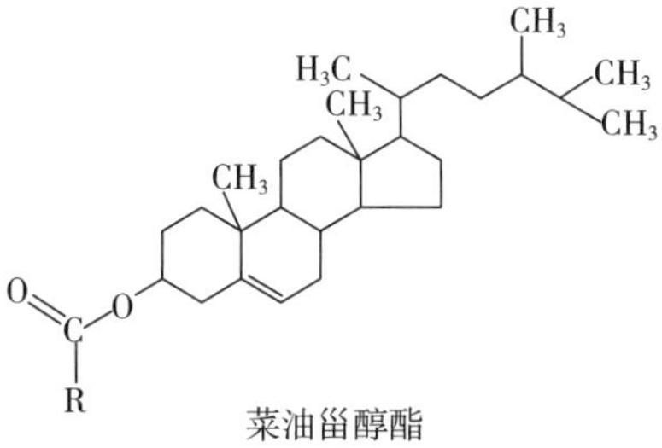

菜油甾醇酯

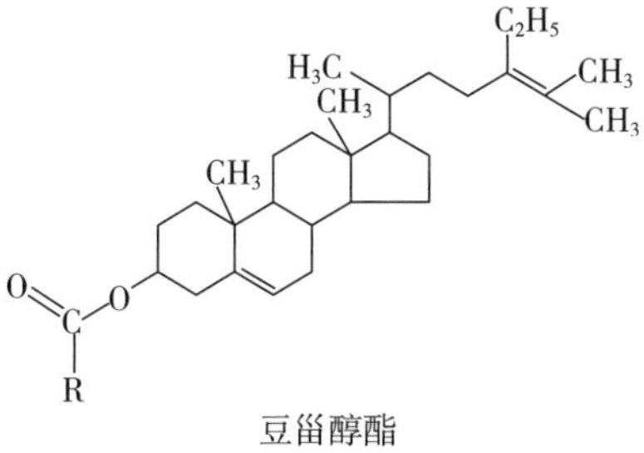

豆甾醇酯

植物甾醇酯一般可由植物甾醇与脂肪酸通过酯化反应或转酯化反应制得。由于可以用于制造植物甾醇酯的甾醇和脂肪酸种类都较多，因此可以得到多种不同理化性质的植物甾醇酯，用于植物甾醇酯合成的甾醇主要包括β-谷甾醇、豆甾醇、菜油甾醇，

及其相应的甾烷醇或者上述几种甾醇的混合物；而可以用于合成植物甾醇酯的脂肪酸包括饱和脂肪酸如硬脂酸、软脂酸、月桂酸，不饱和脂肪酸如油酸、亚油酸、共轭亚油酸、亚麻酸、EPA 和 DHA，以及各种脂肪酸不同比例的混合物和葵花籽油等食用油脂。

（二）植物甾醇酯的性质

植物甾醇酯与游离型植物甾醇相比，最明显的改变是熔点的降低。通常，甾烷醇形成的酯熔点较甾醇酯高，而饱和脂肪酸形成的甾醇酯较不饱和脂肪酸形成的甾醇酯熔点更高。表 1-3 列出了一些甾醇酯和游离型甾醇熔点的比较。酯化后，发生显著改变的还包括植物甾醇和植物甾烷醇的溶解度，如植物甾烷醇酯在食用油和脂肪中溶解度高达 35%~40%（质量分数），游离甾醇则仅为 2%。

表 1-3　不同植物甾醇酯与相应植物甾醇熔点比较

名称	β-谷甾醇				豆甾醇			
	游离型	棕榈酸酯	油酸酯	亚油酸酯	游离型	棕榈酸酯	油酸酯	亚油酸酯
熔点/℃	140	86.5	52	43	170	99.5	57	38

（三）植物甾醇酯的生理功能

植物甾醇具有多种重要生理功能。人们最早认识植物甾醇的功能是从其降低胆固醇作用开始的，而随着人们对植物甾醇功能性的不断深入研究发现，甾醇在降低冠心病、动脉粥样硬化发病率，抗炎、抗氧化、抗癌以及前列腺疾病的预防方面都有重要作用。但是，植物甾醇的溶解限制问题，使其应用受到了影响。而脂肪酸形式的植物甾醇——植物甾醇酯，具有良好的油溶性，同时在体内 95%以上可以被水解为游离植物甾醇，因此植物甾醇酯和植物甾醇相比，具有相同甚至更优的生理功能。

第三节　复合脂质

一、磷脂

（一）磷脂的定义、结构和组成

1. 磷脂的定义

磷脂（phospholipids，PLs）是分子中含有磷酸基及其衍生物的脂类物质，按化学结构可分为两大类：一类为甘油磷脂（glycerophospholipids）；一类为（神经）鞘磷脂（sphingomyelins，SM）。一般无特殊说明，磷脂通常指的是甘油磷脂。

2. 磷脂的结构

甘油磷脂以甘油为骨架，是甘油、脂肪酸和磷酸基团结合的衍生物。按其磷酸基团处于甘油骨架的 *sn*-1 和 *sn*-2 位的不同，可将磷脂分为 α-磷脂和 β-磷脂，所有天然存在的甘油磷脂都具有 α-构型和 L-构型。鞘磷脂由神经酰胺的 C1 羟基上连接了磷酸胆碱（或磷酸乙醇胺）构成。

3. 磷脂的组成

甘油磷脂的化学结构可以根据其头部基团、疏水性侧链的长度和饱和度、脂肪族部分与甘油骨架之间的键合类型以及脂肪链的数量进行分类。

（1）按头部基团的不同　可分为磷脂酰胆碱（phosphatidyl choline，PC，别称卵磷脂）、磷脂酰乙醇胺（phosphatidyl ethanolamine，PE，别称脑磷脂）、磷脂酰丝氨酸（phosphatidylserine，PS）、磷脂酸（phosphatidic acid，PA）、磷脂酰肌醇（phosphatidylinositol，PI）、磷脂酰甘油（phosphatidylglycerol，PG）和心磷脂（cardiolipin，CL）等，主要甘油磷脂的分子结构如下。

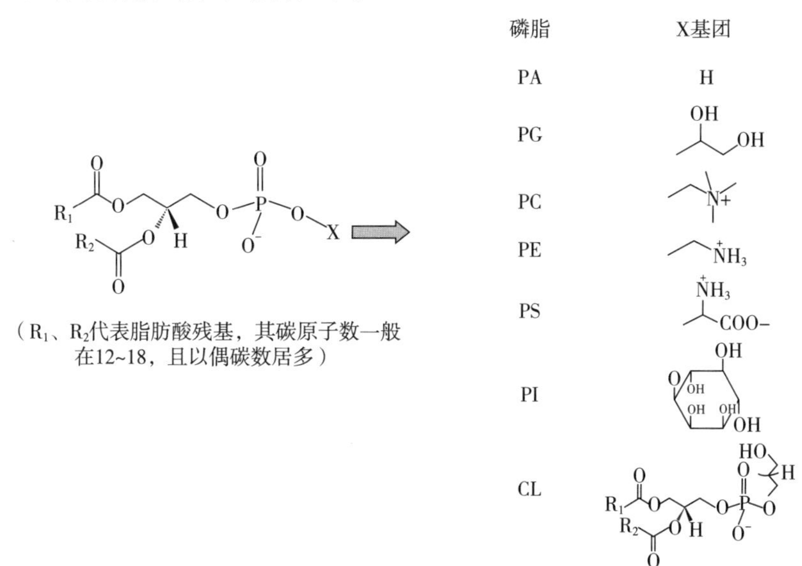

（R_1、R_2代表脂肪酸残基，其碳原子数一般在12~18，且以偶碳数居多）

（2）按非极性部分的长度不同　可分为二棕榈酰磷脂酰胆碱，二肉豆蔻酰磷脂酰胆碱，二硬脂酰磷脂酰胆碱等。

（3）按脂肪族基团的饱和度不同　可分为二油酰磷脂酰胆碱，二硬脂酰磷脂酰胆碱磷脂酰胆碱等。

（4）按脂肪链与甘油骨架间的键合类型不同（酯或醚）　可分为酯甘油磷脂和醚甘油磷脂（缩醛磷脂）。

（5）按脂肪链数量的不同　可分为单酰基形式磷脂和二酰基形式磷脂，例如在甘油骨架上仅有一个酰基的溶血磷脂就是二酰基水解酶水解的产物。

一般植物油料主要由磷脂酰胆碱（PC）、磷脂酰乙醇胺（PE）、磷脂酰肌醇（PI）

和磷脂酸（PA）等磷脂组成，不同来源和品种的油料中各种磷脂含量不同。除了甘油磷脂以外，哺乳动物中含有丰富的鞘磷脂，其代谢产物如神经酰胺（ceramide，Cer）、鞘氨醇（sphingosine，Sph）、1-磷酸鞘氨醇（sphingosine-1-phosphate，S1P）是具有生物活性的信号分子，可作为第一和（或）第二信使调控细胞的生命活动，如细胞的生长、分化、衰老和凋亡等许多重要的信号转导过程。

（二）磷脂的物理性质

1. 磷脂的外观

磷脂均为白色固体，易吸水成膏状物。由于制取方法和种类的不同，磷脂也可呈淡黄色或棕色。浓缩磷脂呈现塑性或流质体，粉末磷脂呈固体粉末状。

2. 磷脂的熔点

磷脂随着温度的升高逐渐软化（100~200℃），没有清晰的熔点。高温下易氧化变成褐色乃至黑色。

3. 磷脂的溶解特性

磷脂易溶于脂肪溶剂，如乙醚、乙烷、石油醚、三氯甲烷等，不溶于丙酮和乙酸乙酯，因此又称为丙酮不溶物。但不同的磷脂在不同的有机溶剂中溶解度不同，卵磷脂溶于乙醇而脑磷脂不溶，借此可将卵磷脂和脑磷脂分离；鞘磷脂不溶于丙酮和乙醚却溶于热乙醇；磷脂能溶于热的动植物油脂、矿物油及脂肪酸中，不溶于冷的动植物油脂。磷脂加入脂肪酸，可使塑性磷脂软化或液化，成为流态状磷脂。

（三）磷脂的化学性质

1. 氧化与增效作用

由于磷脂分子结构上连接有不饱和脂肪酸，所以磷脂的自动氧化与脂肪酸和脂肪酸酯的氧化机理较为接近，一级氧化产物主要是共轭二烯氢过氧化物。磷脂的氧化同时也受到分子的结构特征和聚集状态的影响，如 PE 和 PC 氧化机理相同，但由于结构不同，前者的氧化速率大于后者。主要归因于 PE 对促进氧化的金属离子络合能力大于 PC。

磷脂的增效作用有两个主要原因，其一是对金属离子的络合作用，从而使促进氧化的金属离子钝化；其二是使酚类抗氧化剂再生。PE 的增效作用大于 PC，主要原因正是在于这两种化合物对促进氧化的金属离子络合能力的差异。磷脂螯合金属的能力归因于其分子中潜在的含氮配位基团。PC 和 PE 分子结构相似，差别仅在于各自的碱基不同，PC 的碱基为胆碱基，而 PE 的碱基为胆氨基。PC 分子中配位原子 N 上连接有三个甲基，空间阻碍大，使形成络合物的稳定性降低；PE 分子中配位原子 N 上连接的是三个氢，空间阻碍小，形成的络合物稳定，从而导致 PC 的增效作用小于 PE。

2. 水解反应

磷脂分子的酯键有甘油酯键、磷酸酯键和磷酸羟胺键，磷酸水解的方法主要有酸水解、碱水解、酶水解。其中，酸水解、碱水解的主要产物为甘油磷酸酯、胆碱、脂肪酸，反应式如下。

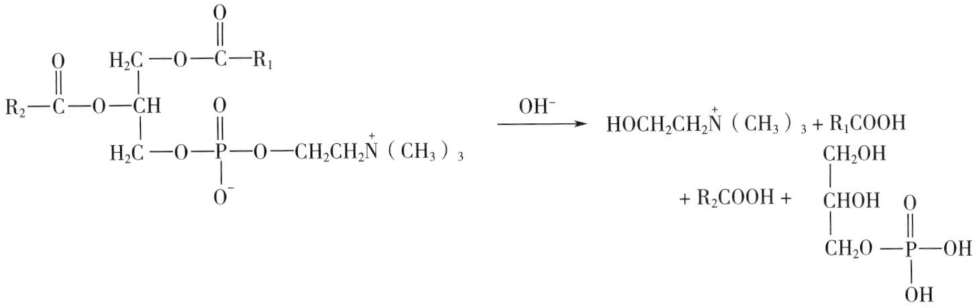

$$\begin{array}{l} H_2C-O-C(=O)-R_1 \\ R_2-C(=O)-O-CH \\ H_2C-O-P(=O)(O^-)-O-CH_2CH_2\overset{+}{N}(CH_3)_3 \end{array} \xrightarrow{OH^-} HOCH_2CH_2\overset{+}{N}(CH_3)_3 + R_1COOH + R_2COOH + \begin{array}{l} CH_2OH \\ CHOH \\ CH_2O-P(=O)(OH)-OH \end{array}$$

磷脂的酶水解利用了专一性的磷脂酶，包含磷脂酶 A_1、磷脂酶 A_2、磷脂酶 C、磷脂酶 D。磷脂酶 A_1 可水解 1-位酰基甘油键，磷脂酶 A_2 可水解 2-位酰基甘油键，生成脂肪酸和溶血磷脂；磷脂酶 C 催化水解磷酸甘油键，生成甘油二酯及磷酸羟基碱化合物；磷脂酶 D 水解羟胺磷酸键生成磷脂酸、胆碱或乙酸铵。不同的磷脂酶水解反应的过程如下：

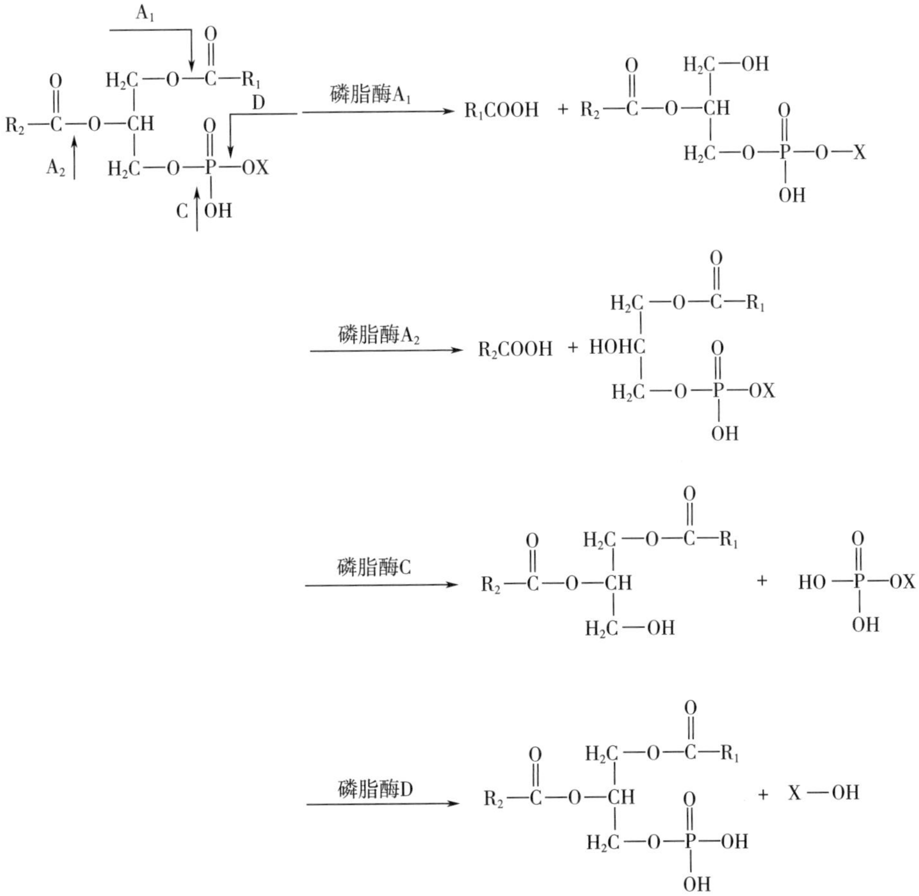

$$\begin{array}{l} H_2C-O-C(=O)-R_1 \quad (A_1) \\ R_2-C(=O)-O-CH \quad (A_2) \\ H_2C-O-P(=O)(OH)-OX \quad (C,\ D) \end{array} \xrightarrow{磷脂酶A_1} R_1COOH + \begin{array}{l} H_2C-OH \\ R_2-C(=O)-O-CH \\ H_2C-O-P(=O)(OH)-O-X \end{array}$$

$$\xrightarrow{磷脂酶A_2} R_2COOH + \begin{array}{l} H_2C-O-C(=O)-R_1 \\ HOHC \\ H_2C-O-P(=O)(OH)-OX \end{array}$$

$$\xrightarrow{磷脂酶C} \begin{array}{l} H_2C-O-C(=O)-R_1 \\ R_2-C(=O)-O-CH \\ H_2C-OH \end{array} + HO-P(=O)(OH)-OX$$

$$\xrightarrow{磷脂酶D} \begin{array}{l} H_2C-O-C(=O)-R_1 \\ R_2-C(=O)-O-CH \\ H_2C-O-P(=O)(OH)-OH \end{array} + X-OH$$

（X为胆碱、氨基乙醇、丝氨酸或肌醇基）

甘蓝（seroy，cabbage）中的磷脂酶 D 不仅催化水解，而且也加速醇解。如在乙醇或甘油存在下水解 PC 生成相应的磷脂酰甘油及胆碱。

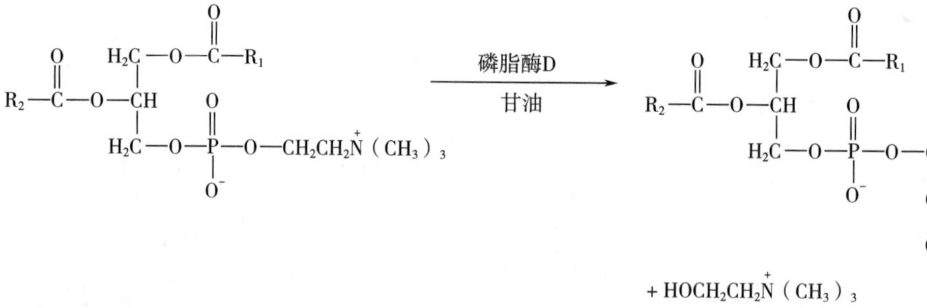

磷脂酶D

甘油

$+ HOCH_2CH_2\overset{+}{N}(CH_3)_3$

3. 复合作用

磷脂酰胆碱在甲醇溶液中与 Ca^{2+}、Mg^{2+}、Ce^{3+}形成复合物，水分子的存在会竞争性地阻止此复合反应。同时，两性化合物如磷脂形成的复合胶束可使碘水溶液产生 I_3^-，从而改变溶液的颜色，非复合状态的磷脂分子对其颜色的变化无影响。相同浓度磷脂的碘水溶液中，I_3^-的多少随磷脂的不饱和程度及溶剂极性的不同而变化。此外，磷脂也能与蛋白质、碳水化合物等形成复合物。

4. 其他反应

磷酸甘油酯含有的不饱和脂肪酸可以与卤素发生加成反应，其中与氯、碘混合物反应生成一种不仅具有药用价值而且还可以食用的食品乳化剂被广泛使用。适当条件下，磷脂中不饱和脂肪酸的双键与过氧化氢在乳酸的催化下进行羟基化反应。磷脂酰乙醇胺的氨基可与乙酰化试剂发生酰化反应，可增强其溶解性与水包油的乳化能力。

二、糖脂

（一）糖脂的定义、结构和组成

糖脂（glycolipid）是糖通过其半缩醛羟基以糖苷键与脂质连接所形成的化合物的总称，含有一个极性的糖基头部基团和脂肪酰基尾部基团。根据其构成骨架不同，糖脂可分为甘油糖脂（glyceroglycolipid）和鞘糖脂（glycosphingolipid）两大类，如下所示。

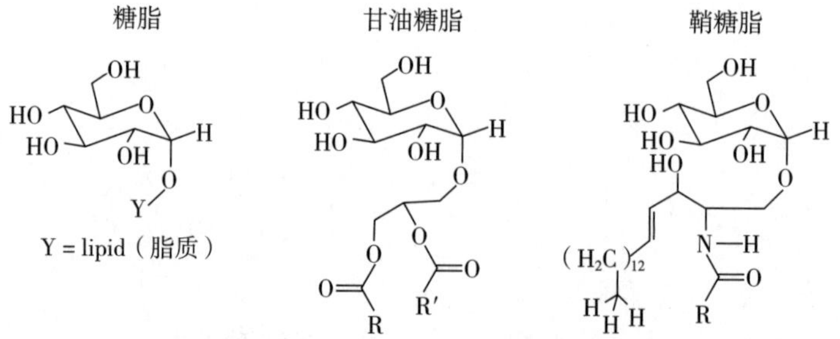

糖脂　　甘油糖脂　　鞘糖脂

Y = lipid（脂质）

甘油糖脂以甘油为基本骨架。天然存在的甘油糖脂根据其分子结构，主要可以分为七类：①酯键型甘油糖脂；②醚键型甘油糖脂（糖脂甘油部分的羟基被烷基化，形成醚键而非酯键）；③糖基上的羟基发生脂酰化的甘油糖脂；④糖醛酸型甘油糖脂；⑤糖基 6−位氨基化的甘油糖脂；⑥糖基 6−位磺酸化的甘油糖脂；⑦甘油的两个羟基都被糖苷化的甘油糖脂。分子结构如下所示。天然存在的糖脂分子中的糖以葡萄糖和半乳糖为主，脂肪酸以不饱和脂肪酸居多。

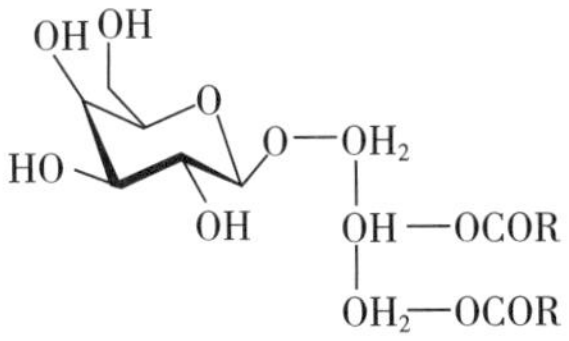

酯键型甘油糖脂

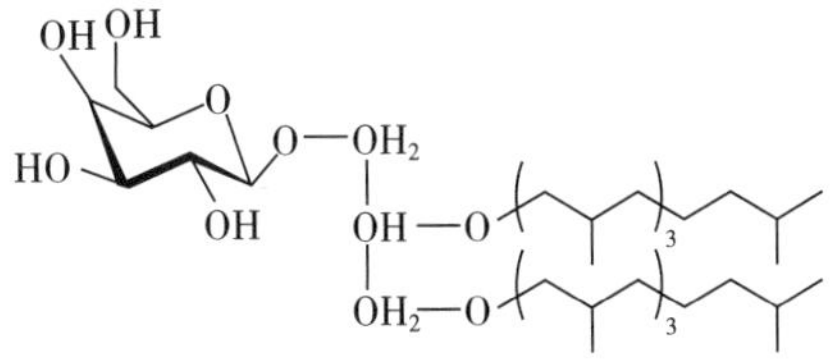

醚键型甘油糖脂

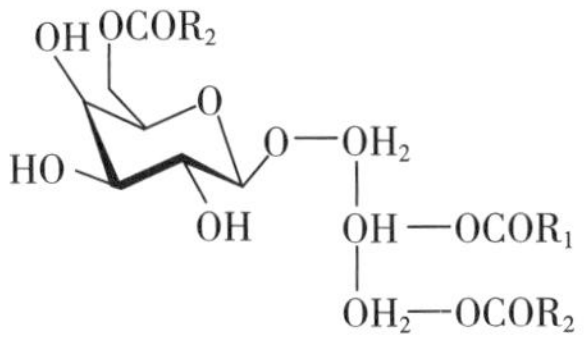

糖基上的羟基发生脂酰化的甘油糖脂

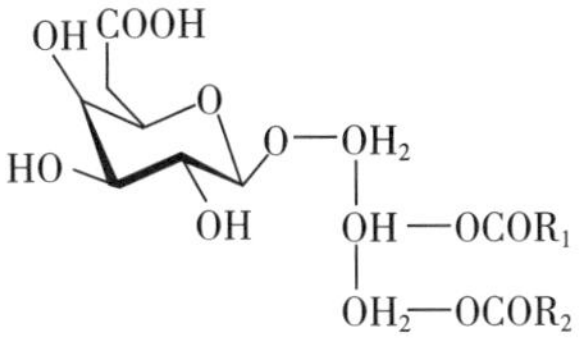

糖醛酸型甘油糖脂

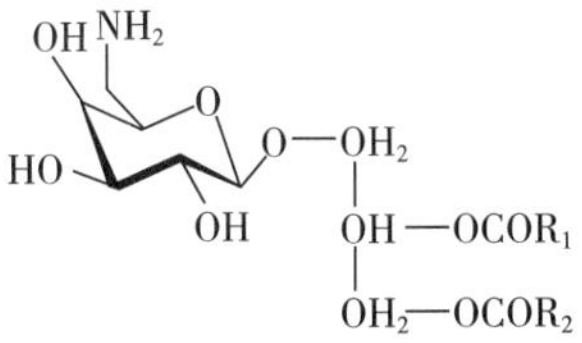

糖基6−位氨基化的甘油糖脂

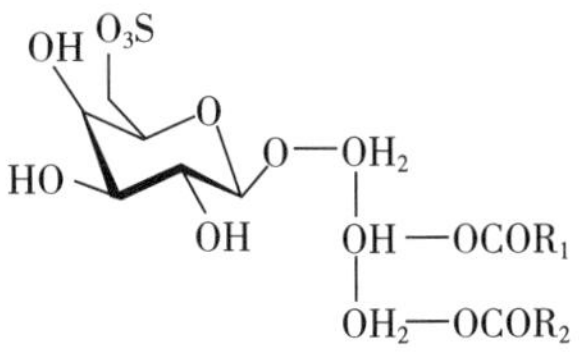

糖基6−位磺酸化的甘油糖脂

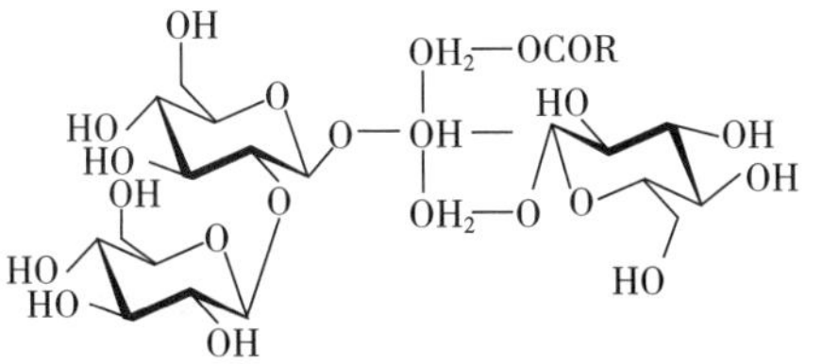

甘油的两个羟基都被糖苷化的甘油糖脂

鞘糖脂分子则由三个基本结构成分组成：鞘氨醇（长链的带有氨基的二醇，链长约 18 碳原子）、长链脂肪酸（链长约 18~26 碳原子，长链脂肪酸以酰胺键与鞘氨醇相结合，即神经酰胺）、极性基团（磷酸、糖基等头部基团，通常联接在鞘氨醇第一个碳原子的羟基上）。因极性基团不同，形成不同类型的鞘脂，如：含有磷酸的称为鞘磷脂，含有糖基的称为鞘糖脂。鞘糖脂分子中的糖基数目不等。仅含一个糖基的鞘糖脂为脑苷脂。

（二）糖脂的特性与分布

糖脂是一种通过糖苷键与碳水化合物相连的结构非常不均一的膜结合化合物。微生物的糖脂结构与动物糖脂结构大致相同。例如，真菌糖脂由糖单位（通常为葡萄糖和半乳糖）、疏水性神经酰胺、C_{19} 鞘氨醇、C_9 甲酰支链和与羟基十六酸的不饱和键组成。在糖脂的形成过程中，脂质和附着在细胞外膜极性头部的碳水化合物基团通过共价键形成共轭糖苷键，并根据极性分为两端，极性的糖基头部区域是亲水的，脂肪酰基尾部区域是疏水的，亲水头部带电，疏水尾部不带电。因此，糖脂在水环境中倾向于聚集成团，例如形成脂质双层或膜。受糖脂分子的一级化学结构、温度、pH 和离子浓度等外部因素的影响，糖脂形成的超分子排列可能为胶束结构、层状结构、六角结构、非层状立方结构和倒六角形结构。

糖脂存在于动物的神经组织、植物和微生物中。哺乳动物细胞膜中有 5%的脂质是糖脂，在高尔基体、溶酶体和线粒体中也存在着大量糖脂，而微生物的菌膜和植物的细胞壁中也含有糖脂。例如，糖脂是革兰氏阳性菌中菌膜的主要组成成分之一。糖脂可作为细胞膜的组成部分，通过与周围的水分子形成氢键来维持细胞膜的稳定性。糖脂除了是细胞膜的重要组成部分外，还具有显著的细胞聚集或解离生物学功能，作为受体提供接触，对免疫系统、组织形成过程中的细胞附着起着关键作用。此外，糖脂的碳水化合物分子与相邻的碳水化合物分子相连，而这种整合可以导致细胞反应和细胞识别的增加。而在植物中，糖脂参与了植物细胞叶绿体膜的形成，在光合作用过程中起着特殊的作用，光合作用器官中储存的糖脂多于磷脂。

鞘糖脂中，脑苷脂在哺乳动物的大脑中含量最多，以半乳糖苷脂为主，其脂肪酸主要为二十四碳脂肪酸；而血液中主要是葡萄糖脑苷脂。神经节苷脂（ganglioside）是一类糖基部分含唾液酸的鞘糖酯，已知糖部分是由己糖、氨基糖、唾液酸组成的脑神经节苷脂有 8 种以上。神经节苷脂广泛分布于全身各组织的细胞膜外表面，以脑组织（特别是神经元膜）最为丰富。

第四节　衍生脂质

一、甾醇

（一）甾醇的定义、结构和组成

甾醇（sterol）又名类固醇（steroid），是天然有机物中的一大类。动物普遍含胆甾醇，通常称为胆固醇（cholesterol）；植物中很少含胆固醇，而含 β-谷甾醇、豆甾醇、菜油甾醇等，通常称为植物甾醇。

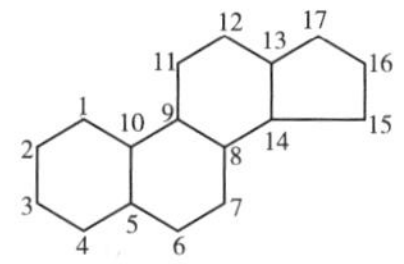

环戊多氢菲 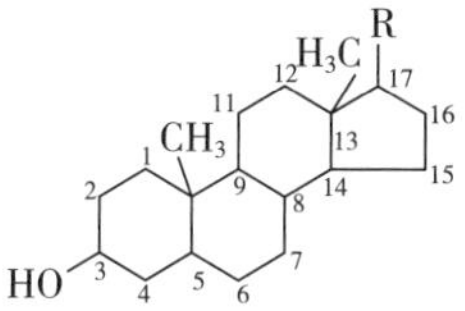　　甾醇结构通式

以环戊多氢菲为骨架的化合物，称为甾族化合物，环上带有羟基的即为甾醇，其特点是羟基在3位，C10、C13位有甲基（角甲基），C17位上带有一个支链。不同甾醇结构类似，相互间区别在于支链的大小及双键的多少。自然界甾醇种类有近千种，存在于菌类中的麦角甾醇也是很重要的一种甾醇，动植物油脂中甾醇主要含有下列几种。

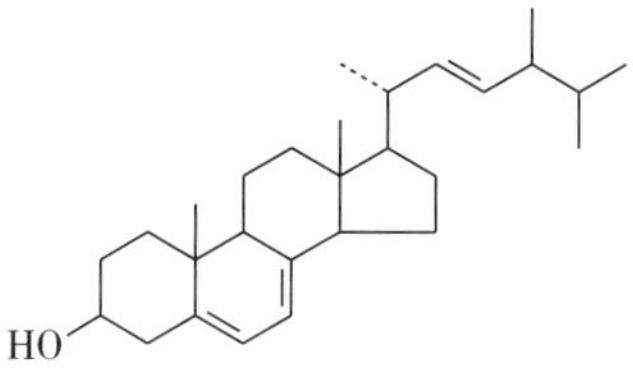

麦角甾醇（ergosterol） 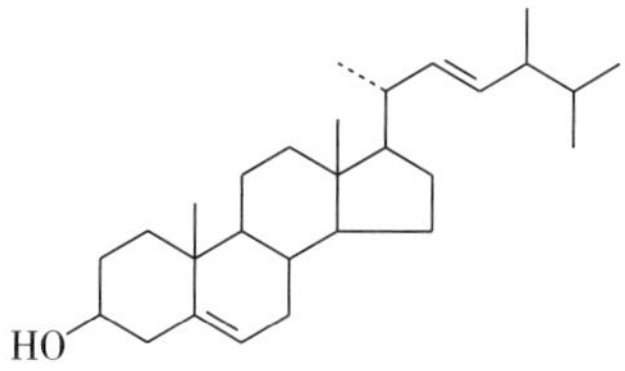　　菜油甾醇（campesterol）

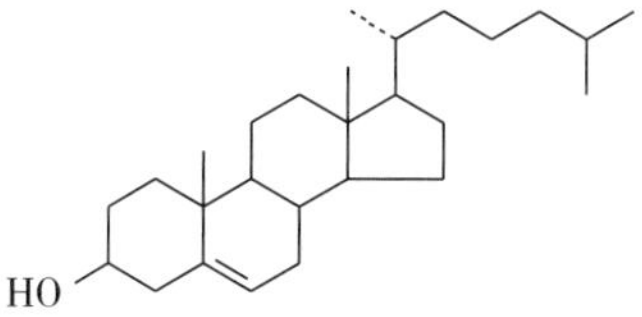

胆固醇（cholesterol） 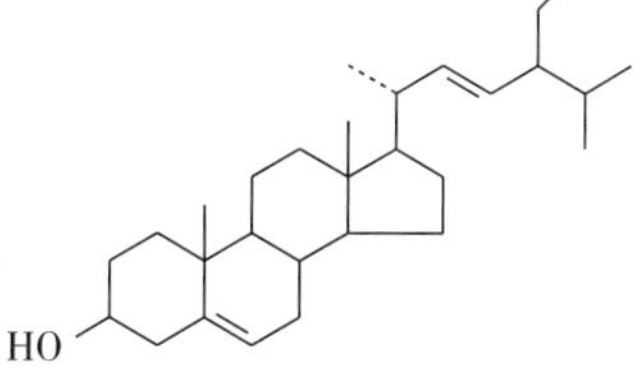　　豆甾醇（stigmasterol）

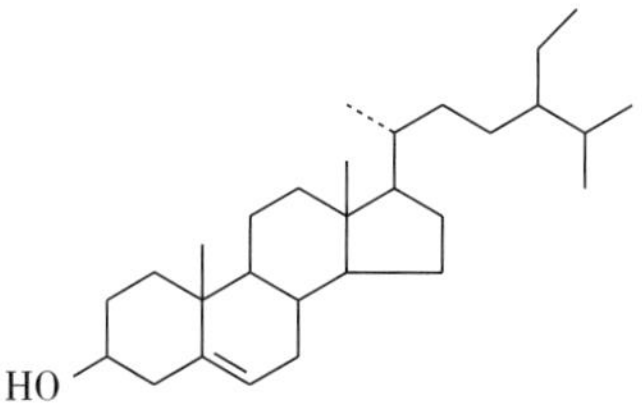

β-谷甾醇（β-sitosterol） 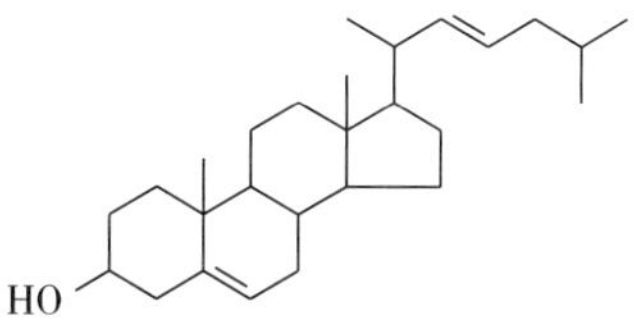　　菜籽甾醇（brassicasterol）

天然油脂中甾醇B环和C环以及C环和D环多数是反式连接，A、B环顺反式都有，但顺式占多数。C3羟基则有α、β两种构型。例如胆固醇的立体结构如下。

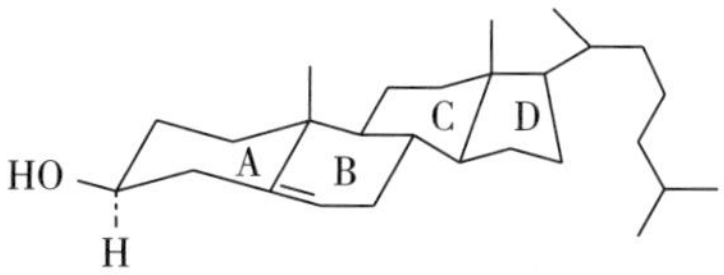

A环与B环为顺式连接，B环与C环、C环和D环均为反式连接，属椅-船-椅-船构型。羟基为β-构型，根据IUPAC命名法，甾醇α-构型，β-构型以C10角甲基为准，先假定C10角甲基在立体平面构型上方。任何取代基位于平面下与C10角甲基相对者为α-构型，以虚线表示，与C10角甲基同位于平面上者为β-构型，以实线连接表示。

在甾醇基础上，在C4位上或C4、C14位上均有甲基（均为α-构型）即称为4-甲基甾醇，又称单甲基甾醇，是1970年由日本人伊藤俊博发现的，主要几种4-甲基甾醇结构如下。

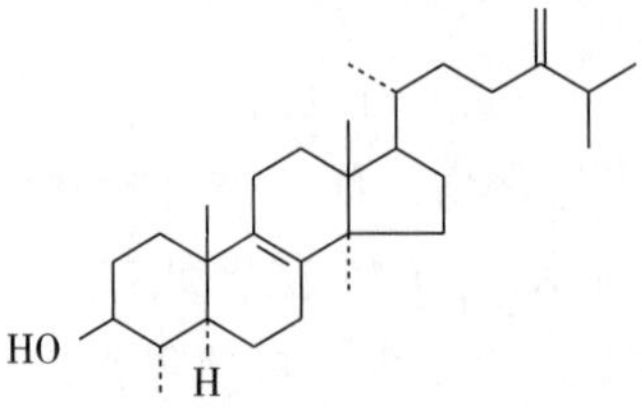

钝叶大戟甾醇（obtusifoliol） 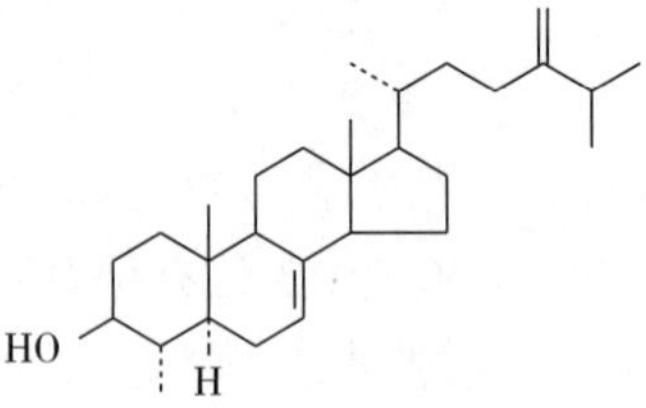　芦竹甾醇（gramisterol）

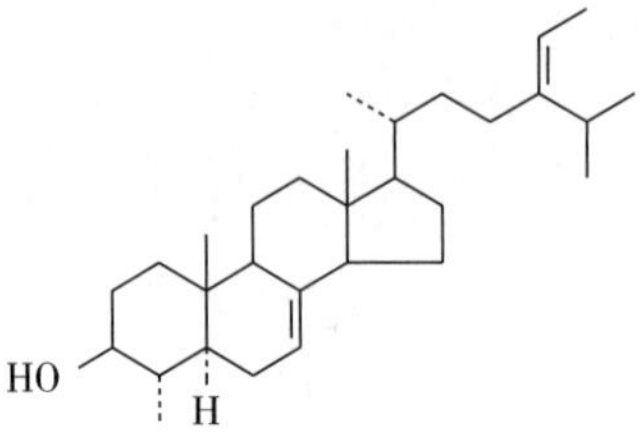

柠檬甾二烯醇（citrostadienol） 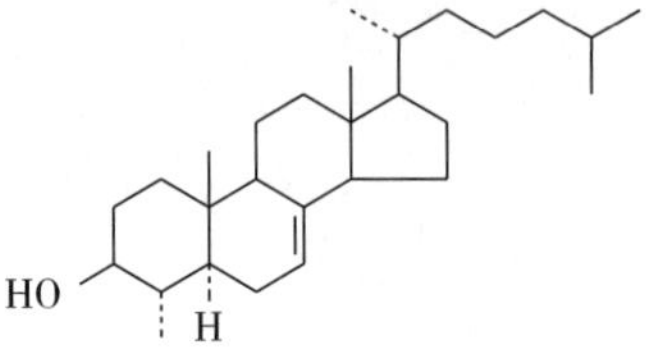　洛飞烯醇（lophenol）

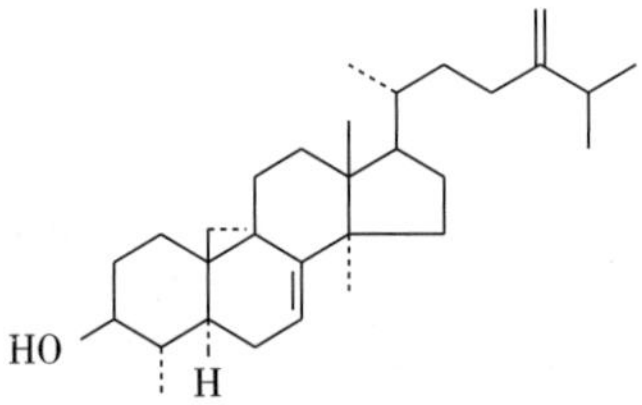

环桉烯醇（cyclocucalenol） 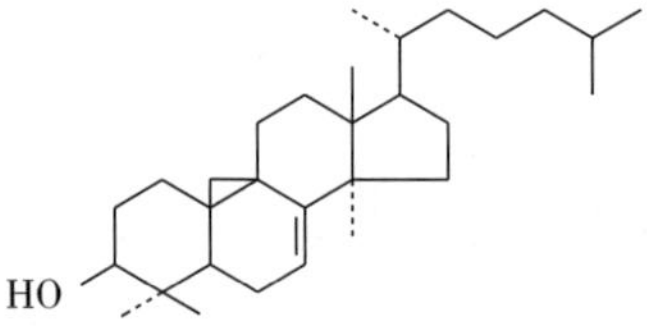　31-去甲环阿屯醇（31-norcycloartenol）

双甲基甾醇即4,4-二甲基甾醇，又称三萜醇、环三萜烯醇，其在甾醇结构的C4位上有两个甲基，在C14位上有一个甲基，在C9与C10之间有环丙基。三萜醇在油脂中含量较多，分布较广的主要有环阿屯醇、24-亚甲基环阿尔坦醇、β-香树素，其次是α-香树素、环劳屯醇及24-甲基环阿屯醇（环米糠醇），结构如下。

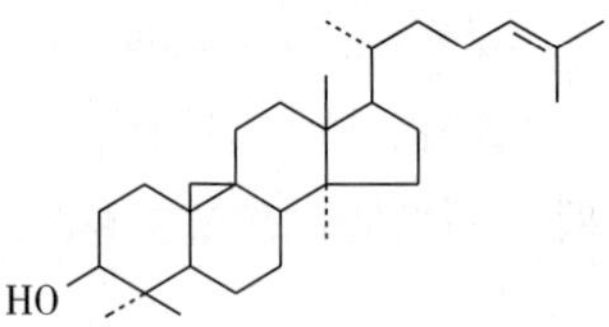

环阿屯醇（cycloartenol）　β-香树素（β-amyrin）

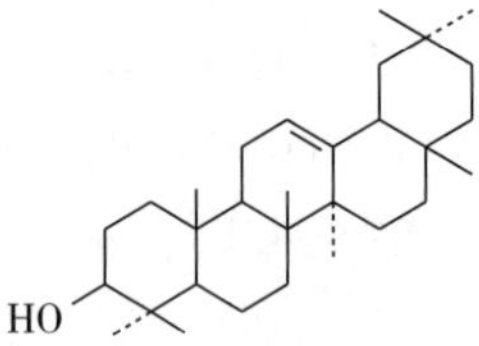

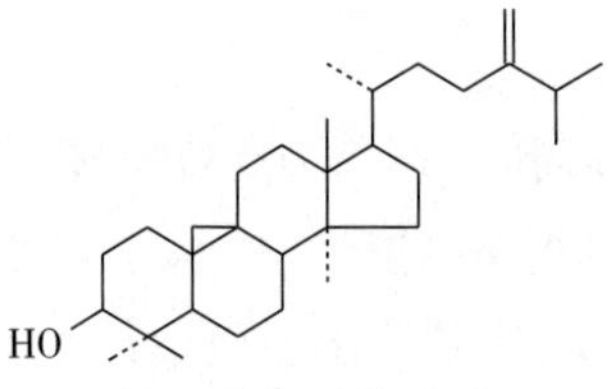

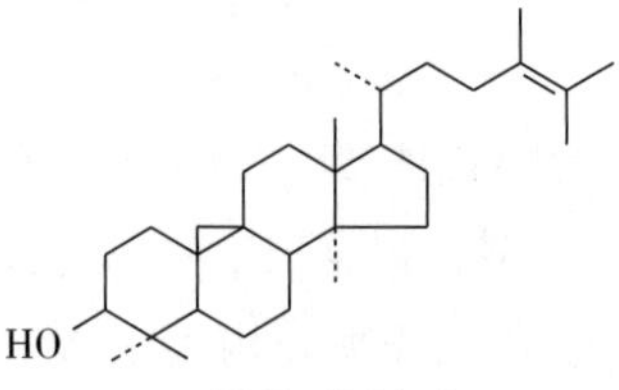

24-亚甲基环阿尔坦醇（24-methyene-cycloaltanol）　24-甲基环阿屯醇（24-methyl-cycloartenol）

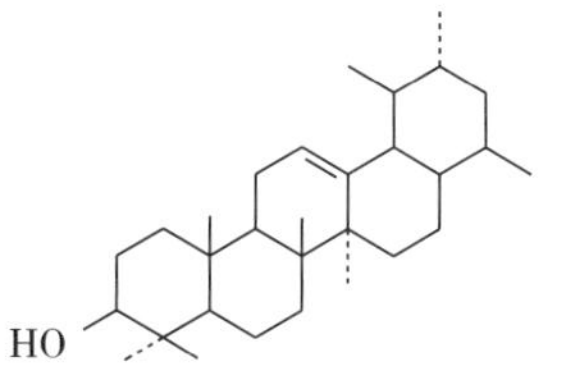

α-香树素（α-amyrin） 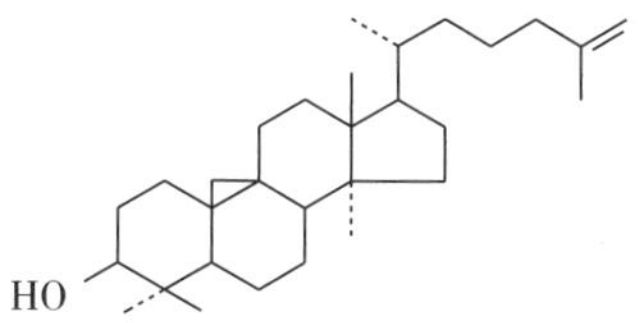　　环劳屯醇（cycloaudenol）

三萜醇易结晶，不溶于水，溶于热醇。将其少量溶于无水乙酸中，滴加一滴硫酸，初呈红色，很快变成紫色，接着呈褐色（Liebermann-Burchard 反应）。三萜醇是甾醇的前体，可通过脱去 4,4-二甲基和 C14 甲基而得到甾醇。

米糠油中三萜醇绝大部分都不是游离的，其中环阿尔坦醇、环阿屯醇及 24-亚甲基环阿尔坦醇等可与阿魏酸发生酯化反应生成酯，其反应如下。

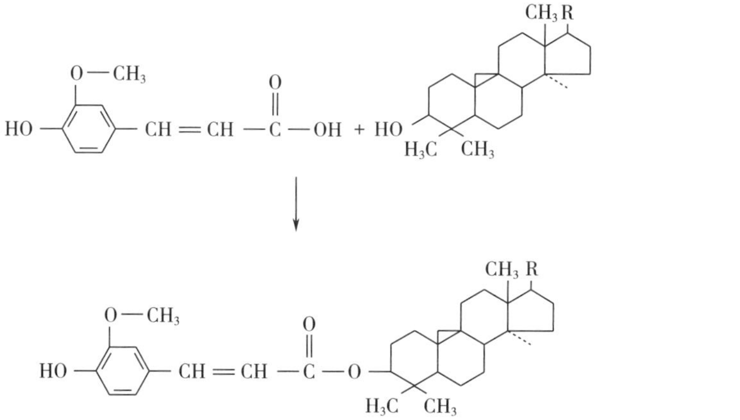

生成的环阿尔坦醇类阿魏酸酯即是谷维素的主要成分，占总量 75%~80%。

（二）甾醇的性质和用途

β-甾醇和毛地黄皂苷生成的络合物在乙醇中的溶解度很小，呈沉淀析出；α-甾醇则不能生成沉淀，因此可用此法分离提取 α-甾醇、β-甾醇。甾醇毛地黄皂苷沉淀转化为乙酸酯后，其熔点为 114℃，而植物甾醇的乙酸酯熔点为 125~137℃，这是区别动、植物甾醇的化学方法之一。

甾醇在非极性溶剂中溶解度大于在极性溶剂中溶解度，但在极性溶剂中溶解度随温度升高而增大，以此可用来提纯甾醇。

甾醇为无色结晶，具有旋光性，不溶于水，易溶于乙醇、氯仿等有机溶剂中。甾醇可发生 Tschugaeff 颜色反应，将甾醇溶于乙酸酐中，加入乙酰氯及 $ZnCl_2$ 稍加煮沸即呈红色，此反应极灵敏。麦角甾醇或 7-脱氢甾醇在紫外光照射下可产生维生素 D_2 和维生素 D_3。

胆固醇及胆固醇酯广泛存在于血浆、肝、肾上腺及细胞膜的脂质混合物中，具有重要的生理功能。胆固醇在化妆品中具有健肤作用。

植物甾醇可用作调节水、蛋白质、糖和盐的甾醇激素，并作为治疗心血管疾病、哮喘及顽固性溃疡的药物应用。其最主要的用途是合成许多医疗药品，如合成类固醇激素、性激素等。

二、类胡萝卜素

(一) 类胡萝卜的定义、结构和组成

类胡萝卜素（carotenoid）是由8个异戊二烯（四萜）组成的共轭多烯长链为基础的一类天然色素的总称。类胡萝卜素广泛分布于生物界，也是使大多数油脂带有黄红色泽的主要物质。油中类胡萝卜素可分为两类：其一为烃类（叶红素）；其二为醇类（叶黄素）。

1. 烃类类胡萝卜素

烃类类胡萝卜素主要有α-胡萝卜素、β-胡萝卜素、γ-胡萝卜素及番茄红素。α-胡萝卜素、β-胡萝卜素、γ-胡萝卜素左环都相同，都是β-紫罗兰酮环。α-胡萝卜素右环为α-紫罗兰酮环，γ-胡萝卜素为开环。β-胡萝卜素左右都相同，中间由4个异戊二烯组成9个共轭键。其中α-胡萝卜素具有旋光性，通常3种异构体共存，以β体最多（85%）。在番茄里存在的番茄红素结构是两个开环的13个双键的长链多烯烃。绝大多数类胡萝卜素都可看作是番茄红素的衍生物，胡萝卜素可猝灭单线态氧，对光氧化有抑制作用。

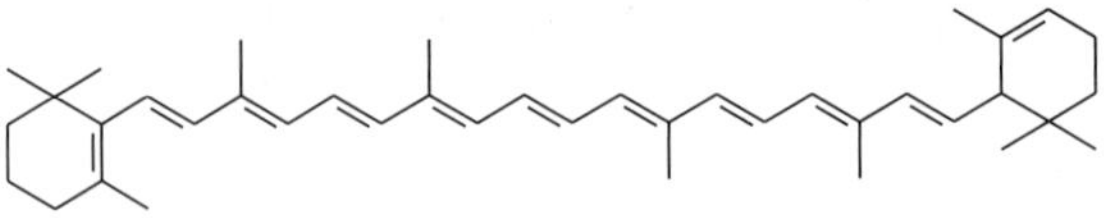

α-胡萝卜素（α-carotene）

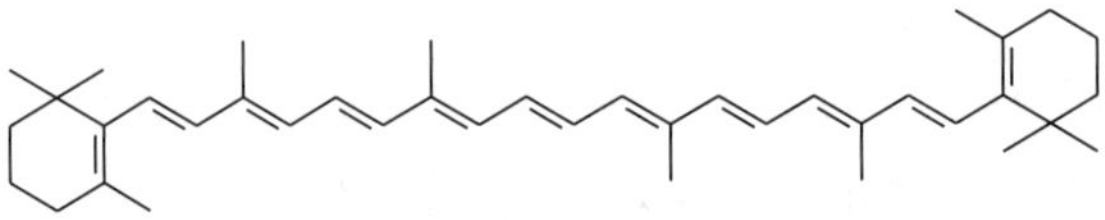

β-胡萝卜素（β-carotene）

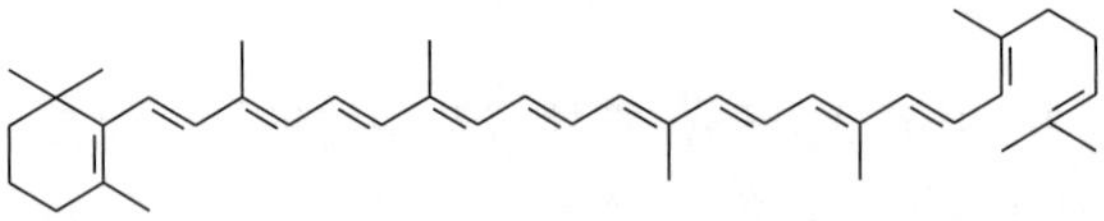

γ-胡萝卜素（γ-carotene）

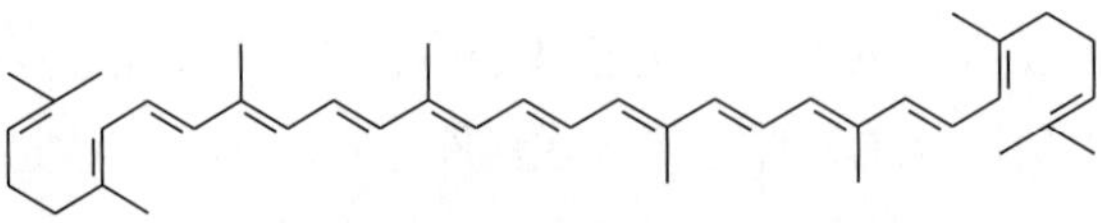

番茄红素（lycopene）

2. 醇类类胡萝卜素

醇类类胡萝卜素是胡萝卜素的羟基衍生物，主要有叶黄素和玉米黄素两种，是分布较广的两种类胡萝卜素，结构如下。

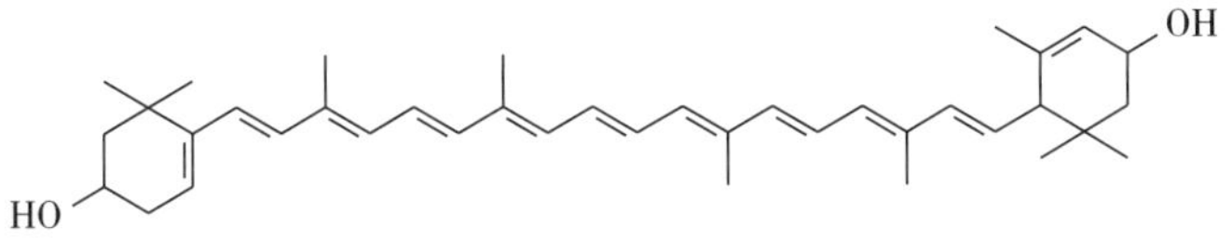

叶黄素（lutein）

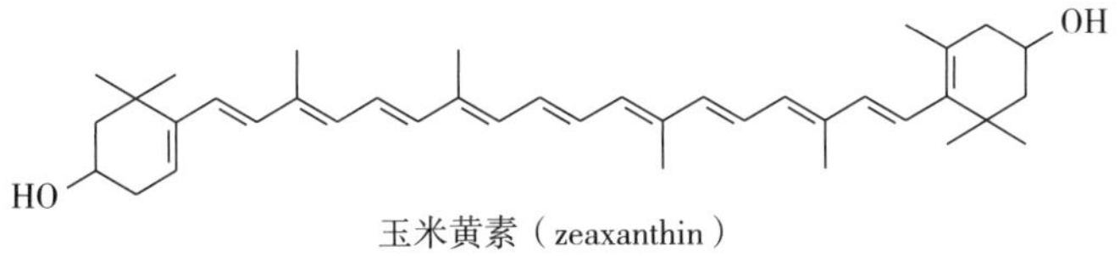

玉米黄素（zeaxanthin）

叶黄素是α-胡萝卜素的二羟衍生物，常和叶绿素同存在于植物中。秋天叶绿素分解，即可显出叶黄素的黄色（秋叶变黄）。叶黄素还可以酯的形态存在于植物中。玉米黄素为橙红色结晶，在玉米种子、辣椒果皮、柿的果肉中有存在。

（二）类胡萝卜素的性质及用途

类胡萝卜素在室温时是固体，熔点一般在100~200℃，多数不溶于水，易溶于二硫化碳、氯仿及苯中。烃类类胡萝卜素易溶于乙醚和石油醚，难溶于乙醇和甲醇，醇类类胡萝卜素则正好相反，因此可用此方法将烃类和醇类类胡萝卜素分开。

类胡萝卜素都具有共轭多烯长链发色团，还有羟基等助色基团，所以具有不同的色泽，其吸收光谱也各不相同，可以此分辨各种类胡萝卜素（表1-4）。

表1-4 类胡萝卜素的吸收光谱

	α-胡萝卜素	β-胡萝卜素	γ-胡萝卜素	番茄红素
石油醚/nm	444	451	462	475.5
氯仿/nm	454	466	475	480

类胡萝卜素的氯仿溶液与三氯化锑氯仿溶液反应，多呈蓝色；与浓硫酸作用均显蓝绿色。类胡萝卜素的呈色性质可被氧化和氢化破坏，所以酸败油和氢化油颜色要浅一些。

胡萝卜素在人体内可被转化成维生素A，所以被称为维生素A原或维生素A前体。其中一分子β-胡萝卜素可得两分子维生素A，而α-胡萝卜素、γ-胡萝卜素只得一分子维生素A。

三、单萜

（一）单萜的定义、结构和组成

单萜（monoterpene）是萜类化合物之一，通常指由两分子异戊二烯聚合而成的萜类化合物及其含氧的和饱和程度不等的衍生物。如图1-5所示，单萜按分子的基本碳骨架分为：链状（无环）单萜、环状单萜和变形单萜三大类，主要存在于各种挥发油中。

- 单萜
  - 链状（无环）单萜
  - 环状单萜
    - 单环单萜
    - 双环单萜
    - 三环单萜
  - 变形单萜（卓酚酮类）

图 1-5　单萜的分类

链状（无环）单萜，其代表物有月桂烯、香橙醇和柠檬醛等，具有抗菌、驱虫的作用。

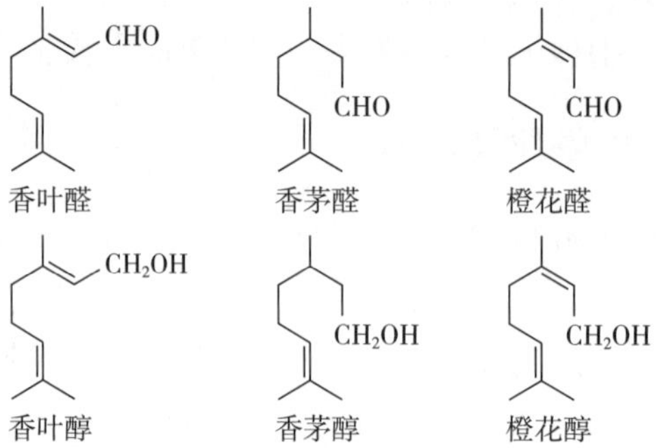

CHO　CHO　CHO

香叶醛　香茅醛　橙花醛

CH_2OH　CH_2OH　CH_2OH

香叶醇　香茅醇　橙花醇

环状单萜分为单环单萜、双环单萜和三环单萜，除三环单萜天然成分数目较少外，其他两类均有许多天然成分存在。单环单萜是由链状单萜环合作用衍变而来，由于环合方式不同，产生不同的结构类型，比较重要的代表物有薄荷酮、薄荷醇，具有弱的镇痛、止痒和局部麻醉作用，同时具备防腐、杀菌和清凉作用。双环单萜的结构类型较多，其中以蒎烷型和莰烷型最稳定，广泛分布于高等植物的腺体、油室和树脂道等分泌组织中。蒎烷型中比较重要的化合物如芍药苷，是中药芍药和牡丹中的有效成分；莰烷型多以含氧衍生物存在，如樟脑、龙脑。樟脑（camphor）是最重要的萜酮之一，它在自然界中的分布不太广泛，主要存在于樟树的挥发油中。樟脑是重要的医药工业原料，我国产的天然樟脑产量占世界第一位。樟脑在医药上主要作刺激剂和强心剂，其强心作用是由于在人体内被氧化成 π-氧化樟脑和对-氧化樟脑而导致的。龙脑（borneol）俗称冰片，又称樟醇，是樟脑的还原产物，其右旋体存在于龙脑香树的挥发油中及其他多种挥发油中，一般以游离状态或结合成酯的形式存在；左旋体存在艾纳香的叶子和野菊花的花蕾挥发油中。几种常见的环状单萜如下所示。

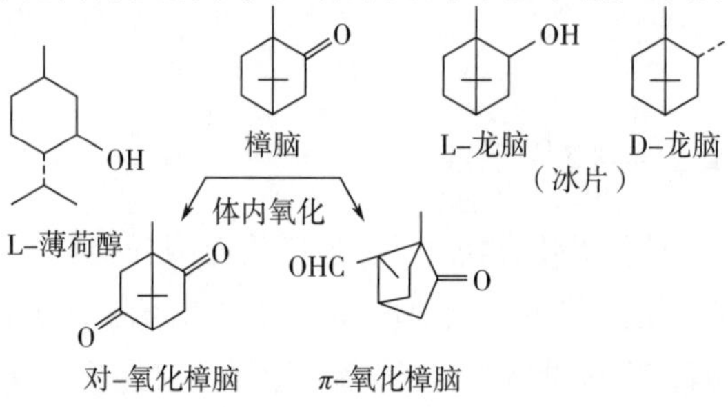

OH　O　OH　OH

L-薄荷醇　樟脑　L-龙脑（冰片）　D-龙脑

体内氧化

O　O　OHC　O

对-氧化樟脑　π-氧化樟脑

变形单萜（卓酚酮类）是单环单萜的一种变形结构类型，其碳架不符合异戊二烯规则，其分子中有1个七元芳香环的基本结构，由于酮基的存在使七元环显示一定的芳香性，如扁柏素，如下所示。酚酮类分子中的酚羟基，由于邻位吸电子基团的存在而显示出较强的酸性，其酸性比一般酚类强，但弱于羧酸，它是挥发油的酸性部分，酚酮类常与某些金属离子（如 Fe^{3+}、Cu^{2+} 等）发生具有鲜明色调的颜色反应，所以常用这些反应来鉴别酚酮类化合物。

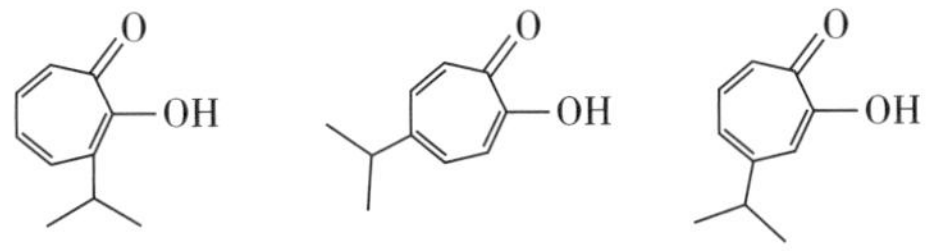

α-崖柏素　　γ-崖柏素　　扁柏素

单萜类化合物有直链型、单环型、双环型三种类型。单萜类的含氧衍生物（醇类、醛类、酮类）具有较强的香气和生物活性，是医药、食品和化妆品工业的重要原料，常用作芳香剂、防腐剂、矫味剂、消毒剂及皮肤刺激剂，如樟脑有局部刺激作用和防腐作用，斑蝥素可作为皮肤发赤、发泡剂，其半合成产物 *N*-羟基斑蝥胺（*N*-hydroxycantharidimide）具有抗癌活性。

（二）单萜的物理性质

1. 形态和味道

单萜类化合物多为具有特殊香气的油状液体，在常温下可以挥发，或为低熔点的固体。可利用其沸点的规律性，采用分馏的方法将他们分离开来。许多单萜具有独特的气味和风味，例如黑胡椒的辛辣味来自沙比宁；柠檬醛具有柠檬般的宜人气味，是柑橘类水果的独特气味的来源；而丁香烯和香芹酚分别是造成夏香薄荷和牛至辛辣味的原因。

2. 溶解度

单萜类化合物易溶于醇及脂溶性有机溶剂，难溶于水。具有内酯结构的萜类，溶于碱水，酸化后析出，可用于分离纯化不同的萜类物质。

（三）单萜的化学性质

单萜对热、光和酸碱较为敏感，可发生氧化或重排而引起结构的改变。此类化合物的苷键容易被酸水解断裂，产生苷元，因具有半缩醛结构，性质活泼，容易进一步发生聚合等反应，故水解后不但难以得到原苷的苷元，而且还随水解条件不同而产生不同颜色的沉淀。

（四）单萜的用途

许多单萜是挥发性化合物，是在许多植物精油中发现的芳香剂。例如，用于香料和化妆品的樟脑、柠檬醛、香茅醇、香叶醇、柚子硫醇、桉叶油醇、罗勒烯、香叶烯、柠烯、芳樟醇、薄荷醇、莰烯和蒎烯和用于清洁产品的柠檬烯和紫苏醇。

单萜可用作食品香料和食品添加剂，如乙酸龙脑酯、柠檬醛、桉叶油醇、薄荷醇、桧木醇、莰烯和柠烯。薄荷醇、桧木醇和百里酚也用于口腔卫生产品，百里酚还具有防腐和消毒性能。

植物产生的挥发性单萜可以吸引或驱除昆虫，因此其中一些可用于驱蚊剂，例如香茅醇、桉叶油醇、柠烯、芳樟醇、桧木醇、薄荷醇和百里酚。

此外，某些单萜具有药物用途，如驱蛔萜、樟脑和桉叶油醇。

四、天然酚类物质

（一）生育酚

1. 生育酚的定义、结构和组成

生育酚（tocopherol）又称母育酚（tocol），是人体必需的脂溶性维生素，属于维生素E族的一大类。根据甲基在色满醇环上的位置和数量不同，生育酚可分为α-生育酚、β-生育酚、γ-生育酚、δ-生育酚，它们均是环形结构且侧链相同，4种单体的不同之处仅在其芳香环上的甲基化程度不同。甲基化程度的不同导致了不同类型生育酚的抗氧化性不同，其中，α-生育酚的活性最高，而其他生育酚仅有α-生育酚活性的0~5%。生育酚因其抗氧化作用、独特的生理学效用被广泛应用于食品、医药、饲料、化妆品行业。

生育酚

生育三烯酚

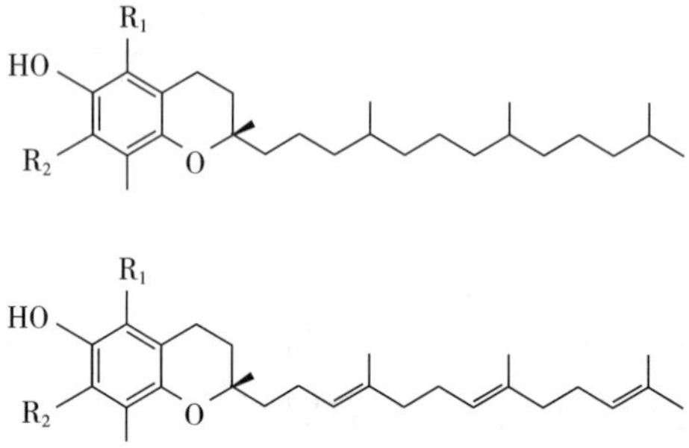

	R_1	R_2
α	CH_3	CH_3
β	CH_3	H
γ	H	CH_3
δ	H	H

自19世纪初人类发现生育酚并确认其功效以来，关于生育酚的功效、应用、药理、抗氧化机制及其合成、提取方法的研究层出不穷。20世纪末，天然生育酚相对于合成生育酚的高活性逐步得到人们的认可，从油料下脚料中提取天然混合生育酚已形成一个产业，并具有稳定的市场，不同纯度天然混合生育酚的提取技术也已非常成熟。

2. 生育酚的物理性质

生育酚是淡黄色或无色的油状液体，由于具有较长的侧链，因而是脂溶性的，不溶于水，易溶于石油醚、氯仿等弱极性溶剂中，难溶于乙醇及丙酮。天然维生素E存在于含油组织细胞中，例如，大豆油中生育酚含量可达1000mg/kg，其中以γ-生育酚和δ-生育酚为主，分别占60%和25%左右，α-生育酚、β-生育酚仅少量。生育酚在油脂加工中损失不大，集中于脱臭馏出物中，可以脱臭馏出物为原料采用分子蒸馏法来制得

浓缩生育酚。生育酚具有一定的耐热性，但是在高温加热条件下会发生损耗和转化。自然界中的维生素 E 是通过植物光合作用所产生的，人体无法合成，只能通过饮食来摄取，而生育酚则是维生素 E 的水解产物。生育酚具有清除不饱和脂质自由基的能力，在油脂中起到抑制油脂氧化的作用，此外，生育酚对于维持人脑认知功能发挥着重要的作用。

3. 生育酚的化学性质

生育酚与碱作用缓慢，对酸较稳定，即使在 100℃ 时亦无变化。α-生育酚、β-生育酚轻微氧化后其杂环打开并形成不是抗氧化剂的生育醌。而 γ-生育酚或 δ-生育酚在相同轻微氧化条件下会部分转变为苯并二氢吡喃-5,6-醌，它是一种深红色物质，可使植物油颜色明显加深。苯并二氢吡喃-5,6-醌有微弱的抗氧化性质。常温下，α-生育酚、β-生育酚、γ-生育酚的抗氧化性能接近，加热到 100℃ 时，则抗氧化能力顺序是 α-生育酚 < β-生育酚 < γ-生育酚 < δ-生育酚，生理作用则正相反，α-生育酚最强，β-生育酚、γ-生育酚不及 α-生育酚的一半，δ-生育酚几乎没有生理效应。

4. 生育酚的用途

生育酚具有抗氧化性、提高免疫力等一系列的重要功效，已被广泛应用于生产实践。生育酚的抗氧化性质被广泛用于脂肪和含油食品的深加工，加入一定量生育酚后可长久地保持食品稳定的鲜嫩风味。生育酚可作为动植物细胞的还原剂，可有效加强身体的免疫、抑制诱导变质的物质形成，在修复细胞膜和脱氧核糖核酸方面有重要的作用，预防细胞的生理老化。生育酚在预防癌症的产生也有一定的功效。目前，有很多的证据表明，天然提取的生育酚对治疗宫颈癌、前列腺癌、皮肤癌、胃癌及肺癌均有一定的疗效。此外，生育酚还可加速皮肤的新陈代谢，使皮肤更加的细腻光滑。作为饲料添加剂，它可以显著提高动物的繁殖能力和免疫力。生育酚还是加工塑料薄膜产品的抗老化剂，添加后不但克服了塑料薄膜易氧化的缺陷，更消除了目前塑料氧化对人类带来的巨大危害。

（二）谷维素

1. 谷维素的定义、结构和组成

谷维素是一类脂溶性的维生素，在米糠中的含量很高，尤其是在发芽的糙米中，故又称米糠素。谷维素是一种广泛存在于谷类植物种子中的天然有机化合物，其是阿魏酸酯的混合物，主要的谷维素仅由四种化合物组成：24-亚甲基环木菠萝烯醇阿魏酸酯（24MCAF）、环戊烯基阿魏酸酯（CAF）、菜油甾醇阿魏酸酯（CampF）和 β-谷甾醇阿魏酸酯（β-SF），结构如下所示。

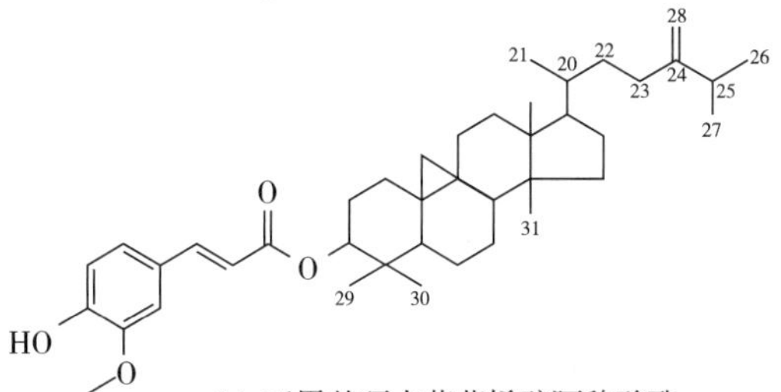

24-亚甲基环木菠萝烯醇阿魏酸酯

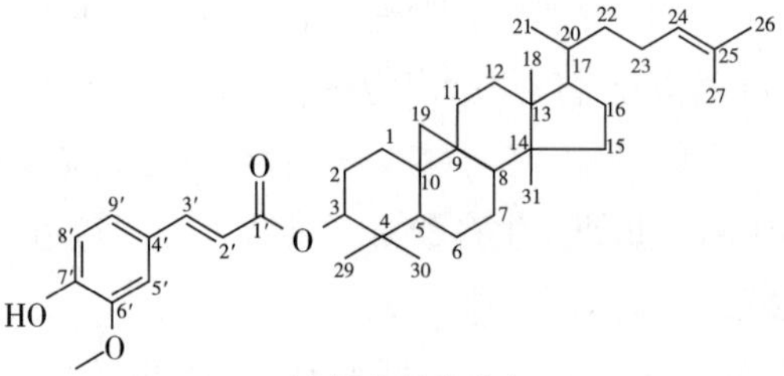

环戊烯基阿魏酸酯

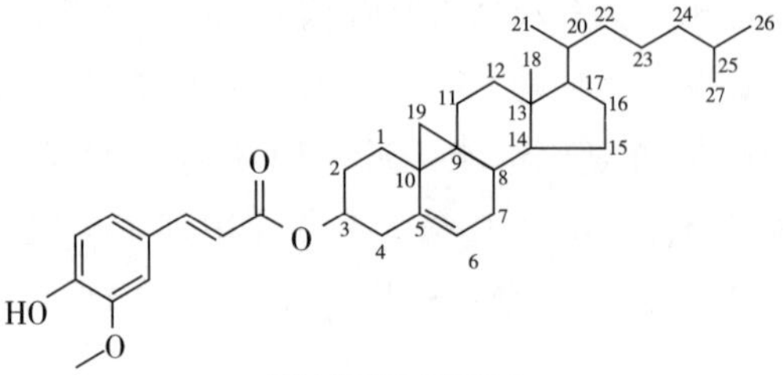

菜油甾醇阿魏酸酯

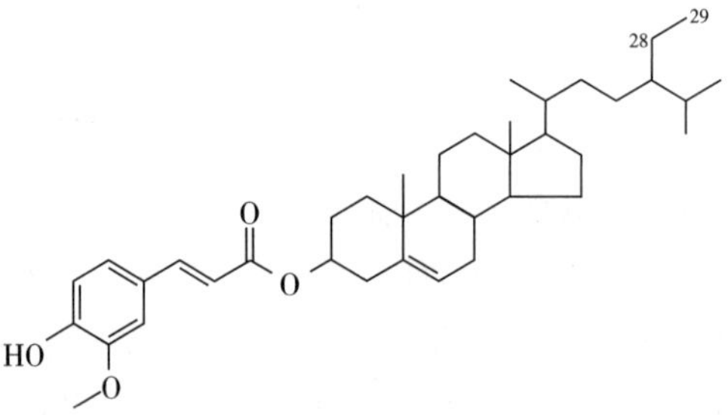

β-谷甾醇阿魏酸酯

由于谷维素源自天然产物，对人体不仅没有毒害，还有益于身体健康，故受到了人们的广泛关注，更受到了临床医学的青睐。通过大量的临床实践得知，谷维素具有以下作用：保护皮肤，降低血糖，抑制机体胆固醇的合成及降低血清胆固醇的含量，调节自主神经和改善胃肠功能等。在化妆品中，谷维素对于雀斑疗效显著。作为食品添加剂，谷维素具有较好的抗氧化作用，并且其安全性远远高于合成抗氧剂（如丁基羟基茴香醚），因而其可作为合成抗氧剂的替代品在食品领域广泛使用。由于谷维素的广泛用途，也使研究者们对其制备、分析研究更加重视，进而满足社会对谷维素的需求。

2. 谷维素的理化性质

谷维素为白色至类白色粉末或结晶粉末，能溶于甲醇、乙醇、丙酮、乙醚、氯仿和苯等有机溶剂，能溶于植物油及其与石油醚的混合物，微溶于碱水，不溶于水，可溶于碱性的甲醇和乙醇溶液，不溶于酸性的甲醇或乙醇中。环木菠萝醇类阿魏酸酯熔点为159~168℃，甾醇类阿魏酸酯熔点为146~150℃，粗品谷维素熔点在100~160℃，熔距较长，精制谷维素熔点在150~160℃，熔距较短。所以当谷维素的熔点较高时，标志着谷维素中环木菠萝醇类阿魏酸酯含量高；当谷维素的熔点较低时，标志着谷维素中甾醇类阿魏酸酯的含量高。谷维素在不同的溶剂中结晶的晶型不同，在甲醇中为针状结晶，在酸性甲醇中为粒状结晶，在丙酮中为板状结晶，不同形状的结晶主要是环木菠萝醇类阿魏酸酯所造成的，甾醇类阿魏酸酯均为针状结晶。

谷维素的正庚烷溶液的紫外光谱在216nm、231nm、291nm和315nm处有特征吸收峰，其中在315nm处吸收峰最大，主要来自阿魏酸基团上的共轭四烯，在此处可测得谷维素的消光系数为360，所以紫外分光光度法是目前最普遍用于分析谷维素含量的方法。谷维素耐热性较好，通常在180℃以上才开始分解，在植物油中的耐热性更强。谷维素在一定条件下可发生水解，但环木菠萝醇类阿魏酸酯和甾醇类阿魏酸酯的水解难易程度不同，甾醇类阿魏酸酯易水解，环木菠萝醇类阿魏酸酯不易水解。谷维素属于难皂化物，只在特定条件下才能发生皂化反应。

3. 谷维素的生理功能

谷维素具有预防心血管疾病、抗氧化、抗衰老、神经调节、增强机体免疫力、预防并减缓癌症扩散等多种生理作用。研究对比谷维素、阿魏酸和混合三萜醇自由基清除能力，结果发现阿魏酸清除自由基能力较强，而谷维素与24-亚甲基环木菠萝烯醇阿魏酸酯清除自由基的能力低于阿魏酸，且两者相差不大。紫米提取物（谷维素含量44.17mg/g）对人体肝癌细胞HepG2具有细胞毒性，并能协同提高长花春碱的细胞毒性，通过线粒体途径诱导人体肝癌细胞HepG2凋亡。谷维素本身对脂质代谢没有影响，但与直链淀粉蜡质淀粉可以协同作用于脂肪代谢。在调节雌激素基因对雌激素受体调节的影响研究中，发现谷维素调节老鼠CaBP9k基因的表达。谷维素主要成分阿魏酸盐能选择性抑制哺乳动物A、B和X家族聚合酶的活性，阿魏酸盐在体内比体外抑制哺乳动物聚合酶活性能力更强。

（三）茶多酚

1. 茶多酚的定义、结构和组成

茶多酚是茶叶中一类主要的化学成分，约占有机化合物18%~36%，分布广，是茶叶生物化学研究中最广泛、最深入的一类物质。

儿茶素（黄烷醇类）是茶中的主要多酚类物质，占茶多酚总量的60%~80%，占茶叶干重的12%~24%。常见的儿茶素包括表儿茶素（epicatechin，EC）、表没食子儿茶素（dpigallocatechin，EGC）、表儿茶素-3-没食子酸酯（epicatechin-3-gallate，ECG）和表没食子儿茶素-3-没食子酸酯（epigallocatechin-3-gallate，EGCG）四种。其中，EC和EGC被称为非酯型儿茶素（或简单儿茶素），ECG和EGCG被称为酯型儿茶素（或复杂儿茶素）。在上述儿茶素中，EGCG含量最高，约占儿茶素总量的65%，其次分别是EGC、ECG和EC。此外，绿茶中还含有少量的其他多酚，如甲基黄嘌呤、黄酮醇、花青素、茶没食子素、奎尼酸没食子酸、酚酸、缩酚酸以及其他黄酮类化合物。红茶中的儿茶素在发酵过程中，被氧化和二聚化成橙黄色的茶黄素，或聚合成红色的茶红素。乌龙茶是一种部分发酵的产品，含有的多酚主要包括儿茶素、茶黄素和茶红素。

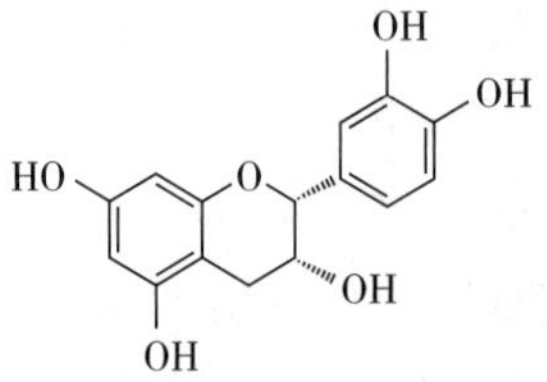

表儿茶素（EC） 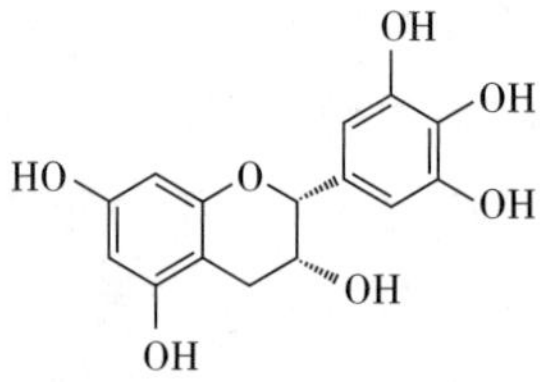　　表没食子儿茶素（EGC）

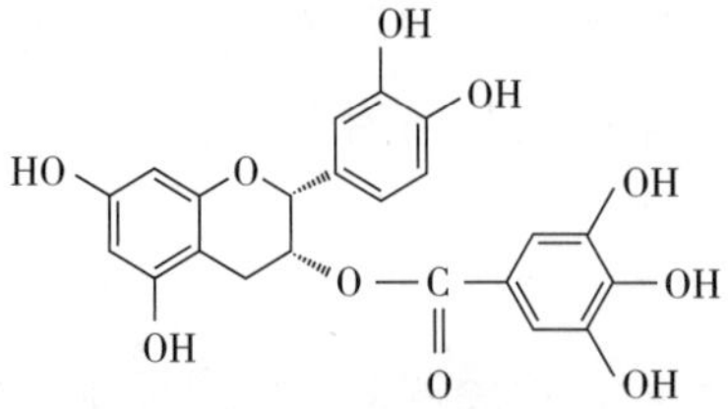

表儿茶素-3-没食子酸酯（ECG） 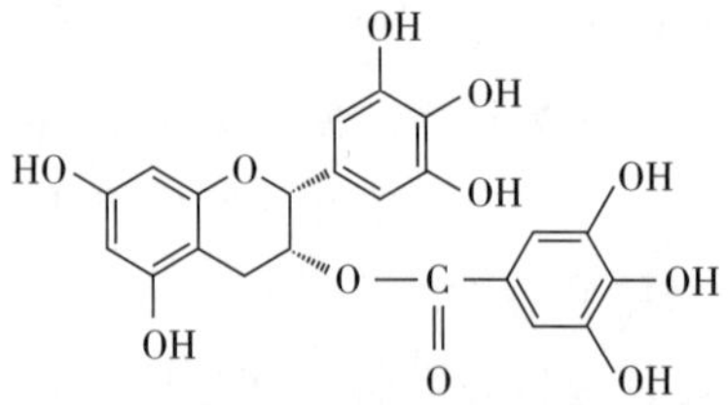　　表没食子儿茶素-3-没食子酸酯（EGCG）

茶叶中的多酚类物质大多属缩合单宁，因其大部分溶解于水，所以又称为水溶性单宁。它是由黄烷醇类（儿茶素类）、花色素类（花白素和花青素）、花黄素类（黄酮及黄酮醇类）酚酸及缩酚酸类组成。除酚酸及缩酚酸类以外，其他几类化合物由于都具有2-苯基苯并吡喃的基本结构，所以可统称为类黄酮化合物。

茶多酚除上述组分外，还有许多儿茶素氧化缩聚产物，如茶黄素类、茶红素类和多种二聚、三聚、四聚等低聚的寡聚体，甚至还存在一些高聚合儿茶素。因此，茶多酚是一类组成复杂、相对分子质量不同、极性与结构差异很大的多酚类衍生物的混合体。茶多酚制品的化学组成与含量常因茶原料来源和生产工艺流程及其条件不同而有差异，不能认为茶多酚制品中化学组分和含量完全等同于茶叶中多酚类物质，所以测定茶叶中多酚类含量的换算系数并不适用于测定茶多酚制品。

2. 茶多酚的物理性质

（1）溶解性　茶多酚大部分都属于类黄酮化合物及其衍生物，而类黄酮化合物的溶解度因结构不同而有很大差异。一般黄酮苷元难溶或不溶于水，易溶于甲醇、乙醇、氯仿、乙醚等有机溶剂及稀碱液中。其中黄酮、黄酮醇、查耳酮等为平面型分子，因堆积紧密，分子间引力较大，故难溶于水。而二氢黄酮及二氢黄酮醇等为非平面型分子，排列不紧密，分子间引力降低，有利于水分子进入，因此在水中溶解度稍大。黄酮类化合物的羟基被糖苷化后，水溶性增加，脂溶性降低，一般易溶于热水、甲醇、乙醇、吡啶及稀碱液中，而难溶或不溶于苯、乙醚、氯仿、石油醚等有机溶剂中，且苷分子中糖基的数目多少和结合的位置，对溶解度亦有一定的影响。一般多糖苷比单糖苷水溶性大，3-羟基苷比相应的7-羟基苷水溶性大。花色素类亲水性较强，虽然它们也属于平面型分子结构，但因其以离子形式存在，具有盐的通性，故水溶性较大。黄烷醇类化合物亲水性较强，能溶于水、甲醇、乙醇、冰乙酸等溶剂，而对苯、氯仿、石油醚等则难溶解。酚酸类化合物易溶于丙酮、乙醇、热水，难溶于冷水、乙醚，不溶于氯仿及苯。

茶多酚是上述化合物的复合物，易溶于水、乙酸乙酯、乙醇、丙酮、乙醚和4-甲基-戊酮中，而不溶于石油醚和氯仿中。以胶体状态出现的多酚溶解性一般随 pH 的升高而增大，可逐渐成为澄清的溶液。

（2）酸性　多酚化合物因分子中具有酚羟基，可游离出 H^+，故显酸性，所以儿茶素也称儿茶酸，单宁或鞣质也称单宁酸或鞣酸。

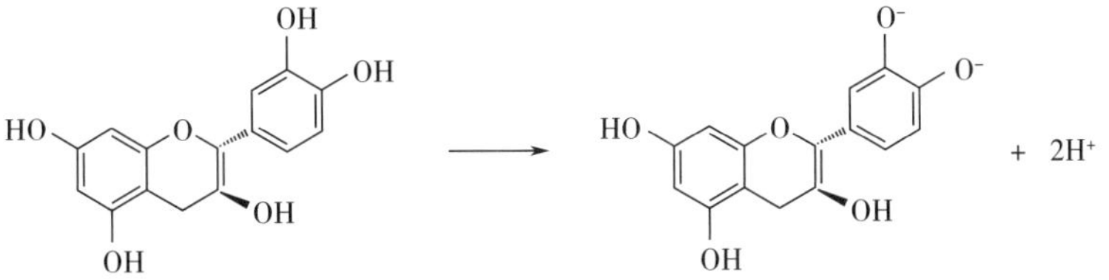

多酚类酸性强弱和酚性羟基数目的多少及其位置有关。例如黄酮的酚羟基酸性由强到弱的顺序是：

7,4′-二羟基>4′—OH>一般酚羟基>5—OH

7 或 4′位有酚羟基者，在 $\rho-\pi$ 共轭效应的影响下，使酸性增强而溶于碳酸氢钠水溶液。7 或 4′位无酚羟基者，只溶于碳酸钠水溶液，不溶于碳酸氢钠水溶液。具有一般酚羟基者只溶于氢氧化钠水溶液。仅 5 位有酚羟基者，因可与 4 位 C ═O 形成分子内氢键，故酸性最弱。因此，可用 pH 梯度法来分离黄酮类化合物。

（3）半胶体特性　茶多酚的化学结构决定了其在水溶液中是以真溶液（分子分散态）和胶体（分子聚集态）之间的状态存在，即属半胶体状态。多羟基的分子结构使其易溶于水，又因为分子中的大量酚羟基和苯环使其以氢键和疏水键发生分子缔合，这是一种不引起化学性质改变的分子间可逆聚集作用，当多酚的浓度增大，pH 和温度较低时，会促进缔合发生，使多酚溶液的胶体性质增强；由于茶多酚的羟基与水形成氢键，其溶液是一类亲水性胶体，使多酚溶液不易干燥和干燥后的样品易吸潮。

由于多酚胶体粒子与溶剂的水合作用，使多酚浓度达到一定值时出现结构黏度，温度、pH 和介质都会影响黏度，温度升高、pH 下降和能引起多酚分子间缔合的小分子糖、有机溶剂、有机酸、亚硫酸盐等的存在，会使黏度降低；降低温度、pH 升高和大分子多糖果胶的存在，会使黏度增加。

因为茶多酚半胶体溶液属于热力学不稳定体系，胶体粒子既可发生凝集而导致沉淀，又因多酚溶液属亲水胶体，多酚粒子表面的水化层可起保护作用，而且多酚胶体粒子表面带有负电荷，粒子间的电荷排斥作用又防止凝集，但当加入电解质如 NaCl，会使多酚粒子失电、失水而聚集，从溶液中沉淀出来（盐析）。为了提高茶多酚溶液的稳定性，除了合适的浓度、温度和 pH 条件外，还可采用添加分散剂的方法，例如蔗糖、葡萄糖、黏多糖、甘油、乙二醇、乙醇、丙酮、乙酸、柠檬酸、没食子酸、苯酚、间苯二酚、苯磺酸等都具有使多酚微粒稳定的作用。

（4）呈味和呈色特性　涩味是多酚类的羟基与口腔黏膜上蛋白质的氨基结合，沉淀形成一不透水层在口腔上的感觉。根据茶多酚组成成分中酚羟基数目的多少而决定它与口腔黏膜蛋白质的沉淀程度。各种儿茶素类的滋味有所不同，简单儿茶素收敛性较弱，味爽口不苦涩；复杂儿茶素收敛性较强，在高含量下有苦涩味。所以夏茶茶多酚总量和复杂儿茶素含量比例高而使其滋味比春茶苦涩。另外花黄素本身也具有苦涩味，花青素有苦味。多酚类总量与儿茶素总量变化的规律一致，从芽到第一叶有升高趋势，以后随着新梢伸育老化而逐渐减少，尤其是一芽四叶之后，更有急剧下降趋势。从各种儿茶素含量来看，简单儿茶素的含量随着新梢伸育而增加，复杂儿茶素正相反，随着叶子的伸育而减少，所以高档茶叶味浓而富有收敛性。

单纯的多酚类味苦涩，单纯的氨基酸只有像味精一样的鲜味，两者结合起来就具有“鲜爽”的茶味。因此，多酚类与氨基酸含量的比率，比单纯以多酚类或氨基酸含量更能反映绿茶滋味的好坏。当多酚类与氨基酸两者含量都高时，而且比率又低，滋味才有浓而鲜爽的特征。

一般来说，黄酮、黄酮醇及其苷类的水溶液呈明亮的黄绿色。花青素分子中，其吡喃环上的氧原子是四价的，具有碱的性质，而其苯基上的酚羟基则具有酸的性质，从而使花青素的分子结构随介质 pH 不同而异。其颜色也随之发生变化，一般 $pH<7$ 显红色，$pH=8.5$ 显紫色，$pH>8.5$ 显蓝色。

儿茶素本无色，但极易被氧化，酶促氧化生成茶黄素、茶红素和茶褐素而呈棕红色；非酶促氧化多生成寡聚体，由于共轭双链延长，发生红移现象使颜色加深，所以茶多酚的提取过程中或多或少会有儿茶素的氧化而使产品呈浅棕黄色或棕红色，色度的深浅取决于被氧化的程度。

（5）氧化还原电位　茶叶中多酚类衍生物氧化电位各不相同，且按以下次序递减：(-)-儿茶素>(-)-ECG>(-)-EC>绿原酸>芦丁≥茶没食子素>杨梅苷>(-)-EGC>没食子酸>(-)-EGCG 等。从这个顺序来看，儿茶素中以（-)-EGCG 和（-)-EGC 的氧化电位最低。茶多酚氧化还原性在茶树呼吸过程中起着递氢的作用，作为基质氢的中间传递体来说，在氧化过程中占有重要地位，不过这些化合物之间有着密切的联系，递氢的顺序随着氧化电位的上升而推进，逐步接近末端氧化电位。这些呼吸色素原的氧化，互相串联地产生偶联氧化，最后把氢递给氧而产生水。

（6）异构性　儿茶素的 C 环是吡喃环，是一种含氧的六元苯并杂环。其结构不像苯环那样在一个平面上，而多以椅式构象存在。由于构成六元杂环而阻碍了键的旋转作用，C2 和 C3 位上的不同取代基（—H，—OH，苯基）的空间位置不同，便能构成立体异构体（几何异构体），若两个—H 在环平面的同一侧时，—OR 和 B 环则在另一侧，即为顺式儿茶素，也称为表儿茶素；若两个—H 不在环平面的同一侧，—OR 和 B 环也不在同一侧时，便是反式儿茶素。从茶叶中分离、鉴定的儿茶素多为顺式（表儿茶素），它们约占儿茶素总量的 70%。由于顺式结构中 B 环和—OR 是两个较大的基团，且在环平面的同一侧，因而原子间过于拥挤，内能较大而不稳定，所以在热的作用下易发生异构作用，生成反式结构。

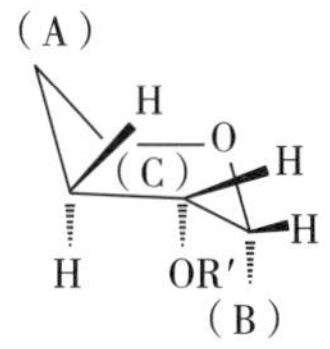

顺式：表儿茶素 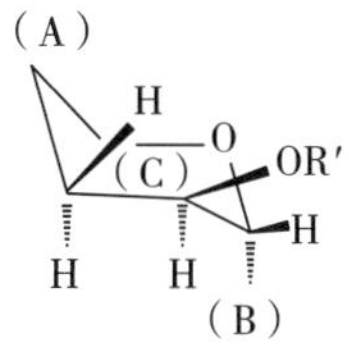　　反式：儿茶素

旋光异构主要是由于分子的不对称性引起的。能使偏振光向右旋，用（+）或 D 表示；能使偏振光向左旋的，用（-）或 L 表示。

二氢黄酮、二氢黄酮醇、黄烷醇、二氢异黄酮及其衍生物，由于分子内含有不对称碳原子，因此具有旋光性。黄酮苷类由于在结构中引入了糖的分子，故均有旋光性，且多为左旋。

儿茶素的结构中 C2 和 C3 是两个不对称碳原子，因而具有旋光特性，即有 4 个旋光异构体：(-)-表儿茶素、(+)-表儿茶素、(-)-儿茶素和（+)-儿茶素。在进行儿茶素单相纸层析时，纸色谱上常出现（±)-儿茶素或（±)-表儿茶素消旋体的斑点。如若进行双相纸层析，它们都能各自分离为两个斑点，即（-)-儿茶素和（+)-儿茶素，或（-)-表儿茶素和（+)-表儿茶素。(±)-儿茶素和（±)-表儿茶素都缺乏旋光性能是由于（+）和（-）的旋光能力相抵消，因而不再有旋光的表现，这是外消旋体。

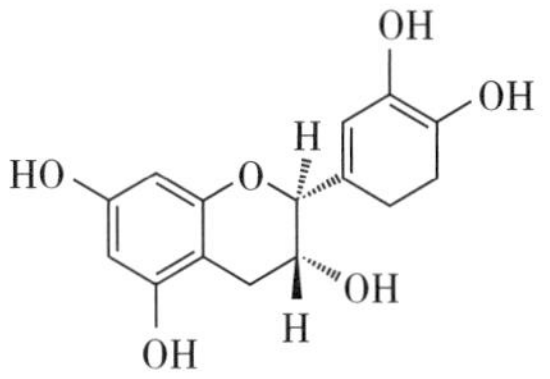

(-)-表儿茶素 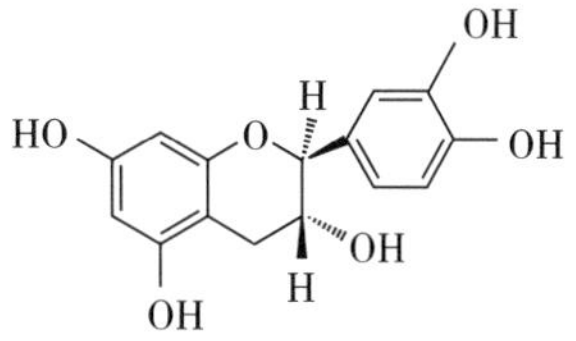　　(-)-儿茶素

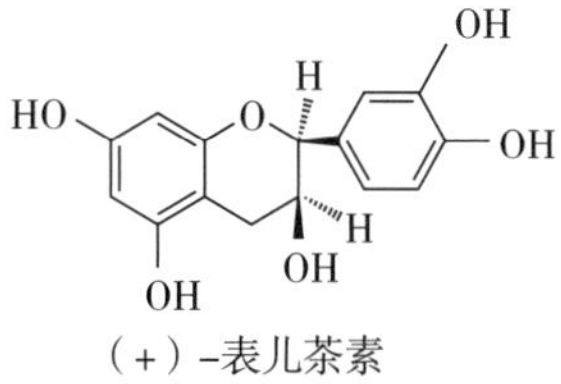

(+)-表儿茶素 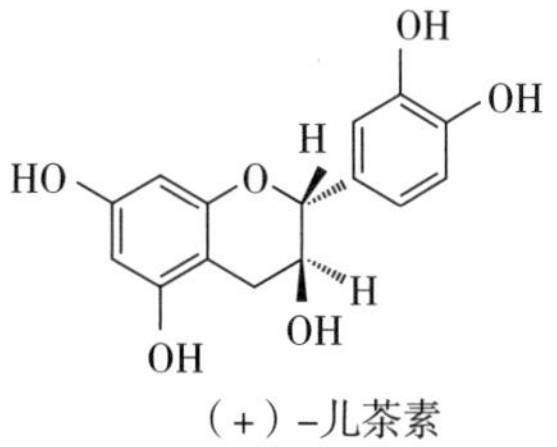　　(+)-儿茶素

3. 茶多酚的化学性质

茶多酚的分子结构中具有多个反应活性基团和活性部位，使其可发生多种化学反应。酚羟基是最具特征的活性基团，可使其发生酚类反应；醇羟基和羧基等基团，又可使其发生醇、酸的反应；吡喃环中的醚键也属于相对不稳定的化学键，易与酸、碱的介质和在酶的作用下发生变化；此外，在结构单元中 A 环的 C6，C8 位为亲核中心，而吡喃环的 4 位在强酸性条件下生成亲电中心。因此，茶多酚分子中同时存在两种中心，又可将反应分为亲核与亲电两类。

（1）氧化还原性　茶多酚易被空气中的氧所氧化，特别在水溶液和多酚氧化酶存在时，酚羟基通过解离，生成氧负离子，再进一步失去电子，生成邻醌，邻醌可夺取其他物质的氢还原为酚，也可发生聚合，生成红棕色聚合物。在茶树活体内，由于呼吸基质可提供丰富的氢而不会使茶叶红变，但若茶叶离开母体，呼吸基质亏缺，邻醌不能及时还原，而过量的邻醌就会聚合起来发生茶叶的红变。

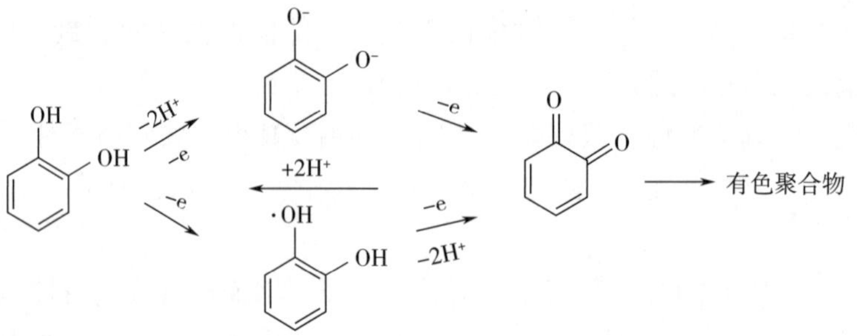

OH OH $-2H^+$ $-e$ O^- O^- $-e$ O O $+2H^+$ $-e$ ·OH OH $-e$ $-2H^+$ 有色聚合物

在水溶液中茶多酚的氧化速率主要受 pH 的影响，氧化的最低 pH 为 2.0~2.5。随着 pH 提高，氧化速率增高，若在 pH>7 的碱性条件下，则氧化作用迅速增加。在光照条件下，儿茶素及其聚合物 A 环开始氧化生成醌，反应重复进行，直至生成共轭醌发色团，如下所示，就会使颜色变深，红色成分增加。若用亚硫酸钠处理，可使 C 环的醚键开裂，打断单元间连接键，降低了相对分子质量，使颜色变浅。

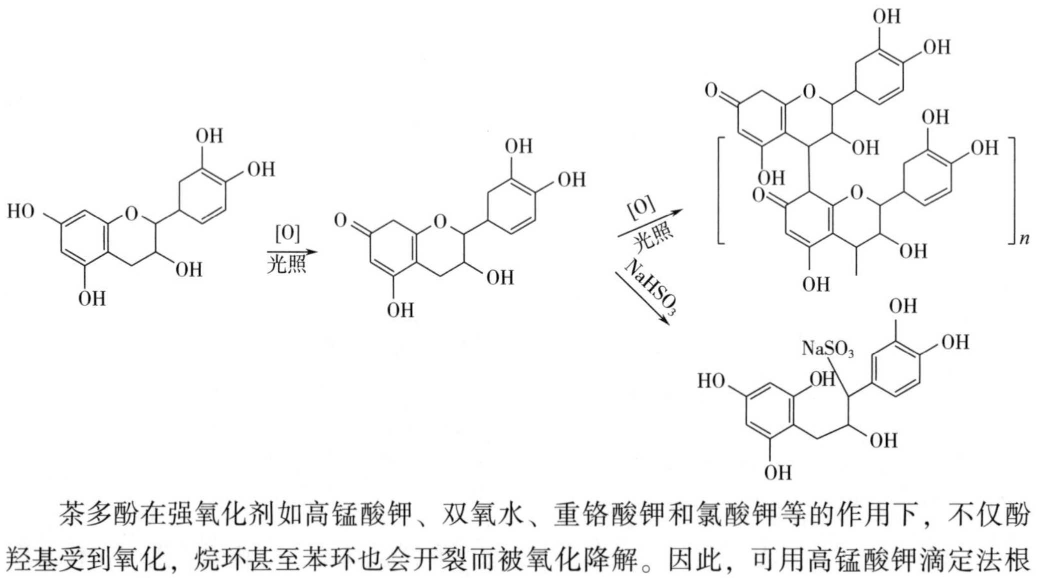

HO O OH OH OH OH [O] 光照 O O OH OH OH OH [O] 光照 $NaHSO_3$ O O OH OH OH OH OH O O OH OH OH OH n $NaSO_3$ HO OH OH OH OH OH

茶多酚在强氧化剂如高锰酸钾、双氧水、重铬酸钾和氯酸钾等的作用下，不仅酚羟基受到氧化，烷环甚至苯环也会开裂而被氧化降解。因此，可用高锰酸钾滴定法根据高锰酸钾的消耗量来检测茶多酚的含量。

（2）聚合反应　（+）-儿茶素在强酸的催化作用下（二噁烷溶液，2mol/L HCl，室温，30h）发生自聚合，生成儿茶素二聚体。若（+）-儿茶素在 90℃ 水溶液内（pH 4）反应数天，产物就出现儿茶素二聚体的脱水产物脱水二儿茶素。

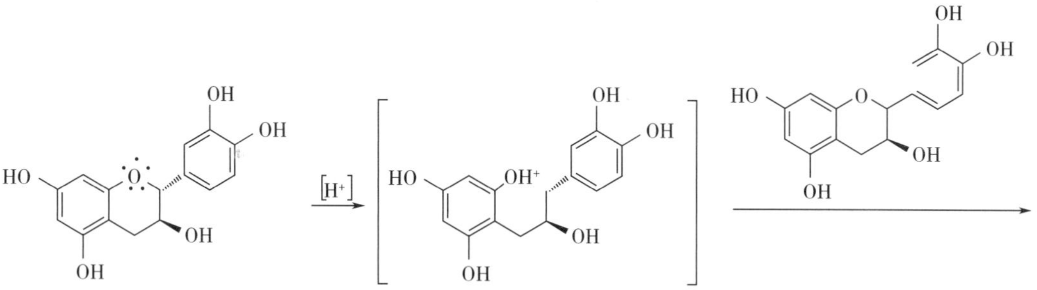

正碳离子

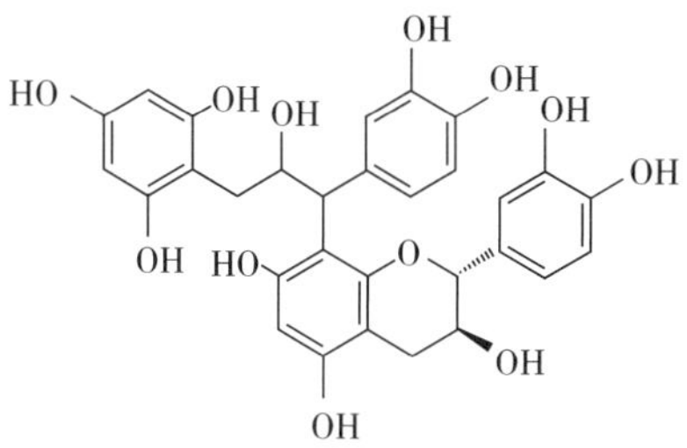

二儿茶素

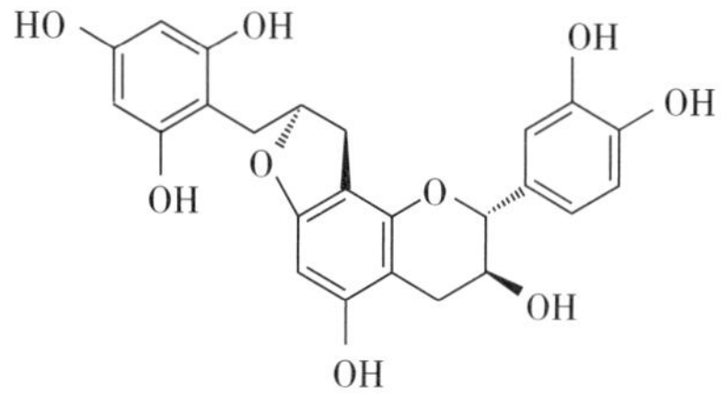

脱水二儿茶素

二聚体仍具有亲电和亲核中心，可继续聚缩下去，生成的多聚体就是缩合单宁，进一步缩合就合成更大分子的红粉。茶多酚在酸性溶液中加热生成红色沉淀即是这一原因，为了获得低聚的儿茶素氧化物，而不至于在缺氧状况下产生高聚合物，供氧至关重要。近年来发展的双液相系统，即在体系中加入一种新的液相，该液相一般具有较高的溶氧能力，且与体系中的另一相不混溶，如具有正铺展系数的 12~14 碳直链烷烃作为油相，油相份数 2%~5%即可提高氧传递，无需增加通风和搅拌，使茶色素的得率和低聚氧化物的比例都可得到提高。

再者，茶多酚在氧化剂的作用可发生氧化聚合反应。在二噁烷溶液内，(+)-儿茶素在氧化银的作用下生成邻醌型化合物但不发生聚合。如果反应在可解离的溶剂中进行，邻醌型化合物就进一步聚合，生成棕色的聚合物。其可能的反应历程是儿茶素的 B 环先形成邻醌，邻醌（亲电的）与另一个儿茶素的 A 环（亲核的）结合生成“尾-头”连接的二聚体（A 环为“头”，B 环为“尾”），二聚体继续氧化偶合生成缩合单宁，反应消耗氧释出 H_2O_2。

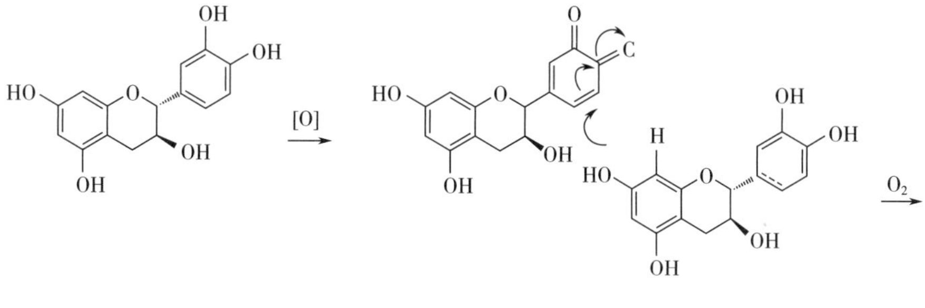

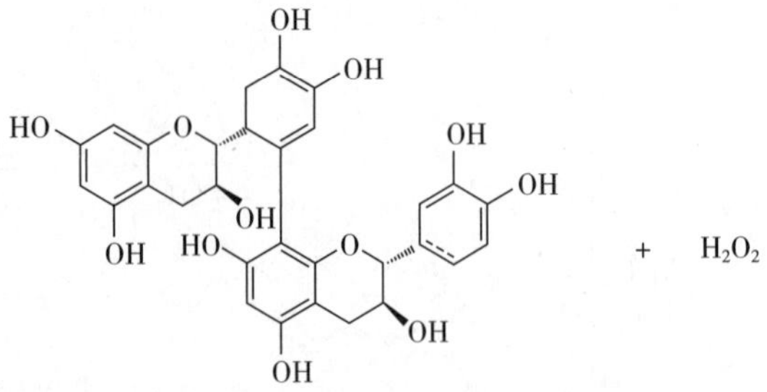

$+ \quad H_2O_2$

没食子儿茶素的氧化聚合优先发生在 B 环与 B 环之间，生成“尾-尾”连接的聚合物。EGCG 在伴有铁氰化钾-碳酸氢钠的水溶液中生成茶素 A、少量的茶素 D 及其他化合物。在相同的条件下，EGCG 和 EGC 反应生成茶素 B、EGCG 和 EC 的如下自聚合产物。

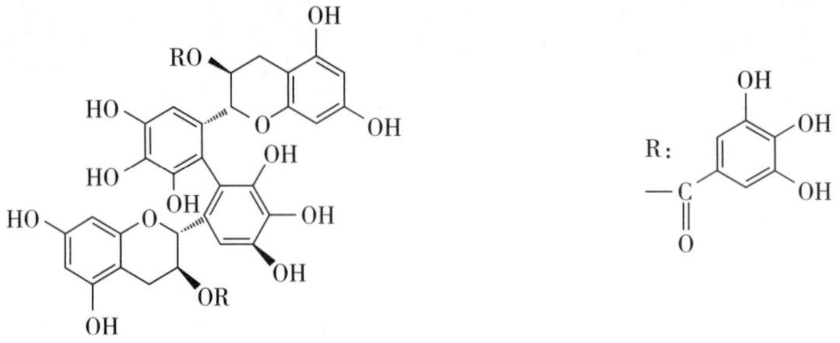

C_2'-C_2'聚合

二聚没食子儿茶素没食子酸双酯

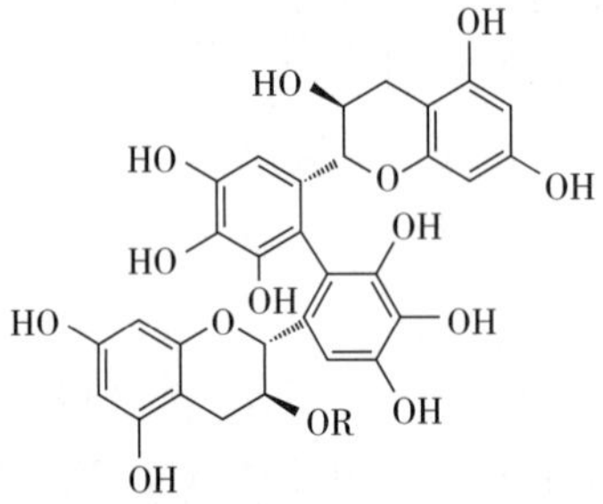

二聚没食子儿茶素没食子酸单酯

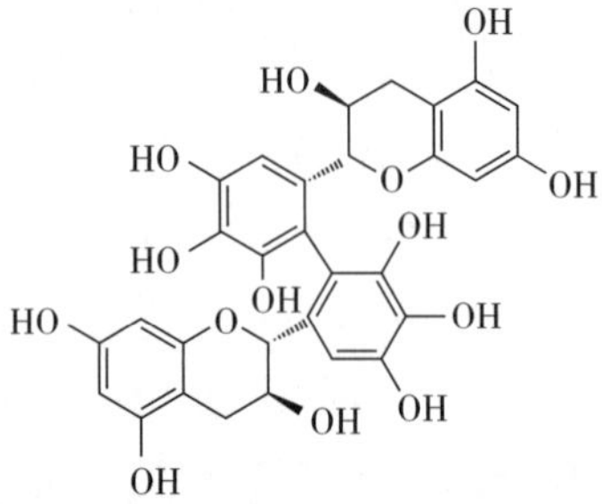

二聚没食子儿茶素

在多酚氧化酶（PPO）催化、在酸性氧化剂或铁氰化钾-碳酸氢钠水溶液中，B 环羟基被氧化成邻醌，然后没食子儿茶素型与儿茶素型间配对偶合生成茶黄素类化合物。

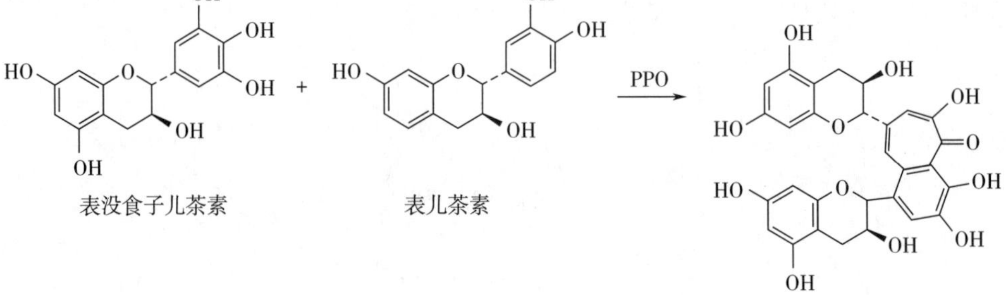

表没食子儿茶素

表儿茶素

PPO

茶黄素

（3）醚化反应　通常可用重氮甲烷法及硫酸二甲酯、丙酮、碳酸钾法使茶多酚的羟基转化为甲基醚（$—OCH_3$），醚化后茶多酚的极性减弱，水溶性降低，脂溶性提高，并因降低了多酚的反应活性，使其稳定性增加。儿茶素在生物体内的代谢，也发现存在多酚甲基醚，如下所示。

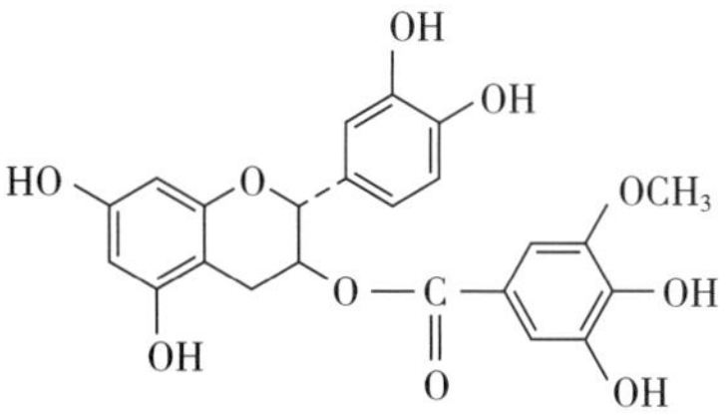

（－）－表儿茶素－3－（3″－甲氧基）没食子酸酯 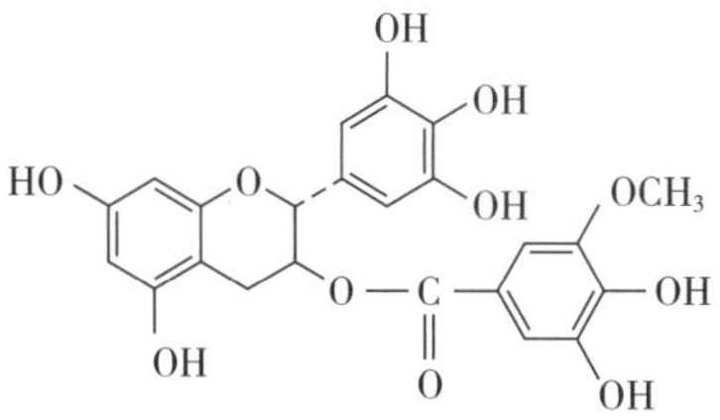　　（－）－表没食子酸儿茶素－3－（3″－甲氧基）没食子酸酯

（4）酰化反应　茶多酚中的酚羟基和醇羟基都可被酰化，只是前者较为困难，因为当酚与酸进行酯化时与醇不同，它是轻微的吸热反应，对平衡不利，故通常采用酸酐或酰氯与多酚作用制备酚酯。

（5）磺化反应　黄烷醇分子中的吡喃环是结构中的薄弱部位，在亲核试剂的进攻下，杂环的醚键被打开，以亲核试剂亚硫氢钠处理儿茶素时，杂环打开，磺酸基结合到 C2 位上，这个反应称为亚硫酸化或磺化。

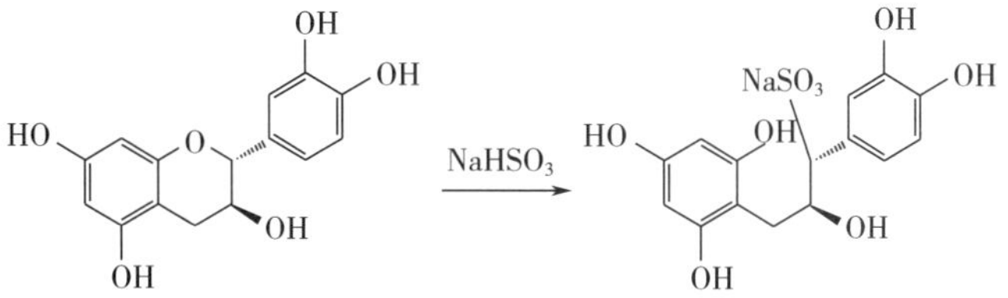

亚硫酸处理茶多酚后，既引入亲水的磺酸基，又能降低茶多酚分子的聚合度，使水溶性增加，水溶液黏度降低，颜色变浅。如在茶叶加工过程中加入亚硫酸氢钠（多酚氧化酶的抑制剂），使茶多酚不易发生酶促氧化红变，茶叶可保持绿色。除此之外，在儿茶素的代谢动力学研究中，发现儿茶素在体内可进行碳化反应，并以结合型的硫酸产物在体内运转。

思考题

1. 脂质是如何分类的？
2. 什么是脂质同质多晶现象？
3. 脂肪酸和甘油酯有哪些重要的化学性质？
4. 举例说明反应条件是如何影响油脂和脂肪酸的化学性质的。
5. 磷脂具有哪几个方面的性质和用途？
6. 简述天然酚类物质包括哪些，分别有什么样的性质。

第二章

食品脂质加工基础与应用

学习目标

1. 学习食品脂质加工学基础，深入了解不同类型食用油的加工工艺，丰富食品加工工程方面基础理论知识，用知识指导生产实践。

2. 了解脂质加工学基础在实际生产方面的应用，培养理论联系实际能力和现代化食品工程思维，了解并学习大国工匠精神，树立正确的世界观、人生观和价值观。

本章主要阐述食品脂质加工学基础，分为食用油制取与精炼技术、油脂改性与凝胶化、功能性脂质加工和食品脂质产品及其应用四个小节，涉及食品脂质加工相关的油脂化学、食品工程和油脂化工工程等方面的知识。学习时需要重视与本章内容相关的课程实践环节，注重理论与实际结合，了解新工艺、新技术、新设备的应用及新产品开发，以培养理论联系实际能力。

第一节　食用油制取与精炼技术

在油脂工业中，从油料中获得毛油的过程称为油脂制取，将毛油精炼成为商品油的过程称为油脂精炼，油脂的制取和精炼是食用油生产中的主要环节，此外，为了拓宽天然油脂的应用范围，人们还通过对其进行改性，获取一些天然油脂中较少或没有的油脂产品，这些过程统称为食品脂质加工。来源于不同油料的油脂制取和加工工艺有所差异，但是目前对于植物油料，最主要的制油方式是物理压榨法和溶剂浸出法。油脂制取包含油料预处理和油脂制取两个工序，制取的毛油（又称原油）需经过精炼，以提升油脂食用安全性和储存特性，用作食用油。

一、油料预处理与油脂制取

（一）油料的预处理

油料预处理即在油料取油之前对油料进行的清理、水分调节、剥壳、脱皮、破碎、软化、轧坯、膨化、干燥等一系列处理，其目的是除去杂质，将其制成具有一定结构性能的物料，以符合不同取油工艺的要求。根据油料品种和油脂制取工艺的不同，所选用的预处理工艺和方法也有差异。

在油脂生产中，油料预处理对油脂生产效果产生重要影响。其影响不仅在于因改善了油料的结构性能而提高了出油的速度和深度，还在于对油料中各种成分产生作用而影响了产品和副产品的质量。此外，油料预处理对于增强设备处理能力，减少能源消耗也具有重要意义。常见的油料预处理工艺包括油料的清理除杂、剥壳脱皮、生坯制备和挤压膨化等。

1. 油料清理除杂

油料清理是油料预处理工艺中的第一步，即利用各种清理设备去除油料中所含杂质的过程。油料中常见杂质主要有石子、泥沙、灰尘、金属等无机杂质；茎叶、皮壳、麻绳等有机杂质以及霉变粒、病虫害粒、异种油料等含油杂质，这些杂质含量占油料总量的1%~6%。这些杂质的存在会影响后续的油脂加工工艺、出油率以及油脂的品质，因此在加工之前必须去除。由于这些杂质与油料在粒度、密度、形状、表面状态、硬度、磁性等物理性质方面存在显著差异，可利用这些性质差异，选择合适的方法和设备去除这些杂质，达到油料清理的目的。

清理除杂后，油料不得含有石块、铁屑、绳头、蒿草等杂质。油料中总杂质含量及杂质中含油料量应符合规定。花生、大豆含杂量不得超过0.1%；棉籽、油菜籽、芝麻含杂量不得超过0.5%；花生、大豆、棉籽清理下脚料中含油料量不得超过0.5%，油菜籽、芝麻清理下脚料中含油料量不得超过1.5%。

2. 油料剥壳脱皮

油料的皮壳主要是由纤维素和半纤维素组成，含油率低。制油过程中会吸附油脂，降低出油率；此外，皮壳中含有一些拮抗因子（如菜籽皮中的单宁、酚酸等成分），会降低饼粕效价；同时皮壳中含有较多的色素、胶质和蜡质成分，会进入毛油中降低毛油品质，增加精炼难度。因此，油料剥壳已成为制油前的一道重要工序。目前常用的油料剥壳方法有：摩擦碾搓法、撞击法、剪切法、挤压法等。其中碾搓法是一种利用粗糙工作面的碾搓作用使油料皮壳破碎的方法；撞击法是利用打板撞击作用使油料皮壳破碎的方法；剪切法是利用锐利工作面的剪切作用使油料皮壳破碎的方法；挤压法是利用轧辊的挤压作用使油料皮壳破碎的方法。

为进一步提升毛油质量和饼粕利用价值，需进行油料脱皮。由于大部分油料种皮较薄、与籽仁结合力强，尤其是当水分含量偏高时，种皮韧性增大，脱皮难度较大。因此，在油料脱皮前通常需要进行烘干处理，再将油料破碎成若干部分，促使种皮破碎并脱落，然后通过筛选或风选完成仁皮分离。但在油料脱皮过程中，不仅要保持较高的脱皮率，又要降低粉末度，尽量使皮、仁能够较为完整地分离。

无论是油料的剥壳还是脱皮，都是力求高剥壳（脱皮）率和低粉末度，但粉末度常随着剥壳（脱皮）率的提高而增加，进而影响仁壳（皮）分离效率，最终导致出油率降低。因此，油料的剥壳和脱皮程度需综合考虑壳（皮）中含仁率和仁中含壳（皮）率，但如果仅是为了生产植物蛋白，应尽量除去原料的皮壳，确保粕中蛋白质含量和品质。

3. 油料生坯制备

在油料进行压榨或浸出制油前，还需将其加工为适于取油的料坯，该过程通常包括油料破碎、软化和轧坯等工序，其中破碎主要是针对大豆、花生、油茶籽等颗粒较大的油料或预榨饼；软化则主要针对大豆、棉籽、陈年菜籽等含油量低、含水量低、含壳量高的可塑性差的油料；而轧坯也称为压片、轧片，就是利用机械作用将油料压成薄片的过程。通过将油料制备成为生坯，可有效破坏油料的细胞组织，增加油料的表面积，缩短出油距离，有利于油脂的提取。

油料破碎的主要目的在于使颗粒较大的油料达到可以轧坯的粒度要求，油料破碎后表面积增大，有助于提高后续软化过程中的温度、水分传递效率。同时，预榨饼破碎后也可增加物料与浸出溶剂的接触面积，提高浸出制油效率。因此，破碎后的油料应保持粒度均一、不出油、不成团、少成粉的状态。

油料软化即油料调质过程，通过对油料温度和水分的调节，改善油料的弹塑性，使之具备轧坯的最佳条件，减少轧坯时的粉末产生和粘辊现象，提高坯片质量，同时缓解油料对轧坯设备的磨损和机器自身的振动，确保轧坯操作的顺利进行。

轧坯就是利用机械的作用，将油料由粒状轧成片状的过程。油料通过轧坯后，油料的细胞组织被破坏，不仅有利于提高后续油脂浸出的速度和深度，还有助于改善油料压榨前的蒸炒效果，即油料碾轧越薄，细胞组织破坏越严重，提高制油效率越明显，但同时要保持料坯厚薄均匀（一般保持 0.3~0.4mm）、粉末度小（20 目筛下物不超过 3%）、不漏油且具有一定机械强度。

4. 油料挤压膨化

油料挤压膨化是利用挤压膨化设备将经过破碎、轧坯或整粒油料转变成多孔膨化料粒的过程。油料经挤压膨化后，其细胞组织完全被破坏，物料结构发生显著变化，形成多孔膨化的料粒，相比生坯的容重可增加 50%左右，浸出时的溶剂渗透性提高 400%左右，从而能够使浸出器增产 30%~50%。膨化后的油料，除在浸出溶剂的渗透性方面有所改善外，可提高混合油浓度，并降低湿粕中溶剂残留量，还可减少溶剂损耗和能量消耗。此外，在膨化过程中油料细胞中的蛋白质也发生变性，其中的脂肪氧化酶、磷脂酶等酶类活力降低，从而有利于降低毛油酸价和非水化磷脂含量，提升了毛油品质。尤其对于大豆而言，由于脂肪氧化酶被钝化，豆粕中的腥味基本被去除，品质和适口性得到显著改善。

（二）油脂制取

1. 压榨法制油

压榨法制油就是利用机械外力将油料中的油脂挤压出来的制油方法。根据机械外力不同，可分为静态水压法、螺旋挤压法和偏心轮回转挤压法等，目前螺旋挤压法是最主要的压榨制油方法。压榨法制油的主要工序：油料蒸炒、油料压榨和毛油除渣三部分，其中油料蒸炒又称为调质，是将预处理得到的油料生坯经湿润、蒸坯、炒坯等工序加工成熟坯的过程；油料压榨是利用压榨设备对蒸炒后的油料进行压榨；毛油除渣是将压榨所得毛油中的一些饼末、泥沙、杂草纤维和铁屑等固态杂质通过沉降和过滤的方法除去，为后续油脂加工做好准备。压榨法制油的一般工艺流程，如图 2-1 所示。

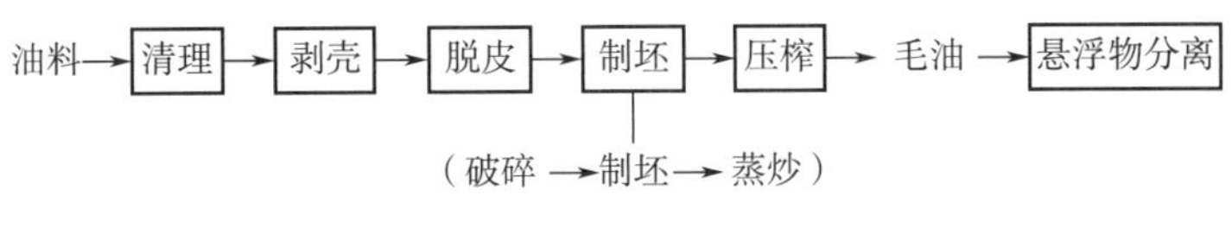

图 2-1　压榨法制油一般工艺流程

（1）油料蒸炒　油料蒸炒（调质）是压榨前最常见的调节油料水分和温度的方法，经蒸炒后的油料在微观形态、化学组成和物理状态上显著改善，有利于提高压榨油的出油率、油脂品质和饼粕质量。油料的蒸炒过程彻底破坏了油料细胞结构，使其内部发生蛋白质变性、酶类钝化、油滴相互聚集且黏度和表面张力降低，整个料坯的弹、塑性发生改变。目前，常见的油料蒸炒方法包括干蒸炒和湿润蒸炒两类，其中干蒸炒是为了干燥料坯或油料种子，同时对某些特定油料（如芝麻、花生、可可等）进行增香；而湿润蒸炒则是为了使料坯温度和水分达到压榨的适宜条件，为降低压榨机负荷和减少榨机磨损及动力消耗提供条件。相比之下，生产企业更多的是将油料湿润蒸炒后再进行压榨制油。

（2）油料压榨　油料压榨是压榨法制油的核心步骤，就是通过机械外力将油脂从料坯中挤压出来的过程，该过程中油料以物理变化为主，包括料粒变形、摩擦生热、水分挥发和油脂分离等，但同时也伴随部分化学变化，如脂肪氧化、酶类钝化、蛋白质变性以及特定物质的合成与分解。就整个油料压榨过程而言，可分为油脂分离和油饼形成两个阶段，在油脂分离阶段，油料粒子先个别接触发生形变，随着粒子间隙减小，油料中油脂开始被压出，随着压榨不断深入，粒子进一步形变结合，彼此空隙显著减小，油脂被大量压出，在压榨结束时，粒子完全结合，空隙的横截面积突然缩小，油路封闭，油脂几乎无法流出；伴随着油脂分离，油饼也在压力下逐渐形成，油料粒子在油脂排出后逐渐挤紧，在压力作用下某些粒子发生塑性变形，在油膜破裂处相互结合成为整体，即油料由最初的松散体形成一种完整的可塑体，即油饼。

在压榨过程中，油饼形成有利于压榨排油的进行，但解除压力的油饼会因弹性形变而膨胀，形成部分细孔，吸入未被排走的油脂，导致油饼残油量升高。此外，由于压榨制油难以将油料细胞内组织结构油制取出来，因而此法整体出油率偏低。不仅是榨料本身的加工特性，压榨设备及其工艺参数对压榨制油效率的影响同样重要。用于压榨制油的设备主要有液压榨油机和螺旋榨油机两类，但后者更为常见，目前，榨油机展现出了大型化、高效化和多功能化的发展趋势。

（3）毛油除渣　经压榨、浸出等制取的未经精炼的植物油脂，称为毛油。压榨法所得毛油中常会含有许多粗或细的油渣，其含量与入榨料坯性质、压榨条件、榨机结构等因素有关，一般为 2%～15%。针对毛油中的这些杂质，常采用两步分离法进行分离，一是通过沉降的方法将大而重的固体饼渣进行分离；二是通过过滤的方法将细小饼末进行分离，而对分离得到的饼渣，一般会采用螺旋输送机将其送回压榨机中进行复榨，确保油料油脂充分排出。

就沉降法而言，根据杂质在油脂中所受作用力不同可分为重力沉降和离心沉降两类。重力沉降也称自然沉降，是油厂中最简单也最常见的分离方法，但该方法效率低，需采用凝聚或降低体系黏度的方法提高沉降速率。离心沉降则是利用离心沉降设备，如卧式螺旋离心机的高速旋转产生的离心力将毛油中的固、液相进行分离，尤其对于粒度细小、密度差较小的杂质有良好的分离效果。

对过滤法而言，根据过滤推动力的差异分为重力过滤、压滤、真空过滤及离心过滤等，其中压滤法是毛油过滤最常见的方法，所用设备有厢式和板框式压滤机两类。这类压滤机具有结构简单、过滤面积大、工作可靠等优势，但人工装卸滤饼限制了该法的生产效率。此外，无论采用何种过滤设备，毛油体系性质、过滤推动力、过滤介质和助滤剂都是影响过滤效果的重要因素，在设备选择和工艺参数确定前需要充分考虑。

2. 浸出法制油

浸出法制油是现代大型油脂企业常用的制油方法，该法依据固-液萃取原理，选用能够溶解油脂的溶剂，对油料进行喷淋、浸泡和萃取从而得到油脂。浸出所得的液体部分称为混合油，浸出后得到的固体部分称为湿粕。混合油蒸发、蒸馏、脱溶后得到毛油，湿粕经过脱溶、干燥、粉碎后得到成品粕。基本的浸出法制油工艺主要有油料浸出、混合油处理、湿粕处理和溶剂回收四道工序，其中油料浸出主要采用溶剂将油脂从油料中萃取出来；混合油处理和湿粕处理都是为了将溶剂分离；溶剂回收则是将挥发出的溶剂冷凝回收，进行循环利用。油料浸出（预榨-浸出）制油一般工艺流程，如图 2-2 所示。

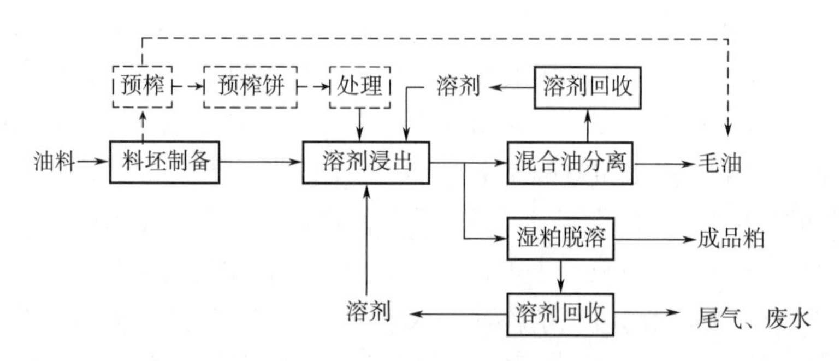

图 2-2 油料浸出（预榨-浸出）制油一般工艺流程

与压榨法相比，浸出法的优点在于油脂提取率高，饼粕残油率低（可控制在 1%以下）；油脂提取后的饼粕蛋白质含量较高，可作为饲料生产的原料；生产规模大，加工成本低；生产过程封闭且自动化水平高，环境友好，无泄漏、无粉尘；毛油品质好，非脂类的脂溶性杂质能得到良好控制。

（1）油脂浸出　由浸出制油原理可知，溶剂在油料浸出过程中起着至关重要的作用，溶剂的成分和性质对浸出工艺的生产技术指标、经济效益、产品质量以及安全生产都有重要的影响。考虑到油脂在溶剂中的溶解情况符合“相似相溶”原理，即溶剂极性与油脂相近则油脂溶解度较大，反之则油脂溶解度减小，故常选择极性较小的溶剂作为浸出溶剂。此外，在溶剂选择过程中还需注意溶剂应具有稳定的化学性质，既容易汽化分离，又容易冷凝回收；安全性能好且不易在水中溶解；来源丰富，价格低廉。

油料浸出是浸出法制油的关键阶段，除受溶剂影响外，入浸料坯结构与性质、浸出温度、浸出时间、溶剂比等都会显著影响油脂浸出速度。一般而言，油脂浸出过程包括油脂从料坯内部到外表面的分子扩散，通过界面层的分子扩散以及从界面层到混合油主流体的对流扩散。入浸料坯的结构与性质可直接影响油脂从料坯内部到外表面的分子扩散，而该过程又直接决定了整体浸出效率。浸出温度是由入浸料坯和溶剂的温度、数量决定，升高温度有利于油料浸出，但过高温度会导致溶剂大量汽化，进而增加萃取设备压力，造成安全隐患，同时也会增加非油物质的溶出量，降低毛油品质。浸出时间与浸出深度密切相关，时间越长，浸出越彻底，但过度延长时间会影响生产效率，需要根据油脂浸出动力学选择合理的浸出时间。溶剂比是指单位时间内所用浸出溶剂与被浸出物料质量的比值，与混合油浓度、浸出速度和粕中残油率紧密相关，单位时间所用溶剂越多，料坯内外油脂浓度差越大，越有利于油脂浸出，但不能无上限提高溶剂使用量，否则会影响混合油浓度，增加脱溶负荷。

因此，综合而言，油脂浸出的影响因素多并且相互交错，需要全面考虑来确定油料浸出工艺的参数。

（2）混合油处理　油料经浸出后即形成混合油，其成分包括易挥发的浸出溶剂、溶解在其中的不挥发性油脂和伴随物（10%～40%）以及少量固体粕末（0.4%～1.0%），而混合油处理的主要目的就是挥发溶剂和分离粕末，最终得到纯净的浸出毛油。

基于上述目的，混合油处理工艺主要包括利用沉降、过滤等方法除去粕末和利用蒸发、汽提等方法除去浸出溶剂两方面，前者的固液分离为后者的液液分离创造了良好的工作条件。混合油粕末分离的常见方法有油料层的自过滤、连续式过滤器分离、悬液分离器分离、食盐水层分离等。通过粕末分离，可有效避免混合油在蒸发过程中产生泡沫，将油脂代入蒸发冷凝系统，同时减少粕末在蒸发器和汽提塔表面结垢的风险，影响传热效率。

浸出溶剂和油脂的液液分离主要是利用溶剂和油脂的沸点不同，在加热条件下混合油中的溶剂迅速挥发，油脂成分被浓缩，具体过程包括混合油蒸发、混合油汽提和残留溶剂脱除三个阶段。混合油蒸发和汽提是混合油处理的关键步骤，对浸出毛油质量和生产能耗起决定性作用。因此，在保证溶剂脱除效率的前提下，最大程度降低能耗已成为油脂行业发展的重要方向之一。目前，负压蒸发和二次蒸汽利用已得到广泛应用，并取得良好的节能效果；除此之外，采用基于低蒸气压溶剂的亚临界溶剂萃取法同样能显著降低能源消耗，但该法由于设备和生产方式所限未能应用于大宗油料的规模化生产中。

（3）湿粕处理　油料浸出完成后，混合油进入蒸发器中进行脱溶，粕中含有25%~40%的溶剂也需要进行脱除、回收。此外，饼粕也需要经过一定的温度和水分调节，破坏其中的抗营养成分，同时满足安全储存的要求。为此，油脂生产企业常采用蒸烘的方式对湿粕进行处理，使其满足相关的质量和性能标准（储存温度不超过40℃，水分含量低于12%，粕中残留溶剂不高于0.05%）。

溶剂在湿粕中的存在形式大体可分为化学结合、物理化学结合以及机械结合三类，其中绝大部分溶剂是以机械结合形式存在。上述溶剂常采用加热解吸的方式脱除，即通过使用直接或间接蒸汽加热湿粕，使溶剂汽化与粕分离，此过程又称为湿粕蒸脱。除了挥发溶剂，湿粕处理的另一主要内容是对湿粕进行适当的湿热处理。高温高湿作用可有效钝化粕中的酶类及抗营养因子，提高粕的质量和利用价值，同时调节水分含量，保证粕在储藏和运输中的品质。

除了脱溶粕，溶剂和水蒸气的混合气体是湿粕处理的另一产物，这类混合气体中含有大量粕粉，若不加处理而进入冷凝器中，不仅会在冷凝器中沉积阻碍传热，而且还会在分水器中导致水和溶剂形成乳浊液，影响分离效果与溶剂浸出能力。因此，需对混合气体进行有效的净化处理。

（4）溶剂回收　由于混合油和湿粕中的溶剂均通过汽化方法分离，可通过回收、冷凝液化，实现溶剂的循环利用。因此，高效的溶剂回收对降低生产过程溶剂损耗、保证安全生产、提升产品质量和落实环境保护具有重要意义。由浸出法制油工艺可以看出，溶剂回收主要包括三部分：一是混合油处理和湿粕处理过程所产生的溶剂蒸汽的回收，二是生产过程中所形成溶剂和水混合液中的溶剂成分的回收，三是上述过程中溶剂气体和空气混合气中的溶剂的回收；此外还涉及废气中的溶剂回收、废水中的溶剂回收、检修过程的溶剂耗散回收等，这些溶剂的合理处理对于确保生产安全和环境安全至关重要。

混合油处理和湿粕处理所得的溶剂，一般以饱和蒸汽和混合蒸汽为主，常采用冷凝、冷却方法进行回收，所用设备以列管式冷凝器和喷淋式冷凝器为主，所用冷却介质以冷却水为主。

尽管生产企业通过各种方法回收溶剂，但也存在诸多原因会导致溶剂损耗，主要分为无法避免的溶剂损耗和可避免的溶剂损耗两类，目前，在较好生产条件下，规模化企业可将前者损耗控制在0.3~1.5kg/d。由于设备制造缺陷、操作维修不当等原因造成的溶剂泄漏，也会增加溶剂损耗，但是这部分损耗在实际生产中可以控制，为可避免的溶剂损耗。为有效减少可避免的溶剂损耗，工厂应从工艺设计、设备选型与安装等方面着手降低溶剂泄漏风险，并在使用过程中注意定期检修、合理操作，避免不必要的溶剂损耗。

二、食用油脂的精炼

毛油不能直接用于人类食用，只能作为成品油的原料。油脂精炼是指对毛油（又称原油）进行精制。毛油的主要成分是甘油三酯的混合物，或称中性油。毛油中还含有除中性油以外的物质，统称杂质，按照其原始分散状态，大致可分为机械杂质、脂溶性杂质和水溶性杂质三大类。毛油的组成如图 2-3 所示。

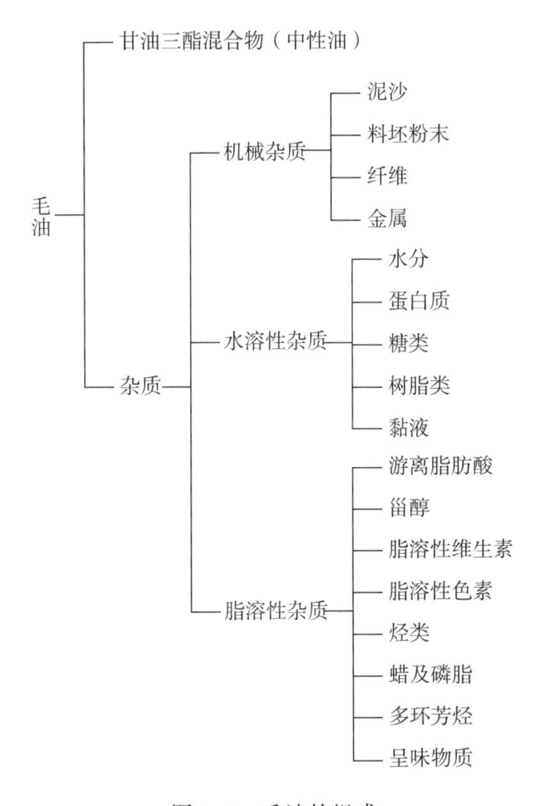

图 2-3　毛油的组成

毛油中杂质不仅影响油脂的食用价值和安全储藏，而且给油脂深加工带来困难，所以应去除。但精炼的目的，又非将油中所有的杂质全部除去，而是将其中对食用、储藏、工业生产等有害或无益的杂质除去，如棉酚、蛋白质、磷脂、水分等，而有益的物质，如生育酚等，则要保留，甚至添加。因此，根据毛油混合物中各种物质性质上的差异，采取一定的工艺措施，将不需要的、有害的杂质从油脂中除去；保证油脂的色泽、透明度、滋味、稳定性、脂肪酸组成以及营养成分符合一定的质量标准；同时，最大限度地从油中分离出有价值的伴随物，这些是油脂精炼的主要目的。毛油中的杂质可根据其特点，利用机械、化学和物理化学等方法脱除，油脂精炼的方法，如图 2-4 所示。

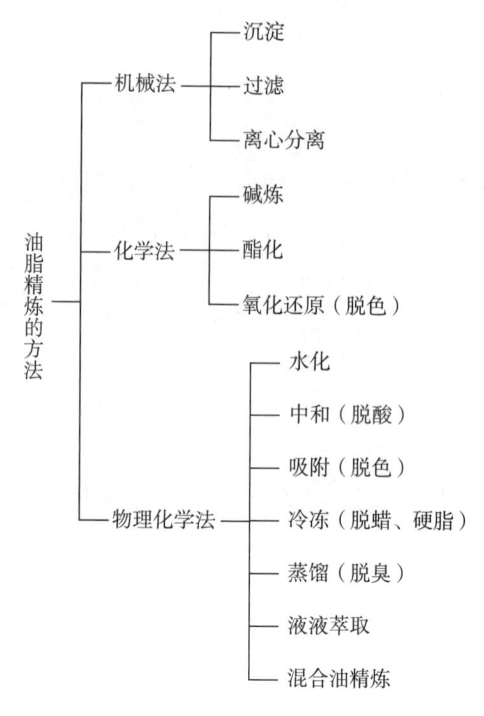

图 2-4　油脂精炼的方法

上述精炼方法往往不能截然分开，一种精炼方法会同时产生另一种精炼作用，例如碱炼旨在中和游离脂肪酸，是典型的化学精炼法，然而，中和反应产生的皂脚能选择性吸附部分色素、蜡酯、黏液和蛋白质等，并一起从油中分离出来，因此，碱炼时伴有物理化学过程。油脂精炼涉及到一系列比较复杂且具有灵活性的工艺，精炼的深度取决于毛油质量和成品油的等级，必须根据油脂精炼的目的，兼顾技术条件和经济效益，选择合适的精炼方法。

油脂的精炼随着设备的进步和市场的要求而发展，目前，植物油完整的精炼工艺包括去除机械杂质、脱胶、脱酸、脱色、脱臭、脱蜡、脱硬脂等过程，但并非所有油品都需要经历完整的精炼过程。精炼油也称成品油，食用成品油是指经过精炼加工达到了食用标准的油脂产品。

（一）毛油组分及性质

毛油的主要成分是中性油，即甘油三酯的混合物；此外还包括部分非甘油酯杂质，如泥沙、料坯粉末、草屑纤维等机械杂质；水分、蛋白质、糖类等水溶性杂质；以及游离脂肪酸、维生素 E、甾醇、脂溶性色素等脂溶性杂质。毛油作为油脂制取的直接产物，其组成成分受油料品质、加工方式和操作条件等因素影响。

毛油中的水分通常在生产或运输过程中直接带入或伴随磷脂、蛋白质等亲水物质混入，会与油脂形成油包水乳化体系，降低油脂透明度，并影响油脂的储藏品质。实际生产中常用常压或减压加热法脱除毛油中的水分，考虑到油脂氧化风险，减压干燥法更佳。

胶溶性杂质是由水溶杂质，如糖类、黏液等与油脂或脂溶性的磷脂等杂质形成的一类胶束状态混合物，是油脂中主要的杂质组分。胶溶性杂质以1~100nm的粒度分散在油中，并呈现溶胶状态，主要成分有磷脂、蛋白质、糖类等。毛油中的磷脂存在形式多为与碳水化合物、蛋白质等形成的复合物，游离磷脂较少；蛋白质主要以简单蛋白质、糖蛋白、磷蛋白、色蛋白、脂蛋白或蛋白质降解产物的形式存在；糖类则包括多缩戊糖、戊糖胶、糖基甘油酯等。此类胶溶性杂质可通过水化、碱炼、酸炼等方法脱除，但要避免糖类与蛋白质之间的美拉德反应以减少黑色素产生。

脂溶性杂质主要包括游离脂肪酸、甾醇、维生素E、脂溶性色素、烃类和蜡等。游离脂肪酸主要来源于油料种子中未合成酯的脂肪酸和甘油三酯的水解，一般情况下未经精炼的植物油中，含有0.5%~5%的游离脂肪酸。

甾醇是油脂中不皂化物的主要成分，常以谷甾醇、大豆甾醇、菜油甾醇、菜籽甾醇和麦角甾醇等形式存在于油脂中，前三者含量占甾醇总含量的一半以上。

维生素E是生育酚的混合物，具体形式包括α-生育酚、β-生育酚、γ-生育酚、δ-生育酚及其对应的生育三烯酚，具有明显的抗氧化作用，可在脱臭馏出物中被富集。

脂溶性色素是油脂呈现颜色的主要因素，其成分包括叶绿素、胡萝卜素等，这些色素虽然含量低，但对油脂的稳定性和营养价值有重要影响，例如叶绿素作为光敏物质，被激活后会加速油脂酸败，而胡萝卜素可有效猝灭单线态氧，减弱光氧化的影响。

油脂中的烃类物质包括饱和烃和不饱和烃两类，总含量为油脂的0.1%~1%，尤以三十碳六烯（$C_{30}H_{50}$，角鲨烯）的分布最广、含量最高，该物质具有一定的抗氧化作用，但若被氧化，则会变为助氧剂并且具有致癌作用。

一般植物油中仅含有微量的蜡和脂肪醇，但在特殊油脂中会含有较多蜡质（如米糠油、小麦胚芽油和玉米胚芽油），这类杂质会使油脂混浊，降低油脂感官品质。

此外，对于特殊油料而言，其油脂产品中还会含有特殊的物质成分，如芝麻油中的芝麻素、芝麻酚，菜籽油中的硫代葡萄糖苷、芥子碱，棉籽油中的棉酚等，这些物质需根据它们的加工特性和营养价值来决定其在精炼工艺中的去留。

除上述杂质外，毛油中还存在一些必须除去的危害因子，如多环芳烃、黄曲霉毒素以及残留农药等，这些物质会严重影响人体健康，所以在油脂精炼过程中必须脱除。对于多环芳烃而言，一般采用活性炭吸附或蒸馏方法进行脱除；黄曲霉毒素则采用碱炼-水洗和吸附的方法进行脱除；而残留农药则主要在负压脱臭工序中脱除。

（二）机械杂质去除

经压榨或浸出而制取的毛油中的机械杂质包括饼粉、壳屑与砂土等固体物，这些机械杂质对于后续精炼产生不利影响，在精炼之前需要尽可能去除，一般采取沉淀、过滤或离心分离等方法。毛油去除机械杂质的操作，也可与油料压榨或浸出时粗毛油的过滤沉降预处理工序合并进行。

1. 沉淀

利用油和杂质的不同密度，借助重力的作用，达到二者的自然分离。沉淀设备有油池、油槽等容器。沉淀法的特点是设备简单，操作方便，但其所需的时间很长（有时要 10 多天），又因水和磷脂等胶体杂质不能完全除去，油脂易产生氧化、水解而增大酸价，影响油脂质量，也不能满足大规模生产的要求，所以，这种纯粹的沉淀法在生产实践中已很少采用。

2. 过滤

将毛油在一定压力（或负压）和温度下，通过带有毛细孔的介质（滤布），使杂质截留在介质上，让净油通过而达到分离。过滤设备有箱式压滤机、板框过滤机、振动排渣过滤机、水平滤叶过滤机以及立式叶片过滤机等。

3. 离心分离

离心分离是利用离心力分离悬浮杂质的一种方法。特点是分离效果好、易生产连续化、处理能力大且滤渣中含油少，但设备成本较高。卧式螺旋卸料沉降式离心机用以分离机榨毛油中的悬浮杂质，有较好的工艺效果。

（三）油脂脱胶

油脂脱胶是将毛油中的磷脂等胶溶性杂质脱除的过程。毛油中存在的胶溶性杂质会降低油脂的加工和储藏稳定性，例如，在脱酸过程中会造成过度乳化，引起油脂损失；脱色时，胶质会覆盖脱色剂，降低脱色剂表面活性，降低脱色效率；脱臭时胶质由于温度较高会发生炭化，加深油脂颜色。因此，油脂精炼的第一道工序应尽可能地脱除毛油中的胶质，为后续精炼工序提供良好条件。

常见油脂脱胶方法有水化脱胶、酸法脱胶和酶法脱胶，其中水化脱胶是最常见的脱胶方法，即利用磷脂等胶溶性杂质的亲水性，将一定量的热水或稀碱、盐、磷酸等电解质水溶液加入到热的毛油中，并在过程中不断搅拌，使其中的胶溶性杂质吸水凝聚然后沉降分离。油脂脱胶工艺有多种，按照生产的连贯性，水化脱胶可分为间歇式、半连续式和连续式。间歇式水化脱胶工艺流程分为预热、水化、静置分离、水化净油、过滤等；半连续式水化脱胶前面的水化过程为间歇式的罐炼过程，后面采用静置分离的连续式离心分离；连续式水化工艺比较先进，毛油的水化和油脚分离均可连续进行，按照设备的不同，可分为离心分离和连续沉降两种。连续式水化脱胶工艺流程，如图 2-5 所示。

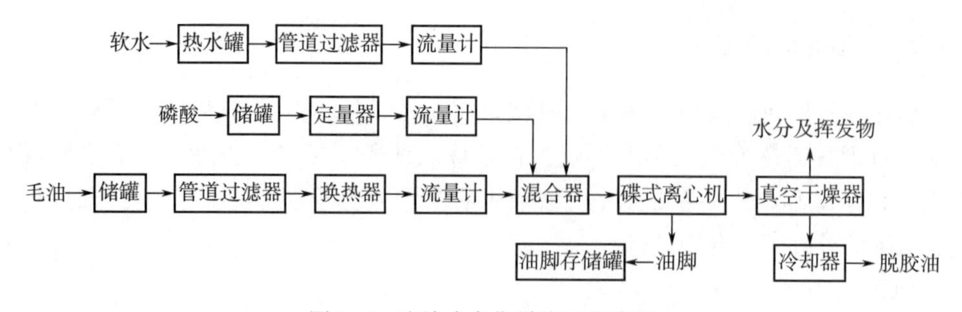

图 2-5　连续式水化脱胶工艺流程

由于水化脱胶无法去除毛油中的非水化磷脂，因而部分油脂还需采取酸法脱胶以满足脱除非水化磷脂的要求。酸法脱胶主要分为浓硫酸法、稀硫酸法以及磷酸法三种，即在毛油中加入一定量无机酸，从而使胶质变性分离。其中浓硫酸法就是将浓硫酸均匀地加入油中，并且在过程中需要搅拌器和压缩空气的强烈搅拌，操作温度不得高于25℃，酸的用量一般为油重的0.5%~1.5%；稀硫酸法是直接将油用蒸汽加热到100℃，加入油重1%左右的稀硫酸，然后静置沉降；磷酸法一般需要把油预热到60℃，加入油重0.05%~0.2%的含量为75%~85%的磷酸，充分混合并加入1%~5%的水进行水化，继续搅拌后离心或沉降分离，目前此法在油脂工业上应用较多。

酶法脱胶是利用磷脂酶将毛油中的非水化磷脂水解掉一个脂肪酸，生成溶血磷脂，再通过水化法将其除去。目前用于酶法脱胶的酶主要是磷脂酶 A_1 和磷脂酶 A_2。酶法脱胶时，毛油一般需要加热到75~85℃，然后按照0.65kg/t的比例添加柠檬酸以络合金属离子，再加入适当的碱溶液以维持pH在5~6，降低温度至45~55℃，加入磷脂酶溶液并高速混合后注入酶反应罐反应4~6h，离心分离。

超级脱胶法，即将油脂加热到70℃左右，与柠檬酸反应5~15min，冷却至25℃并与水混合，保持3h以上，之后加热油脂至60℃左右，再离心分离。热凝胶脱胶法，即由于毛油的导电率随温度的升高而增加，当温度升至一定程度时，胶质发生聚集，导电率瞬时下降。此外，还有超滤膜分离法、电聚法等脱胶方法。

（四）油脂脱酸

油脂脱酸就是将毛油中的游离脂肪酸脱除的过程。由于游离脂肪酸在油脂中会影响风味，加速中性油的水解酸败，同时还会增加磷脂、蛋白质等杂质在油中的溶解度，影响后续精炼过程，因而需要对毛油进行脱酸处理。

常见油脂脱酸方法主要有化学脱酸法和物理脱酸法两类，其中化学脱酸法包括碱炼法和酯化法，尤其以碱炼法更为多见；物理脱酸则是以蒸馏法为主。

所谓碱炼脱酸就是利用碱溶液中和油脂中的游离脂肪酸，中和过程中产生的皂类物质会吸附部分其他杂质，从油中去除。碱炼脱酸过程中所用碱液主要是氢氧化钠溶液，这主要是由于氢氧化钠可中和绝大部分的游离脂肪酸，而且生成的皂不易溶解在油中，但同时部分氢氧化钠也会与少量中性油发生皂化反应，因此，在实际生产过程中需考虑最佳碱炼条件，如碱的种类及其用量、碱的浓度、碱炼温度、碱炼时间、混合与搅拌的过程、分离条件、洗涤与干燥条件等。

就碱炼工艺而言，根据其工序的连贯性可分为间歇式和连续式两种，其中间歇式碱炼是指毛油碱炼脱酸、皂脚分离、水洗、干燥等环节，在工艺过程中分批间歇作业的工艺，适于生产规模小或产油品种经常更换的企业；连续式碱炼是一种先进的碱炼工艺，该工艺过程全部连续进行，具有处理量大、效率高、质量稳定等优点，是规模化企业常用的油脂碱炼工艺，其又可分为长混碱炼和短混碱炼两类，前者常用于加工毛油品质高、游离脂肪酸含量低的油品，而后者更适用于加工游离脂肪酸含量较高或易乳化的油脂。连续式长混碱炼脱酸工艺流程，如图 2-6 所示。

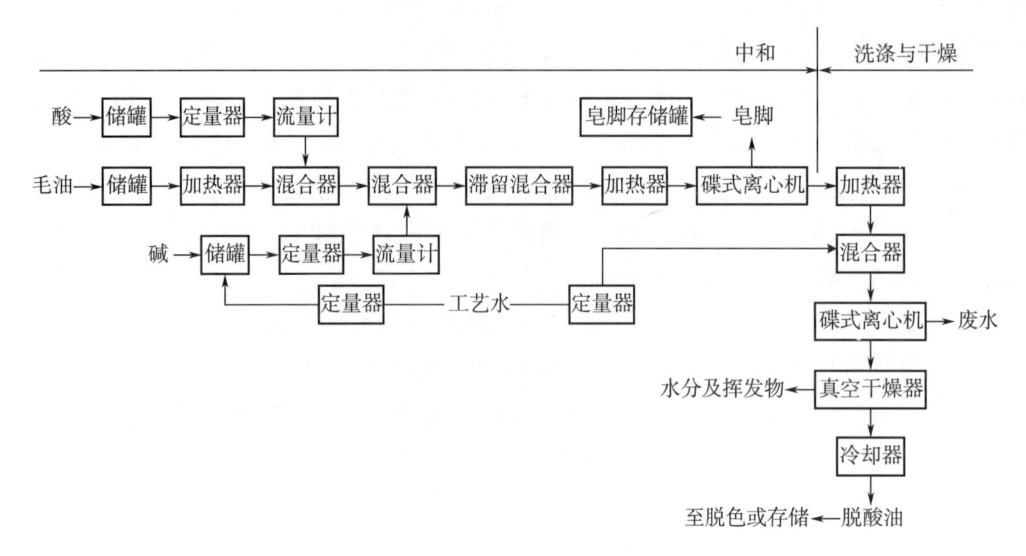

图 2-6　连续式长混碱炼脱酸工艺流程

物理脱酸即在真空条件下使蒸汽进入油脂，让蒸汽带走游离脂肪酸。该方法工艺简单、产量高、油脂损失率低、投资少、产品稳定性好，但对毛油预处理的要求高，不宜用于热敏性油脂加工，而且高温条件下油脂易产生聚合物和反式脂肪酸等危害因子。此外，研究人员根据生产实际，也开发出许多新的脱酸方法，例如生物脱酸法、超临界萃取脱酸法、膜技术脱酸法、液晶态脱酸法、分子蒸馏脱酸法等。

（五）油脂脱色

油脂脱色主要是指脱去油脂中的色素以及一些油脂氧化产物、磷脂、皂类和金属等物质的过程。常见植物油中的色素主要是叶绿素和胡萝卜素，虽然这些天然色素无毒，但会影响油脂外观和储藏特性，特别是在生产高品质油脂产品时（如一级油、人造奶油、高级烹调油等），必须对油脂进行脱色处理。此外，脱色也可去除脱胶过程中未除去的磷脂。

油脂脱色最常见的方法是吸附脱色，即利用某些物质对色素的选择性吸附作用实现脱色目的，这些能用于表面吸附某种物质而降低自身表面能，同时其吸附容量能达到具有实用价值的固体物质称为吸附剂。吸附剂种类多样，常用于油脂脱色的吸附剂包括天然漂土、漂白土、活性炭、沸石、凹凸棒土、硅藻土、无定型硅胶等，其中无定型硅胶和活性炭均可与漂白土混合使用，以增强脱色效果。

影响吸附脱色效果的因素较多，包括毛油品质及前处理质量、吸附剂质量与用量、操作参数设定、混合程度、脱色工艺等，其中吸附剂是影响脱色的关键因素，不同类型吸附剂有各自特性，只有合理选择才能在最经济的条件下获得最佳脱色效果。由于油脂吸附脱色是一个复杂的物理化学过程，因此脱色参数（操作压力、操作时间和操作温度等）的设定会直接影响脱色效率。整个脱色流程分为间歇式和连续式两类，其中间歇式脱色是指油脂分批与脱色剂作用，最终达到吸附平衡；连续式脱色是指油脂在连续流动情况下，与吸附剂接触进而达到吸附平衡，完成脱色。连续式脱色工艺流程，如图 2-7 所示。

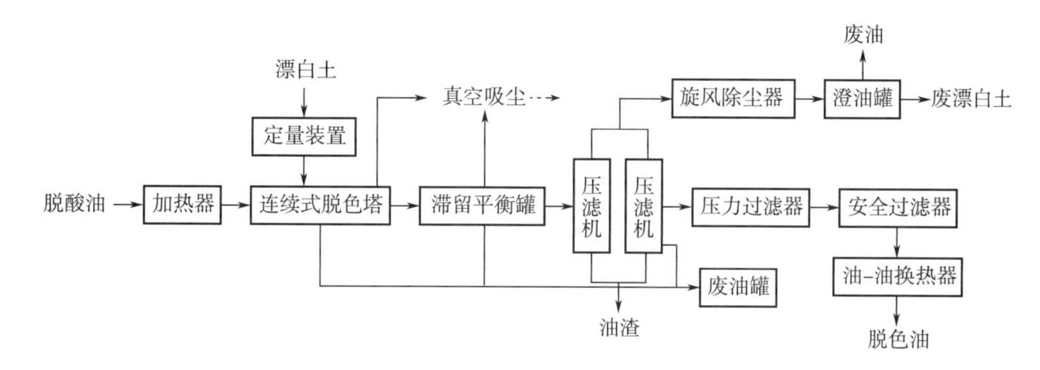

图 2-7　连续式脱色工艺流程

除了吸附脱色，油脂脱色方法还有光脱色，利用色素的光敏性，通过光能对发色基团的氧化作用以达到脱色目的；热脱色，利用热敏性色素的热变性，通过加热达到脱色目的；空气脱色，利用色素的氧不稳定性，通过空气将色素氧化进而达到脱色目的，但该法仅限于在胡萝卜素含量较高的油脂中进行辅助脱色。此外，还有试剂脱色法、活性氧化铝吸附法、氢化脱色法、离子交换树脂法等。

（六）油脂脱臭

油脂脱臭是利用油脂中的甘油三酯和臭味物质沸点差异，在高温、高真空条件下，通过水蒸气蒸馏去除其中臭味物质的过程。纯净的甘油三酯是无色无味的，但多数植物油在制取和加工过程中会产生不同味道，有的深受消费者喜爱，有的则不受人们欢迎，油脂脱臭主要是去除后者。同时，脱臭还可去除毛油中的残余色素、甾醇和油脂氧化产物等，进而提高油脂烟点，改善油脂稳定度、色泽和感官品质。

水蒸气汽提是脱臭的常用手段，由于甘油三酯与臭味物质之间的蒸气压相差很大，因而水蒸气汽提可以在保护油脂的前提下，有效地将臭味物质蒸发。常见油脂脱臭操作主要包括汽提、真正脱除臭味和温度效应这三个步骤，汽提主要是去除油脂中的一些挥发性成分，如游离脂肪酸、生育酚、甾醇、农药和轻质多环芳烃等污染物，该步骤是脱臭操作的核心，其工艺参数直接影响油脂品质和企业经济效益。真正脱除臭味的过程主要是将油脂中的各种异味除去；温度效应阶段的油脂中会发生色素热脱色和某些非期望的副反应，如聚合反应、共轭反应、顺-反异构反应等。

综合来看，油脂脱臭效果受脱臭温度、操作压强、通气速率和时间、所用设备等因素影响，其中脱臭温度、操作压强、通气速率和时间直接影响蒸汽消耗量和脱臭时间长短，而设备结构则关系到汽提过程中的气液平衡状态，进而决定蒸汽消耗量。目前，常用的油脂脱臭工艺有间歇式、半连续式、连续式和填料薄膜等，涉及设备包括脱臭器、软塔脱臭系统、换热器、油脂析气器、脂肪酸捕集器、屏蔽泵等。连续薄膜式脱臭工艺流程，如图 2-8 所示。

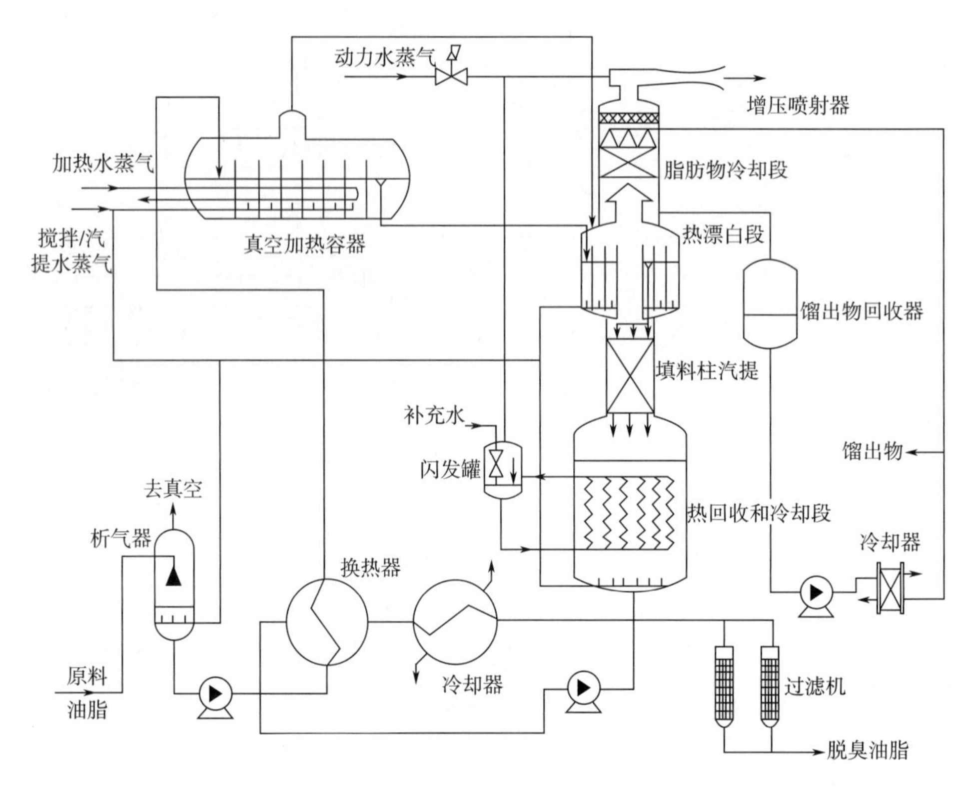

图 2-8 连续薄膜式脱臭工艺流程

（七）油脂脱蜡

油脂脱蜡就是将毛油中蜡质脱除的过程。毛油中的蜡质主要是由高级一元羧酸与高级一元醇形成的酯。常温条件下，由于此类物质在油脂中溶解度偏低，会析出晶粒而形成油溶胶，随着时间延长，晶粒逐渐增大，油脂变为悬浊液，所以含有蜡质的毛油既是溶胶又是悬浊液，严重影响体系的稳定性。此外，油脂中若含有微量蜡质，即可导致其浊点升高，油品透明度和消化率下降，并使气味、口感等感官指标变差，从而降低油脂的食用品质和工业价值。因此，对某些特定毛油而言，脱蜡是必不可少的精炼工序，而提取所得蜡质，可作为工业原料被应用。

常见的油脂脱蜡方法有常规法、溶剂法、表面活性剂法和中和冬化法等，其基本原理都是将蜡质冷冻结晶后再进行分离，区别在于不同方法所用的辅助手段不同。在脱蜡工艺中，脱蜡温度、降温速度、结晶时间、搅拌速度和助晶剂等因素都会对脱蜡效果产生影响，在设计规划脱蜡工艺时需全面考虑。脱蜡设备主要有结晶塔、养晶罐、蜡饼处理罐，以及加热卸饼式过滤机、叶片式过滤机等辅助设备。

第二节　油脂改性与凝胶化

随着油脂工业的发展以及人们生活水平的不断提高，天然油脂所固有的一些功能性质已远远不能满足现代油脂加工业发展的需要，人们力求通过天然油脂的改性，来获取一些天然油脂中较少或天然油脂中没有的一些油脂产品，以拓宽天然油脂的应用范围，符合食品工业及其他工业发展的需求。

就目前的油脂改性方式而言，能满足工业化生产要求的方法及手段主要有以下几种：一是油脂的氢化，使不饱和的甘油三酯在控制的条件下全部或部分加氢饱和；二是酯交换，用一种、两种或多种油脂在一定的条件下进行甘油三酯上脂肪酸的重排，从而获得具有所需物化性质的油脂产品；三是油脂分提，将油脂中具有不同物化性质的甘油三酯采用一种或几种方法加以分离，从而获得所需要的油脂组分，以提供食品工业所需的原料。

一、油脂氢化

1. 油脂氢化机理

油脂氢化是指氢在金属催化剂的作用下，与油脂的不饱和双键发生加成反应的过程。油脂氢化是油脂改性中应用最为广泛的一种方法。油脂中不饱和双键的氢化可以如下反应进行。

$$—CH=CH—+H_2 \xrightarrow{\text{催化剂}} —CH_2—CH_2—$$

该化学反应看似十分简单，但实际上极其复杂。只有当液体不饱和油、固体催化剂和气体氢三种反应物同时存在时，油脂氢化反应才能进行。在氢化反应釜中，系统中存在着气相氢、液相油和固相催化剂，气相的氢必须溶解于液相，因为只有溶解的氢才能对反应起作用。溶解的氢经液相不断扩散到催化剂的表面上，同时反应物也被吸附在催化剂的表面，反应方能进行。不饱和的烃与氢之间的反应是通过表面有机金属中间体进行的。

由于催化剂表面存在凹凸不平的结构，使催化剂表面存在着自由力场，催化剂凭着这种自由力场与氢、双键形成一种不稳定的中间产物，最后又分离形成生成物和催化剂。在整个反应中，催化剂使氢化反应以低反应活化能的两步反应来代替活化能较高的一步反应，从而使反应更易进行。氢化反应的速率可用式（2-1）计算：

$$K = a\mathrm{e}^{-E/RT} \tag{2-1}$$

式中　a——反应物浓度因素；

E——反应活化能，kJ/mol；

T——绝对温度，K。

从式（2-1）可以看出，E 在公式中的指数位置上，其值稍有改变就可能较大地改变 K 值。

油脂氢化反应包括以下几步：①反应物向催化剂表面扩散；②氢的化学吸附；③表面反应；④解吸；⑤产物从催化剂表面扩散到油体系中。

油脂中脂肪酸链的每个不饱和基团都能在油主体和催化剂表面之间前后移动，这些不饱和基团被吸附于催化剂表面，与一个氢原子反应形成一种不稳定的中间体，再与一个氢原子结合即形成饱和键。如果中间体不能与另一个氢原子反应，则中间体上的氢原子会被脱除而形成新的不饱和键。无论饱和键或不饱和键都能从催化剂表面上解吸，并扩散到油脂的主体中去。因此，在油脂氢化过程中，有些双键被饱和，而有些双键则被异构化，产生新的位置异构体或几何异构体。

2. 油脂氢化的影响因素

油脂氢化反应从表面上看似乎可以直接进行，但实际上油脂氢化反应的过程是相当复杂的。这主要受以下几个因素所影响：一是油脂中不饱和键加氢时会产生异构化，既有位置异构，又有几何异构；二是甘油三酯上每个脂肪酸链上可能含有一个、两个、三个或多个不饱和键，而每个双键能以不同的速度氢化或异构化，这取决于双键在分子中的位置或环境。

（1）温度　油脂氢化反应与大多数化学反应一样，随着温度升高，其反应速度会加快。升高温度，氢在油中的溶解度增大，从而加快氢化反应速度。然而，如果其他条件不变，升高温度则会造成催化剂表面的氢浓度下降，从而导致催化剂的选择性提高，生成反式异构体的量会增大。但当温度升至一定程度时，催化剂表面缺氢越来越严重，其选择性不会再增大。

（2）压力　氢在油中的溶解度与反应压力大致呈线性关系。压力增加时，氢化反应速度快速增加。但是，当其他条件不变的情况下，提高压力，氢化反应的选择性会下降，同时异构体生成也会下降。由于一定的压力已能使足够的氢进入油相中，以满足催化剂表面氢化反应的需要，此时催化剂表面被氢覆盖，再增加压力，作用微小。因此，在高压下，特别是在高压低温情况下，提高压力并不能改变异构化反应的速度。

（3）催化剂浓度　在油脂氢化中，所加入的活性镍催化剂会首先与油脂中一些催化剂毒物（如硫、磷、皂等）作用，直到与油脂中催化剂毒物作用完毕，此值称为临界值。一旦达到该临界值，增加催化剂浓度则加速反应。但是，增加催化剂的浓度，会相对降低催化剂表面氢的有效浓度，这使得油脂氢化的选择性有所增加，异构体生成也增加。但在一般氢化工业中，其他因素对选择性和异构化的影响远比催化剂用量大。

（4）搅拌　搅拌的主要目的，除能保持催化剂悬浮在油相中外，还可促进氢在油相中的溶解度。在其他条件不变的情况下，提高搅拌速度会加快氢化反应的进行。然而，在确定其他条件情况下，提高反应时的搅拌速度，将使油脂氢化的选择性和异构体生成下降。因为高速搅拌时，能提供足够的氢到达催化剂表面，使催化剂表面的氢浓度增加，从而使氢化的选择性及异构体生成下降。

3. 油脂氢化工艺

油脂氢化工艺分间歇式和连续式两类。且根据其设备及氢和油脂接触方式的不同可分为：循环式间歇氢化、封闭式间歇氢化、塔式连续氢化及管道式连续氢化工艺。油脂氢化操作基本过程，如图 2-9 所示。

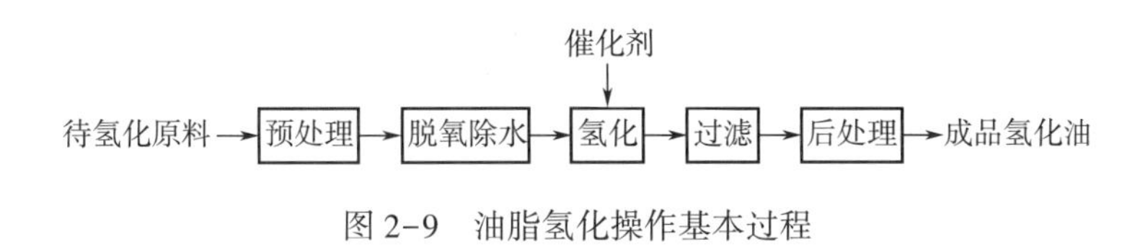

图 2-9 油脂氢化操作基本过程

（1）预处理 主要除去待氢化油中的一些杂质，包括水分、磷脂、皂、游离脂肪酸、色素、含硫化合物以及铜、铁等金属离子。这些物质的存在会影响催化剂的活性，从而影响油脂氢化反应。所以，一般要求待氢化油的杂质含量应符合下列指标：磷<2mg/kg；硫<5mg/kg；水分<0.05%；游离脂肪酸<0.05%；皂<25mg/kg；过氧化值<0.25mmol/kg；茴香胺值<10；铜<0.01mg/kg；铁<0.03mg/kg；色泽，R1.6、Y16（133.33mm）。

（2）除氧脱水 经预处理后的油脂原料中，由于储藏及运输等环节会使油脂中夹带部分水和空气，水分的存在会影响催化剂的活性，而空气存在会促使油脂产生氧化反应，故一般需要在真空条件下除氧脱水。

（3）氢化 经除氧脱水后的油脂中加入事先熔化好的催化剂浆液混合物，继续升温，通入氢气进行反应。当温度升至氢化反应控制的温度时，开启冷却水，以维持反应温度。反应时间根据反应终点来确定，而终点常取决于碘值（IV）。氢化反应的条件一般为：温度 150~250℃、催化剂浓度 0.01%~1.0%、氢气压力 0.1~0.5MPa。氢化 1t 油脂时每降低 1IV 会消耗 0.9m^3 氢气，反应速度为每分钟降低 1.5IV。

测定碘值来控制生产终点比较烦琐，从时间上看有时来不及。通常可采用一些间接的方法来判断，主要有：可预先绘制碘值下降与时间的关系曲线，根据时间来确定终点的碘值范围；可通过氢气的消耗量来确定终点；根据氢化时释放出的热量来确定终点，因为每降低 1IV，放出 117~121kJ 热量，或每降低 1IV 能使油温上升 1.6~1.7℃；根据前述的折射率下降值来判断终点。

（4）过滤 将反应混合物冷却至 70℃进行过滤，以防高温下油脂发生氧化。过滤时一般过滤机中需预先涂上硅藻土，以尽量除去氢化油脂中的催化剂。

（5）后处理 为了除去氢化油中残留的微量催化剂及氢化油味，一般均需要进行后处理。后处理包括脱色和脱臭。这里的脱色并不是脱除油脂中的色素物质，而是通过添加柠檬酸与金属镍等产生络合物，达到脱除催化剂残留物的目的。一般操作条件为：温度 100~110℃、时间 10~15min、残压 6700Pa。另外，在油脂氢化过程中，由于油脂中脂肪酸链的断裂、醛酮化、环化等作用，氢化油会带有一种特殊的氢化油气味，其操作条件与脱臭相同。

二、油脂酯交换

油脂酯交换技术是通过加入催化剂在一定条件下进行反应，在保留原有脂肪酸组成的条件下使甘油三酯中的脂肪酸分布得到重新排列，甘油三酯的组成与含量发生改变，从而使油脂的理化性质尤其是结晶及熔化特性发生改变。现在酯交换改性技术已经成为了国内外制备各种零反式脂肪酸型塑性油脂的主要方法。根据酯交换过程中所使用的催化剂不同，将其分为化学酯交换反应和酶法酯交换反应。

（一）化学酯交换

采用化学酯交换改变脂肪酸在甘油三酯上的自然分布，需要加热及少量的碱性催化剂，这种脂肪酸的重排可定向或随机进行。随机化学酯交换符合概率定律，在不同的酯之间，脂肪酸无选择性地重排，最终达到平衡。酯交换也能定向至一定的程度，即在酯交换过程中，从反应中逐渐分离出高熔点的硬脂组分，不断地改变反应溶液中残留油相的组成。定向酯交换与随机酯交换产物的物化特性比较，如图 2-10 所示。

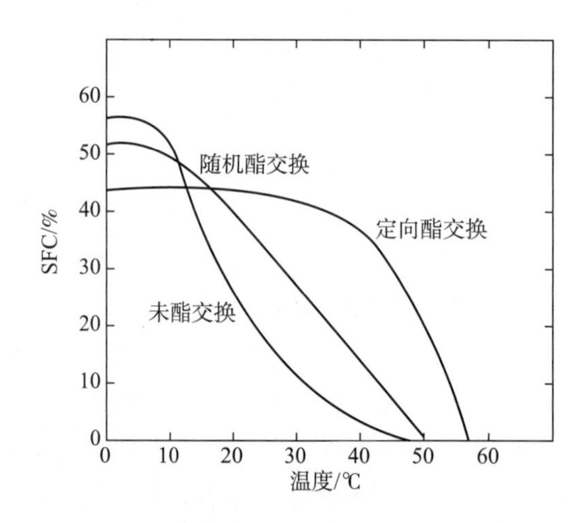

图 2-10　定向和随机酯交换对棕榈油固体脂肪含量（SFC）的影响

目前，随机酯交换使用非常普遍，而定向酯交换仅用于特殊情况下。化学酯交换常用的催化剂是碱金属，如钠、钾和它们的合金，以及醇碱盐如甲醇钠或乙醇钠。最普遍使用的催化剂是甲醇钠或乙醇钠。为了使催化反应顺利进行，反应物必须达到一定的质量标准，这种标准取决于所使用的催化剂类型。当使用碱催化剂时，油脂中的非甘油三酯成分会破坏催化剂活性，油脂中的水分、游离脂肪酸和过氧化物均可使催化剂失活，因此须严格对油脂进行精制。

使用甲醇钠作为催化剂时，如果甲醇钠与水接触，就会分解成甲醇和氢氧化钠。

在催化剂的存在下，甲醇进一步与甘油三酯反应生成脂肪酸甲酯（醇解）。甲醇钠也会同时与甘油三酯和游离脂肪酸反应生成皂，从而破坏催化剂活性。因此，在添加催化剂之前，油脂的中和、干燥是必须的。催化剂的添加量在加工中至关重要，添加量不当，可能发生物料乳化而使反应难以进行。催化剂失活会终止反应，在生产中通常以添加水（湿法失活）或酸（干法失活）来终止反应，添加的酸多为磷酸或柠檬酸。

目前，具有高选择性的新型化学催化剂也正在研究之中，使化学酯交换变得更加有效，并降低排放的污染物，因此，化学酯交换仍具有较好的前景。

（二）酶法酯交换

油脂在脂肪酶存在下也能进行酯交换。酶促酯交换是利用酶作为催化剂的酯交换反应。与化学方法相比，酶促酯交换有独特的优势：专一性强（包括脂肪酸专一性、底物专一性和位置专一性）；反应条件温和（一般常温即可发生反应）；环境污染小；催化活性高，反应速度快；产物与催化剂易分离，且催化剂可重复利用；安全性能好等。

用于油脂工业的脂肪酶种类不同，其催化作用也不同。人们常根据催化的特异性，将其分为三大类，包括非特异性脂肪酶、1,3-特异性脂肪酶、脂肪酸特异性脂肪酶。酶法酯交换反应的机理是建立在酶法水解反应的基础之上的。当脂肪酶与油脂混合静置，可逆反应开始，甘油三酯的水解及再合成作用同时进行，这两种作用使酰基在甘油分子间或分子内转移，而产生酯交换的产物。在含水量极少的条件下（但不能绝对无水），限制油脂的水解作用，而使酯交换反应成为主要反应。

不同种类的脂肪酶催化油脂酯交换反应的过程与产物也不同。使用非特异性脂肪酶作为油脂酯交换反应的催化剂，其产物类似于化学酯交换所获得的产物。1,3-特异性脂肪酶催化甘油三酯的 *sn*-1,3 位。脂肪酸特异性脂肪酶对甘油三酯分子上特异性的脂肪酸产生交换。

当需要获得特殊甘油三酯组成时，选择酶法酯交换是比较合适的，如可可脂代用品或医药用油脂。但它也有缺点，如反应速度非常慢，对反应体系中的杂质和反应条件（pH、温度、水分含量等）较为敏感。

工业上脂肪酶催化酯交换常采用间歇式生产，或采用固定化酶或在柱床中进行连续操作。酶的分散和反应速率与所需的溶剂量有密切的关系，随着酶热稳定性的提高，极大地降低了对所需溶剂的要求。

（三）油脂酯交换工艺

工业范围的酯交换工艺分为间歇式和连续式。由于游离脂肪酸和水对催化反应有负面影响，所以原料油脂在使用前通常经过脱酸处理。

1. 化学酯交换工艺

（1）间歇式油脂酯交换工艺　在间歇式操作中，首先要测定油或混合油的质量，加入氢氧化钠混合反应，以中和除去油脂中的游离脂肪酸，并加热至 120~130℃，在减压（10~30MPa）条件下慢慢喷入反应器中，并保持 30min，以尽可能除去油脂中的水分。然后将油冷却至反应温度，加入催化剂，催化剂的添加量为油重的 0.05%~0.2%。可以以粉状或预先与部分油混合成泥浆状形式加入，混合物被剧烈地搅拌 30~60min 之后，添加水或酸，使催化剂失活，终止催化反应。当采用湿法催化剂失活时，一般采用离心机分离含皂的水相，有时也采用滗析法。

当采用酸来使催化剂失活时，需添加稍过量的酸，使皂转变成游离脂肪酸。随后干燥、脱色、脱臭，最后得到酯交换的油脂产品。间歇式酯交换反应器结构，如图 2-11 所示。

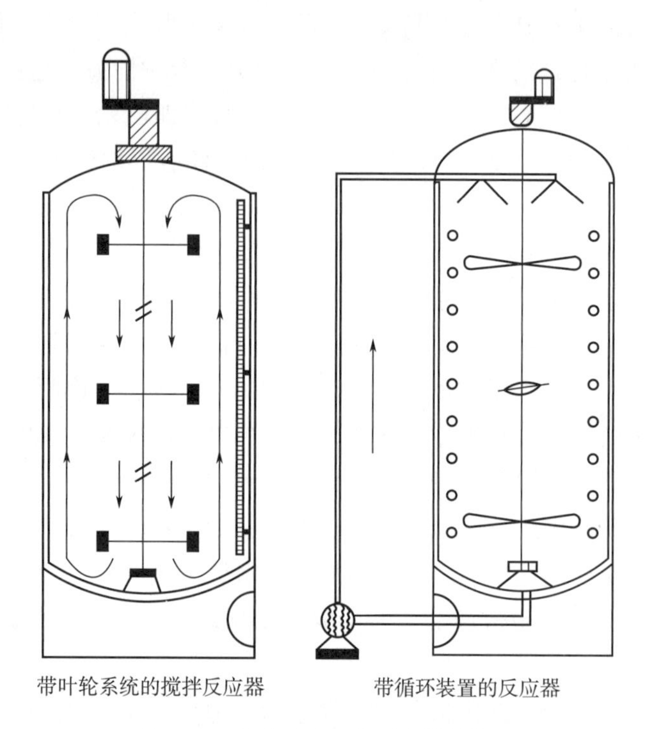

图 2-11 间歇式酯交换反应器结构图

（2）连续式油脂酯交换工艺 连续式生产操作效率高，可以更好地进行热量回收利用，且每一步都能在特定设计的设备和条件下完成。连续生产利用计量泵连续地进行不同油脂组分的计量，并与中和罐中的稀氢氧化钠溶液进行适当混合，以中和游离脂肪酸。然后由热交换器加热中和油，在较低残压下连续喷入真空干燥器中干燥。之后由热交换器来冷却干燥的油，以达到反应所需的温度，再加入催化剂。混合物被送至多个分隔室的反应器中进行反应，并使油催化剂混合物滞留 30min。然后在反应的油中添加酸或水，以终止其催化反应。进入分离式反应器，在脱色和脱臭处理前分离出水相，并干燥混合物。

2. 酶法酯交换工艺

酶法酯交换反应通常根据反应器类型不同，也分为间歇式和连续式两种，前者采用分批反应器，后者采用连续反应器。分批反应器是将固定化酶与底物溶液一起装于反应器中，于一定温度下搅拌，反应至符合要求为止。同时采用离心或（和）过滤将固定化酶从产物溶液中分离出来。连续反应器包括连续流搅拌反应器、填充床反应器、流化床反应器以及膜反应器等。不同种类的连续反应器各有特点。填充床（柱）式反应器的工艺流程，如图 2-12 所示。

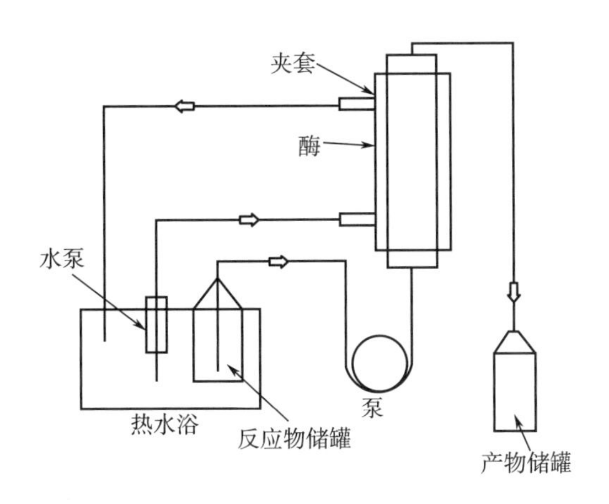

图 2-12 填充床（柱）式反应器工艺流程

经保温后的底物混合物通过泵的作用进入到填充柱底部（柱内已装好固定化酶），底物在柱内（柱内温度的保持靠夹套内的循环恒温水来实现）缓慢向上移动，移动过程中酶不断地催化底物反应，直至反应结束离开填充柱。反应后的产品收集到产品罐内待分离使用。反应柱的截面积、高度大小取决于原料的处理量、反应时间等。影响酶法酯交换反应的因素很多，包括酶的筛选、酶的活性、酶的固定化、原料的性质、反应体系的温度及含水量、反应时间和底物比等。产物是甘油三酯、甘油二酯、甘油一酯、游离脂肪酸甚至脂肪酸烷基酯如甲酯等组成的混合物，分离工作非常复杂。目前应用于实验室及小规模化酶法酯交换产品分离的主要方法有——薄层色谱法、柱层析法、高压液相色谱法、溶剂（如乙醇）的低温结晶法、分子蒸馏法以及超临界二氧化碳萃取法等。

三、油脂分提

（一）油脂分提原理

纯净的天然油脂是不同种类甘油三酯的混合物。构成甘油三酯的脂肪酸的不饱和程度（单不饱和、多不饱和）、脂肪酸碳链长度（短链、中链、长链）、脂肪酸碳链上双键结构以及位置的不同，脂肪酸与甘油结合位点的不同等都会使甘油三酯在物理性质（同质多晶、熔点、溶解性、固体脂肪含量、油脂塑性等）和化学性质（脂肪酸组成、酸价、碘值、过氧化值、皂化值等）上表现出差异。根据油脂中不同脂肪酸甘油三酯熔点差异，通过冷却使高熔点组分结晶，经过滤或离心分离得到熔点不同的组分，即为油脂分提。

很多天然油脂由于自身特有的化学组成，使其应用领域受到限制，影响产品的使用价值。天然油脂分提后可提升其使用价值：①低温条件下，为提高液态油脂的储藏性能，可通过分提去除高熔点的甘油三酯，从而保持油脂的低温稳定性；②分提后得到的固体脂肪含量较高的油脂可用于生产人造奶油、起酥油以及代可可脂等。因此，油脂的分提可扩大油脂的应用范围，促进了油脂工业产品的多样化。

（二）油脂分提影响因素

分提过程要求体系稳定性能好，产生易过滤的结晶体。在固态脂与液态油的混合体系中很多因素都能影响过滤的效果及晶体的特性。

1. 油品及品质

不同品种的油脂，其甘油三酯的组成情况不同。油脂在制取过程中会因工艺条件或参数的不同导致油脂理化性质不同，如椰子油和棕榈油，由于其脂肪酸组成整齐，结晶后的固液混合体系分离较容易；但花生油由于脂肪酸种类参差不齐、脂肪酸链长短跨度较大，因此获得的固态脂较黏稠，呈胶束状，难以分离。油脂中的一些杂质，也会对结晶和分离产生影响，主要有胶质、游离脂肪酸、甘油二酯、甘油一酯及过氧化物等，它们会影响冷却结晶时体系的黏度，增加饱和甘油三酯在液体油相中的溶解度，延缓晶体的形成及晶型的转化等，从而降低分提效果和产品质量。

2. 晶种与不均匀晶核

在结晶过程中，加入一些与脂肪酸结构类似的物质以诱导固态脂在其周围成长、析出，这些物质称为晶种。例如在油脂加工过程中不对原料油脂进行脱酸处理，以利于在冷却结晶过程中，其中的饱和脂肪酸作为晶种，促进固态脂的形成。在非匀速降温的情况下，会形成大小不一、形状不同的晶核，继续降温达到介稳区时会不利于晶核的成长和成熟，使形成的固态脂晶型产生缺陷，影响油脂的分提效率。因此，在油脂降温冷却之前必须先将原料油脂加热到一定温度，以破坏其中的不均匀晶核。

3. 结晶温度与冷却速率

油脂冷却结晶的过程中，多饱和长链脂肪酸的甘油三酯首先发生结晶行为，其次再是含有单饱和脂肪酸和中短链脂肪酸的甘油三酯结晶，最后在结晶温度处达到相平衡状态。平衡状态是由冷却过程的体系与外界的热交换速率以及油脂所形成的晶型所决定，如果冷热交换速率过快，冷却速率过大，体系中会出现过多的小晶核，增加了油脂混合体系的黏稠度，油脂分子移动速率减慢，不利于晶核的成长与成熟。因此，要控制适当的冷却速率，形成较少的晶核，获得包含液态油脂少的稳定晶体。另外，不同油脂的熔点不一样，因此，对各种油脂进行分提时要保证合适的结晶温度。

4. 养晶时间

由于甘油三酯的脂肪酸碳链较长，过冷时体系黏度增大，从而使晶核形成的速度变慢，故油脂结晶需要一定的时间。结晶时间主要与体系的黏度、多晶性、甘油三酯稳定晶型的性质、冷却速度及设备结构等密切相关。

5. 搅拌速率

一般认为，搅拌可以加速晶核的形成以及晶体的生长，但过快的搅拌速率也会影响结晶时间及晶体的生长，因此油脂结晶时要控制合适的搅拌速率。搅拌提供的机械剪切力可降低晶核之间接触所需克服的障碍，促进冷却、结晶过程，加速稳定晶体的形成。较慢的冷却速率和搅拌速率会增加晶型的种类，导致分提物的熔点范围增加，促进油脂二次结晶。

6. 辅助剂

在油脂分提中，所用的辅助剂有溶剂、表面活性剂、助晶剂等。溶剂的加入不仅降低油脂体系的黏度，而且增加了体系中液相的比例和饱和度高的甘油三酯的自由度，从而加快结晶的过程，得到易过滤的晶体，提高分提后产品的质量。

在油脂结晶分提中，可加入表面活性剂，因为脂晶体系是多孔性的物质，在其微孔中及表面吸附着一定数量的液态油，用常规的方法难以除去。但加入表面活性剂的水溶液后，会使脂晶体的毛细孔润湿，从晶体中分离出来，同时使脂晶体表面由疏水性转变成亲水性，从而使固态脂与液态油得到很好的分离。为使乳化体系具有一定的稳定性，但稳定性不能过高否则不易分离，所以常添加一定数量的电介质。在油脂结晶中，也可加入结晶促进剂，如羟基硬脂精、固脂等，以诱发晶核的形成，促进晶体的成长。

7. 输送及分离方式

冷冻形成的结晶体结构强度有限，不能承受较大的机械剪切力和较强的空气压力，因此，油脂输送最好采用真空或压缩空气输送。过滤强度不宜太大，最好开始 1h 左右借助其重力进行过滤，不加压。然后慢慢加压过滤，一般过滤的操作压力在 0.4～0.8MPa，最后压力不宜超过 0.2MPa，否则结晶受压易堵塞过滤孔隙而使过滤困难。同时，为了提高固液分离效率，可向混合体系中加入助滤剂以加快分离速度。过滤温度与分离速度也有极大的关系。

（三）油脂分提工艺

油脂分提工艺按照其冷却结晶和分离过程的特点，可以分为干法分提法、溶剂分提法、表面活性剂分提法、液-液萃取法、密度法以及分子蒸馏法，其中前三种在油脂分提中使用较多。

1. 干法分提法

干法分提法是油脂体系缓慢冷却结晶，液态油和固态脂分离的过程中不附加其他措施的一种分提方法，也称常规分提。干法分提法可以分为四个过程：加热预处理、晶核出现、晶核生长、晶体成熟。固液分离方法一般为过滤或者离心。干法分提流程，如图 2-13 所示。

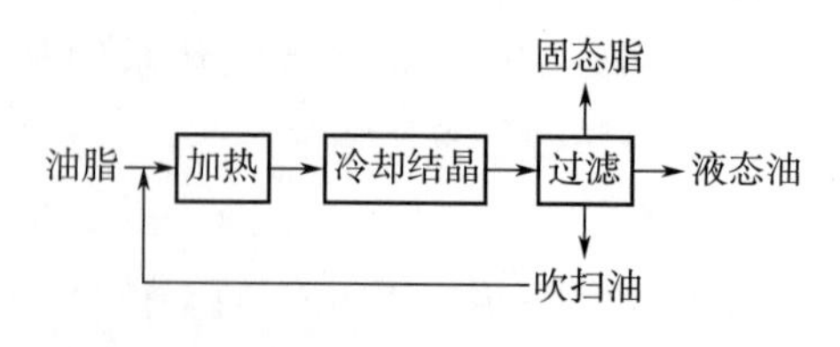

图 2-13　干法分提流程图

各种油脂中含有的甘油三酯组分及比例均不相同，导致冷却结晶的冷却温度和控制养晶的时间也不一样。每种油脂在生产之前，应当做小样测定其冷却趋向，根据曲线提供的数据确定工艺条件和工艺流程，以求得到理想的分提效果。

干法分提工艺和设备简单，无废水产生，操作安全，不使用任何有机试剂，无污染，生产成本低，但是其分提效率低，固态脂中的液态油含量较高，固态脂和液态油品级低。有些企业在油脂冷却结晶阶段，添加 NaCl、Na_2SO_4 等助晶剂，促进固态脂结晶，可提高分提效果。油脂的干法分提技术主要应用在棕榈油、椰子油、猪油以及无水乳脂肪的分提等方面。

2. 溶剂分提法

溶剂分提法是指在要冷却结晶的油脂中，按比例加入某溶剂以构成混合油体系后，对油脂体系进行冷却、结晶以及分提分离的一种方法。该分提方法能形成易分离过滤的稳定的油脂结晶晶型，可以提高分离效率。但结晶温度低以及有机试剂的回收等导致溶剂分提法能量消耗高、投资大。需分提油脂在溶剂中的溶解度受多种因素的影响，如甘油三酯的种类、饱和程度、顺反式结构等，溶剂的选择要视具体的油脂种类以及产品的特性要求而定。

溶剂分提法能形成容易过滤的稳定结晶，提高分离得率和分离产品的纯度，缩短分离时间，尤其适用于组成甘油三酯的脂肪酸碳链长、黏度较大油脂的分提。溶解度不同的甘油三酯可通过分提法经过结晶得到分离。油脂在溶剂中的溶解以及降低体系的黏度是溶剂分提方法的机理。一般情况下，饱和甘油三酯熔点高，溶解性差；反式酸甘油三酯较顺式酸甘油三酯的熔点高，溶解度低。选择溶剂主要根据物质的介电常数（极性大小）确定，两种物质极性相近则易于溶解，即遵循相似相溶的原理。

一般常用的有机试剂有正己烷、丙酮、异丙醇，正己烷对油脂的溶解度较大，与其他溶剂相比，结晶析出的温度较低，晶体形成及成长的速率较慢。丙酮与正己烷相比，结晶温度和液态油产率都稍高，但是产品回收较麻烦，所以一般采用丙酮-正己烷的混合试剂对油脂进行分提。

3. 表面活性剂分提法

在油脂冷却结晶后，将适量的表面活性剂添加到混合体系中，依靠表面活性剂的特性，改善液态油与结晶的固态脂之间的作用力，表面活性剂与固态脂之间的作用力大于与液态油之间的作用力，进而可以在混合油脂体系中形成悬浊液。促进结晶脂从体系离析的方法称为表面活性剂分提法。

油脂分提过程中常用的表面活性剂为十二烷基磺酸钠，添加量一般为油量的0.2%~0.5%。离心机分离出的液态油，经洗涤、干燥后即成为分提液态油。固态脂的悬浊液经换热器加热至90~95℃，泵入离心机分离出表面活性剂，调整浓度后循环使用。固态脂则经洗涤、干燥即得成品。液态油和固态脂洗涤温度均为90~95℃，洗涤水添加量为油量的15%左右，干燥温度为90℃左右，操作绝对压强低于8kPa。

目前表面活性剂分提法已应用于棕榈油、脂肪酸、猪油等的分提。该方法的优点为分离效率高、产品品质好、用途广、适用于大规模生产等。

四、油脂凝胶化

（一）油脂凝胶化原理

凝胶油是一种热可逆的且具有黏弹性的液体状或固体状脂类混合物，主要由植物液油与少量有机凝胶因子组成，属于有机凝胶的一种。根据成胶机制的区别，凝胶油主要分为三类：第一类为液态油脂借助凝胶剂在油相内生成的颗粒状或纤维状结晶形成的凝胶；第二类为液态油脂直接在高分子聚合物凝胶剂所形成的网络束缚下形成的凝胶；第三类为被凝胶剂稳定的油滴经密集堆叠而形成的凝胶。这几种凝胶形成的原理不同。

第一类凝胶剂主要为可形成结晶的物质，如单甘油脂肪酸酯（甘油一酯）、脂肪酸/脂肪醇、植物甾醇等脂质，以及米糠蜡、玉米蜡等天然可食蜡等。此类物质的作用机制与传统高熔点甘油三酯塑化油脂的机制类似，均通过脂质结晶、聚结所形成的网络限制液油部分的移动及赋予产品凝胶的特性。但这些凝胶剂晶体的种类、形态、结晶特性（如晶体生长方向、聚集度等）与传统的甘油三酯有所区别。甘油三酯晶体具有全方位、多维度生长的特点，形成近似球形的晶体形态，而凝胶剂如甘油一酯、葵花籽蜡等倾向于形成二维或一维的晶体。因此，这种脂类凝胶剂可以在更低的晶体浓度下形成致密的晶体网络，将油相凝胶化。

第二类凝胶剂包括乙基纤维素（EC）、羟丙基甲基纤维素（HPMC）等可发生分子自组装的高分子聚合物。该类凝胶剂通过在油相内部或者外部形成支网络或包裹结构将油脂凝胶化。乙基纤维素可在油相中通过分子间氢键自组装后形成的珊瑚状三维网络体系稳定油脂而形成凝胶。羟丙基甲基纤维素可以借助水相形成多孔材料，随后在油相中分散并经剪切激发形成可限制油滴移动的致密网络，从而将油脂凝胶化。

第三类凝胶剂主要为蛋白质、多糖等具备良好界面稳定能力的高分子聚合物，包括乳球蛋白，明胶/黄原胶复合体系，明胶与葡甘露聚糖、大豆分离蛋白、玉米醇溶蛋白复合体系等。此类体系通常不能通过凝胶剂自身形成的晶体或自组装网络直接将油脂凝胶化。以明胶/黄原胶复合体系所形成的凝胶油为例，明胶/黄原胶先附着在油滴表面通过乳化作用形成油/水乳液，随后通过常压干燥或冷冻干燥去除该乳液中的水分使油滴密集堆叠，形成脱水软固体油，随后在剪切作用下破坏一部分油滴的乳化层释放部分油相形成凝胶油。其中，凝胶剂通过分子间作用力在油滴相界面上桥接形成具备强空间位阻、电荷斥力的保护膜层从而稳定油滴。

（二）凝胶因子及凝胶油制备方法

1. 凝胶因子

在化学领域，某些小分子有机化合物在较低浓度下能使液体介质凝胶化，这类小分子有机化合物称为凝胶因子。凝胶因子也广泛应用于食品领域，用以改善食品质构特性等，也被称为凝胶剂。目前，已开发有不同类型的凝胶因子被用于食用油脂结构化，按照其所形成的基本结构，可分为：①晶体颗粒；②低分子化合物的自组装结构（纤维、链状、管状、反胶束、中间相等）；③聚合物或聚合物链的自组装结构；④其他结构，如无机胶体颗粒。此外，基本结构还可以由单个组分或混合组分形成。通常采用将凝胶剂分子分散在热油介质后冷却的直接法制备凝胶油，或者将亲水性聚合物乳化包裹油脂后脱除水溶剂的间接法制备凝胶油。常见的凝胶因子有低分子化合物、脂肪酸、鞘脂类、聚合物等。传统与新型结构化油脂构建方法及凝胶因子，如图 2-14 所示。

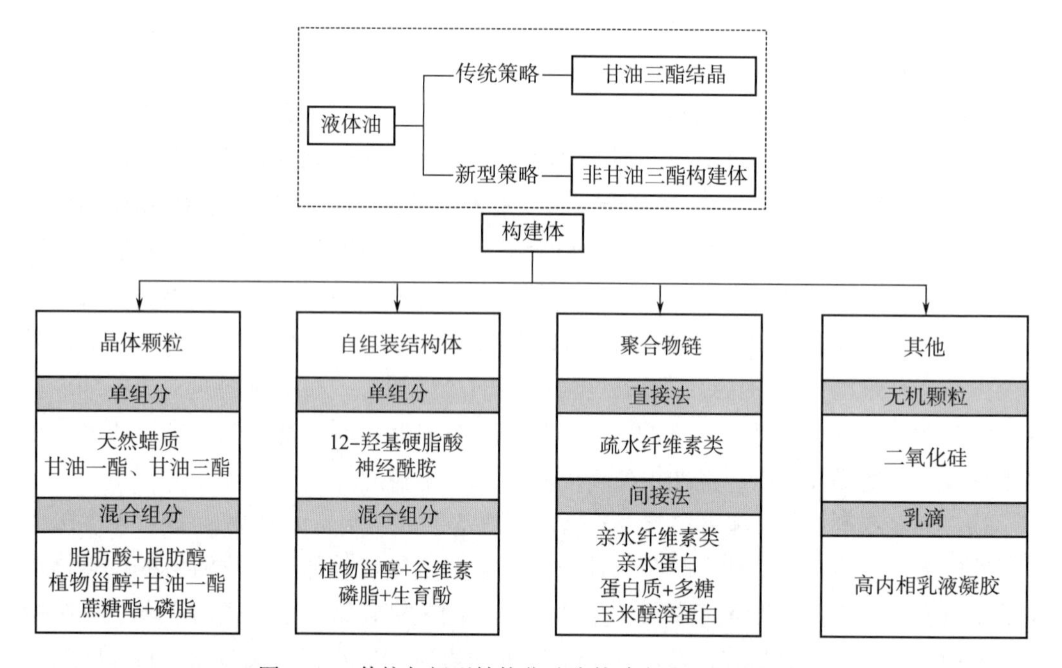

图 2-14 传统与新型结构化油脂构建方法及凝胶因子

2. 凝胶油制备方法

第一类凝胶油的制备过程一般需要先将凝胶剂在 80~90℃ 的油相中高温溶解，而后控制降温速率使其冷却形成结晶或自组装网络而获得凝胶油。这种凝胶油的制备流程最为简便，但凝胶剂结晶时易受外部环境影响。如结晶过程的剪切作用，可显著改变甘油一酯凝胶油的晶体形态、结构，并使其储存模量大幅下降（>90%）。又如在不同降温速率下形成的虫胶蜡基凝胶油的储存模量可相差 3~4 倍。

第二类凝胶油的制备一般会根据凝胶剂（如乙基纤维素、羟丙基纤维素等）的性质采取两种不同的方法，一种方法为先将高聚物、表面活性剂与油脂混合，通过升温将高聚物熔化，然后降温使其析出并形成自组装网络，这种方法中油相的温度远高于第一类，所以可能会对加工过程中的油脂品质带来不良影响。在这种制备方法中，胶凝温度对形成凝胶油的质构有明显的影响，如在不同温度下（-20~100℃）形成的乙基纤维素凝胶油硬度可相差4~5倍。另一种制备方法是通过在常温或低温的水中将高聚凝胶剂溶解发泡并干燥成粉，形成的多孔材料可直接吸油成胶。这种凝胶油的制备过程不涉及高温、添加剂的使用，制备过程较为简便，但是凝胶剂的制备步骤较为烦琐。

第三类凝胶油一般使用乳液模板法制备，主要涉及油-水两相乳液的制备、乳液脱水再激发成胶等步骤。其中，乳液制备时油-水界面膜的形成方式对凝胶油的特性影响较大。在β-乳球蛋白凝胶油的制备中，戊二醛交联成膜的凝胶油膨胀弹性可为热交联成膜凝胶油的2倍。

（三）凝胶油的应用

近年来，凝胶油的研究受到了广泛关注，其应用于食品、医药和化妆品等的工业价值归结于以下优势：①油的凝胶化可限制油相的流动和迁移；②因饱和脂肪和反式脂肪酸含量较低且具有一定的塑性，凝胶油可替代人造奶油、起酥油和涂抹脂；③以油相为溶剂，可包载营养素、药物，并控制营养药物释放速率；④由于低相对分子质量有机凝胶因子具有双亲性，可在油相中同时固定少量的水分子，从而增强凝胶化乳液的稳定性。

目前凝胶油被应用在如下几个方面：用于制备不同含水量凝胶油基涂抹脂；用以完全或部分替代棕榈油，进而用于巧克力酱开发；用作起酥油的替代物，以开发功能性起酥油，用于烘焙、糕点等食品的配料产品；虫胶蜡基乳液凝胶用作乳化性起酥油的替代物，用于新型乳化型食品的开发；聚合物凝胶油可用来替代全脂起酥油，开发健康型起酥油产品。具体到细分领域，凝胶油可用于生产人造奶油和起酥油、用作糖果产品的配料、应用于肉糜制品中，用于改善其质构和口感，以及应用于酱制品制作工艺中，以提高其持油能力，提升产品性能。

第三节　功能性脂质加工

一、天然功能性脂质的提取

（一）ω-3多不饱和脂肪酸

工业上一般从生物基质中提取ω-3多不饱和脂肪酸，主要是二十碳五烯酸（EPA）

和二十二碳六烯酸（DHA）。最常见的提取技术是溶剂萃取法，脂质一般可溶于非极性溶剂中，如丙酮、乙酸乙酯、己烷、异丙醇、甲醇、甲乙酮和乙醇等。然而，随着公众对溶剂污染和环境保护意识的增强，目前已开发出替代这些溶剂提取的方法，如超临界二氧化碳萃取法、酶提取法、金属离子络合萃取法、分子蒸馏法等。

1. 超临界二氧化碳萃取法

传统的提取工艺（如索氏提取）提取物浓度低，且易于氧化；此外，后续溶剂分离步骤还会产生目标产物降解等不良影响。超临界二氧化碳萃取法因其低黏度、高扩散性和高溶解度的特点，具有出色的萃取性能，已成为从渔业加工副产品中提取高质量脂质的重要技术，并且也作为有效的分离技术，应用于营养保健品和功能性食品的生产过程中。

但是，超临界二氧化碳技术要求较高，生产成本也随之增加，而且超临界二氧化碳只能提取中性脂质部分。对于微藻类脂质，因其中性脂质含量较少，超临界二氧化碳萃取技术并不适用。通过改进的二氧化碳萃取技术，即超临界加压流体萃取技术，可以实现在高于沸点的温度下，通过提高压力使溶剂保持液体状态，提升液体的渗透性，从而实现从细胞壁较厚的微藻中提取富含 ω-3 多不饱和脂肪酸的脂质。

2. 银离子络合法

银离子络合法是基于银离子与不饱和有机物碳-碳双键形成络合物，从而达到分离纯化不饱和脂肪酸目的的方法，该法具有较强的选择性，应用范围较窄。当添加到本体脂质相中时，具有芳香环的离子液体可以通过与 ω-3 多不饱和脂肪酸形成 π 键，将 ω-3 多不饱和脂肪酸选择性地吸引到离子液体相中。随后，可以使用汽提溶剂来破坏此类键，从而释放出 ω-3 多不饱和脂肪酸。该方法也可用于选择性提取和富集 ω-3 多不饱和脂肪酸甲酯以及多不饱和甘油三酯。不饱和脂肪酸的双键数量越多，形成的络合物越稳定，越易提取。银盐可增强 π 络合能力，从而进一步改善 ω-3 多不饱和脂肪酸的提取和富集能力。

3. 超声波辅助提取法

超声波辅助提取法是利用超声波的空化效应、强烈振动等特殊作用，破坏原料的细胞壁，促进溶剂进入细胞，与细胞内的化合物相互作用，从而有效提高目标化合物的提取效率。超声波辅助提取法不破坏目标化合物、耗能少、提取效率高。超声波可促进不互溶相之间的质量转移，提取时间短且能量输入低，易于使用且所需溶剂量少。近年来，超声波辅助提取技术已广泛应用于生物活性化合物的提取过程中，有研究发现，与加压液体提取法相比，超声波辅助提取法可有效地从食用昆虫中提取多不饱和脂肪酸，并可选择性富集其中的亚油酸。

4. 分子蒸馏法

分子蒸馏法是利用混合物组分挥发度的不同分离各个物质的方法。该方法一般在高度真空条件下进行操作。脂肪酸分子在真空条件下分子间引力变小，挥发度提高，因此可通过分子蒸馏法提取出来。在蒸馏过程中，多不饱和脂肪酸由于双键数较多，不易挥发，最后蒸出。该方法的优点是蒸馏温度较低，可有效减少多不饱和脂肪酸受热氧化分解。

5. 生物酶法

脂肪酶是一类特殊的酯键水解酶，作为生物催化剂不但可以催化油酯的水解反应，还可催化酯化和酯交换反应。脂肪酶来源于动物、植物和微生物，大多数动物脂肪酶来自于牛、羊和猪的胰腺。目前已发现来源于褶皱假丝酵母（*candida rugosa*）、念珠地丝菌（*geotrichum candidum*）等的脂肪酶，可以较好地保留 2 位上的 ω-3 多不饱和脂肪酸、水解饱和脂肪酸和单不饱和脂肪酸，因此，可用来富集 DHA 和 EPA。酶法富集 DHA、EPA 反应条件温和，选择性和专一性高，可以有效降低氧化以及异构化反应的发生。此外，酶法制备的产品具有良好的感官特性，在生产过程中的废弃物容易被微生物降解，产生的废水生物需氧量极低，有利于环境保护。

（二）磷脂

磷脂（phospholipids，PLs）是生物膜的主要成分之一，它们在细胞的生物化学和生理学中具有重要作用。PL 的生物学重要性源于其两亲特性，包括磷脂的亲水头部和疏水尾部。磷脂的主要类型是磷脂酰胆碱，在大豆或蛋黄中含量丰富，可从油脂脱胶副产物油脚混合物中获得。磷脂通常在食品、制药和化妆品行业中用作乳化剂、稳定剂、抗氧化剂和药物载体。在生物体内，磷脂可以通过一系列复杂的生物合成反应产生。但是在工业上，一般可以通过从乳类、植物油、蛋黄或线粒体中分离得到天然磷脂。磷脂分离纯化需要去除粗磷脂样品中的蛋白质、糖类和其他成分。常用两种方法：一种是液-液萃取法，通常用于从其他生物样品中分离总脂质；另一种方法是固相萃取法，通常用于脂质的纯化，其中液-液萃取脂质使用较广泛。

（1）从乳类中分离磷脂　Folch 液-液萃取法是从乳类产品中提取和纯化脂质的最常用的方法，已被用于从乳品中分离磷脂。

（2）从植物油中分离磷脂　通常可采用高极性有机溶剂和醇类的混合物，如常见溶剂有氯仿/甲醇（2∶1，体积比），从植物中提取磷脂成分。

（3）从蛋黄中制备磷脂　蛋黄中的磷脂可以通过有机溶剂（尤其是乙醇）进行提取，通过除去甘油三酯和胆固醇进行纯化，也可采用其他的溶剂对磷脂馏分进行提取纯化。从蛋黄中提取脂质常使用的有机溶剂有乙醇、丙酮、已烷和乙醚等，也可使用两到三种极性不同的混合溶剂。

（三）天然维生素 E

维生素 E 为脂溶性物质，大部分以天然形式存在于植物油脂中。在整个收获、加工、销售和利用阶段可能会发生维生素 E 的氧化，导致其生物活性下降。近几十年，制药、食品和化妆品行业对维生素 E 产品的需求迅速增加。植物油及其加工副产物是生育酚和生育三烯酚的天然来源之一，如棕榈油、米糠或大豆。由于其优良的抗氧化活性作用，从天然植物中提取维生素 E 受到了越来越多的关注。生育酚和生育三烯酚的提取方法较多，主要包括超临界二氧化碳萃取法、分子蒸馏法和吸附分离技术等。

（1）超临界二氧化碳萃取法　超临界二氧化碳流体具有相对无毒、不易燃，临界温度、压力低，不受热和水等的影响，以及无溶剂残留等优点，因此，被认为是传统溶剂法制取维生素 E 的潜在替代方法。超临界二氧化碳萃取法已成功用于从植物基质中提取生育酚和生育三烯酚产品。

（2）分子蒸馏法　分子蒸馏法用于维生素和多不饱和脂肪酸的分离，与溶剂法相比，其避免了溶剂的毒性，此外，该法在真空下进行，可保证分离过程在低温下进行，进而避免热敏性活性物质的降解。

（四）谷维素

谷维素是三萜醇（植物甾醇）的阿魏酸酯混合物，即阿魏酸酯（4-羟基-3-甲氧基肉桂酸）。谷维素对维护人类健康具有显著作用，因此从米糠油精炼副产物，皂脚中分离出谷维素受到了广泛的关注。目前，用于谷维素的制备方法有固液萃取法（浸出法）、超临界二氧化碳萃取法以及结晶或沉淀法等。

（1）固液萃取法（浸出法）　固液萃取法提取谷维素的操作有两个目的：①从干燥的皂料中浸提谷维素；②从富含谷维素的馏分中浸提杂质。对于浸出工艺，需要考虑关键工艺参数如固溶比、温度和时间等。

（2）超临界二氧化碳萃取法　超临界二氧化碳萃取法在从米糠油中提取谷维素具有较大的优势，具有成本低廉、安全性高等特点。米糠油中谷维素的超临界二氧化碳萃取过程主要涉及米糠油中各种不可皂化成分（例如游离脂肪酸、甘油三酯和甾醇）分离。

（3）结晶或沉淀法　采用不皂化的皂脚作为谷维素结晶的原料，采用的结晶溶剂为不同比例的丙酮和甲醇混合物。在冷却至室温后，黏液杂质（即蜡）沉淀出来，分离出黏液状杂质，并将洗脱液进一步冷却至 5~10℃ 过夜，以进行谷维素结晶，可获得纯度为 65%（质量分数）的谷维素，得率为 70%（质量分数）。

（4）其他方法　制备谷维素的其他方法主要包括固液萃取（浸出）和结晶组合法，以及液液萃取和结晶组合法两种，但是这些方法目前均在实验室研究阶段，并且这些方法的主要缺点在于涉及单元操作较多，并且米糠油皂脚原料的传质阻力较大（由于扩散距离或厚度的增加），其发展比较缓慢，还有待进一步优化。

（五）植物甾醇

植物甾醇具有多种生理活性功能，从油脂脱臭馏出物中回收甾醇具有巨大市场潜力。目前有多种方法用于提取植物甾醇，主要包括超临界二氧化碳萃取法、溶剂结晶法、逆流色谱法、酶促酯化法等。

（1）超临界二氧化碳萃取法　超临界二氧化碳作为植物甾醇提取溶剂具有扩散性高、黏度低和表面张力低的特点，有助于穿透植物样品，可以更有效地提取脂溶性活性成分，而且还不会引起产物的热降解，操作安全性高。

（2）溶剂结晶法 在皂化和双结晶过程中，使用己烷和水结晶可得到高纯度的植物甾醇。例如，使用KOH-乙醇（1∶6，体积比）混合液作为溶剂，由大豆油脱臭馏出物制备不皂化物，然后使用己烷和水在5℃下进一步纯化2h，便可得到植物甾醇纯化物。

（3）逆流色谱法 逆流或高速逆流色谱是一种液-液分离技术，基于不混溶的液体流动相和液体固定相中分析物的溶解度不同。例如使用混合溶剂体系（正己烷、乙酸乙酯、正丁醇、乙醇、水），通过逆流或高速逆流色谱成功地从中草药罗氏厌氧菌中分离和纯化出麦角甾醇和豆甾醇，麦角甾醇和豆甾醇的纯度分别达到92%和95.5%。

（4）酶促酯化法 将植物甾醇进行酯化，制备甾醇酯也是一种纯化甾醇的途径。甾醇酯是一类具有比游离甾醇更高生物活性的物质，可用作食品添加剂。已有研究成功地通过褶皱假丝酵母脂肪酶，采用两步酶促反应成功回收了甾醇酯（86.3%）。

二、结构脂质合成

（一）结构脂质的定义

广义上，结构脂质是指对天然脂质进行化学或酶促改性后的产品。其中，脂质包括甘油三酯、甘油二酯、甘油一酯和磷脂等，而“改性”是指天然存在的脂质在结构上的改变。狭义上，结构脂质定义为通过掺入新脂肪酸进行改性的甘油三酯，重组以改变其脂肪酸的含量和位置分布，合成新的甘油三酯。结构脂质主要是指含有混合脂肪酸［短链脂肪酸（S）、中链脂肪酸（M）、长链脂肪酸（L）］的甘油三酯。结构脂质的一般结构，如下所示。

```
                                  O
                                  ‖
                  H2C — O — C — S或M
         O         |
         ‖         |
L — C — O — CH
                   |              O
                   |              ‖
                  H2C — O — C — S或M
```

（其中S、M和L分别为短链脂肪酸、中链脂肪酸和长链脂肪酸；S、M和L的位置可以互换）

（二）结构脂质的合成方法

结构脂质的合成方法目前主要有化学法和酶法两种。

1. 化学法

结构脂质的化学合成通常涉及中碳链脂肪酸甘油三酯（MCTs）和长碳链脂肪酸甘油三酯（LCTs）的混合物水解生成中链脂肪酸（MCFAs）和长链脂肪酸（LCFAs），二者随机混合之后，再通过酯化反应来合成。该反应由碱金属或碱金属烷基化物作为催化剂，同时需要高温和无水条件。化学酯交换除产生结构脂质产品外，还会形成其他难除去的副产物。结构脂质产品含有一个（如 MLL、LML）或两个（LMM、MLM）随机排列的中链脂肪酸和少量纯的未反应的中碳链脂肪酸甘油三酯和长碳链脂肪酸甘油三酯。可以通过改变中碳链脂肪酸甘油三酯和长碳链脂肪酸甘油三酯的初始摩尔比及甘油三酯的来源或类型，以产生新的结构脂质。在合成结构脂质中，椰子油是中碳链脂肪酸甘油三酯的良好来源，大豆油和红花油是 ω-6 脂肪酸的极好来源。

2. 酶法

油脂工业中常用的脂肪酶是甘油三酯脂肪酶，也称为甘油三酯酰基水解酶（EC 3.1.1.3），它可将甘油三酯水解成甘油二酯、甘油一酯、游离脂肪酸和甘油，也可以催化甘油三酯的水解，以及甘油三酯与脂肪酸进行酯交换（酸解），或者游离脂肪酸与甘油的直接酯化反应。

脂肪酶用于结构脂质合成具有如下优点：①增加非极性脂质底物在有机溶剂（如己烷和异辛烷）中的溶解度；②使热力学平衡向右移动，有利于合成反应进行；③可以降低用水量，进而减少副反应的发生；④通过简单过滤粉状或固定化的脂肪酶使酶易回收利用；⑤酶在无孔材料表面上固定时的吸附作用，强于在非水介质中从这些表面解吸的能力，有利于酶的重复利用；⑥易于从低沸点溶剂中回收产品；⑦增强酶在有机溶剂中的热稳定性；⑧消除微生物污染；⑨固定化酶可以多次使用。

脂肪酶催化，生产结构脂质可采用多种方法，方法的选择主要取决于可用基质的类型和所需的产品，具体如下所述。

（1）直接酯化　通过游离脂肪酸与甘油的直接酯化反应来制备结构脂质。但酯化反应时形成的副产物水，会导致产物水解，而降低产品产率，因此在结构脂质合成中很少使用直接酯化的方法。其反应机理如下。

$$\text{甘油+中链脂肪酸+长链脂肪酸} \xrightarrow{\text{脂肪酶}} \text{结构脂质+水}$$

（2）酯交换-酸解　酸解是一种酯交换反应，其涉及酯和游离脂肪酸之间的酰基或自由基的交换。

$$\text{中碳链脂肪酸甘油三酯+长碳链脂肪酸甘油三酯} \xrightarrow{\text{脂肪酶}} \text{结构脂质}$$

$$\text{长碳链脂肪酸甘油三酯+中碳链脂肪酸乙酯} \xrightarrow{\text{脂肪酶}} \text{结构脂质+长碳链脂肪酸乙酯}$$

$$\text{中碳链脂肪酸甘油三酯+长碳链脂肪酸乙酯} \xrightarrow{\text{脂肪酶}} \text{结构脂质+中碳链脂肪酸乙酯}$$

影响酶促酯交换和产物产率的因素，主要有水、溶剂类型、酶促反应体系的 pH 和反应体系的温度。脂肪酶最突出的优势是它们的区域特异性和立体特异性，因此，酶催化的产物与化学催化所得的产物相比，具有更确定的和更可预测的化学组成和结构。此外，酶催化反应形成的产品更容易纯化，产生的废物更少，更容易做到环境友好；而化学催化反应，甘油三酯混合物中的脂肪酸随机化，并且可能不会形成具有所要求的物理化学特性的特定产物。

三、微生物油脂制取

1. 微生物油脂定义

微生物油脂又称单细胞油脂，是产油微生物在一定条件下利用碳水化合物、碳氢化合物和普通油脂为碳源、氮源，辅以无机盐生产的油脂和另一些有商业价值的脂质。产油微生物是指能够在其细胞内膜中积聚超过20%的油脂的微生物，包括微藻、细菌、酵母和丝状真菌的几个属，积聚的微生物油脂可用作微生物能量来源或细胞膜合成。

微生物内脂质的积累是一种合成代谢的生化过程，发生在培养基中氮、磷等必需营养素被耗尽之后。另外，当脂肪或其他疏水性化合物被用作唯一的碳源时，会产生脂质蓄积，无论氮的存在如何，脂质均可合成。通过从头开始的过程，微生物会在缺乏营养的情况下从多余的碳中积累油脂。

2. 微生物油脂制取工艺

微生物油脂生产的工艺流程，如图2-15所示。

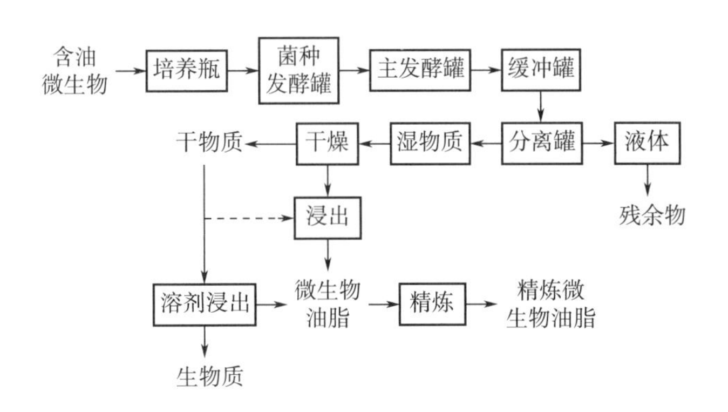

图2-15　微生物油脂生产的工艺流程

微生物发酵之后，进行生物质的回收，生物质通过离心、过滤或其他固液分离手段进行收集，对回收的生物质进行干燥，干燥的生物质可以直接用于食品或饲料。微生物培养结束时，从培养基中收获产油微生物。因为微生物油脂一般在微生物细胞内积累，因此，首先需要破坏微生物细胞壁，即通过机械（如打浆、排出、电穿孔、冻融、高压均质、微波或超声处理等）或化学（如有机溶剂、酸/碱水解、表面活性剂、酶处理或自溶等）的方法使微生物细胞裂解，以有效地提取油脂。

在提取过程中，微生物细胞内液泡中积累的脂质被溶解在提取溶剂中，这些有机溶剂同样也可促进细胞的裂解，工业上常使用的微生物油脂提取溶剂有丙酮、己烷和二氧化碳等。提取的脂质混合液需经过脱溶操作，脱溶常采用闪蒸或蒸馏的方式。在溶剂脱除后，为避免氧化，在进行精炼之前，毛油一般需要在惰性（氮气）条件下冷藏保存。其精炼工艺与植物油精炼工艺类似，包括脱胶、碱中和、脱色和脱臭等。脱胶是采用加水水化的方法，除去其中的磷脂；中和是采用碱液中和其中游离脂肪酸；

脱色一般是采用脱色剂吸附完成；脱色后将油冷却，形成蜡晶体，然后通过过滤或离心的方式将蜡除去；最后进行脱臭，即在真空、高压蒸汽条件下，去除臭味成分。得到的精炼后的微生物油脂，可用于营养补充剂、婴儿配方食品等食品工业领域。

四、油脂粉末化

（一）粉末油脂的定义

粉末油脂是使用乳化剂、蛋白质、糊精、抗氧化剂和调味剂等物质与油脂混合，采用一定的工艺加工而制成的粉末状产品。其作为一种新型的油脂产品，既保持了油脂的固有特性，又能弥补其不足，而且还赋予了其许多新的功能特性，例如，受温度影响小、原料分散性好、改善食品组织、水溶性好，并且便于携带和运输，方便应用于其他食品中。

粉末油脂的发展和应用离不开微胶囊技术，微胶囊技术是一种用成膜材料把固体或液体包覆起来形成微小粒子的技术。微胶囊化粉末油脂不仅具有普通油脂的特性，能够提供能量、改善食品风味和口感，还克服了传统油脂的应用弊端。油脂微胶囊化后具有以下优势：改变物料的形态，即把液态原料固体化，变成微细的可流动性粉末，便于使用、运输和保存；粉末油脂的出现还促成了许多方便食品的开发，如咖啡伴侣、营养强化乳粉等；防止某些不稳定的食品原辅料氧化、变质；降低或掩盖不良味道、降低挥发性。微胶囊化为油脂工业化生产提供了方便，极大地拓宽了油脂的使用范围。

（二）粉末油脂的制备

1. 粉末油脂的制备材料

（1）原料油脂　主要为两类，一类为液体或者半固体的普通油脂，如大豆油、椰子油、高油酸葵花籽油等；另一类为功能性油脂，如鱼油、亚麻籽油、橄榄油、坚果油、胚芽油等。

（2）油脂微胶囊壁材　微胶囊壁材是用来保护芯材免受外界光、热的影响，或者限制气味挥发（如鱼油的腥味），以及控制芯材物质的释放方式和速率，以起到缓释作用。油脂微胶囊壁材需要具有水溶性、乳化能力强、成膜性好、干燥性能好、溶液黏度低等特点，基于此，可将常用的壁材分为碳水化合物类、亲水性胶体类和蛋白质类。

2. 粉末油脂的制备方法

制备微胶囊化粉末油脂的方法，按照性质可分为三类，即物理法（喷雾干燥法、冷冻干燥法等）、化学法（界面聚合法、分子包埋法等）和物理化学法（复凝聚法、多相乳液法等）。最常用的是喷雾干燥法、真空冷冻干燥法和复凝聚法。

喷雾干燥法是将芯材物质与壁材的混合物在热气流中被雾化成无数微小液滴，后使溶解壁材的溶剂受热迅速蒸发除去，进而促进壁膜形成并固化。由于壁膜的筛分作用，小分子的溶剂能顺利地不断蒸出而分子体积较大的芯材物质则滞留在壁膜内被包覆成为粉末状固体微胶囊。由于干燥过程极短，物料中水分吸热快速蒸发，芯材物质始终处于冷却状态而免遭破坏。此法生产操作简单，可大批量或小批量连续生产，成本较低，是目前常用的粉末油脂制备方法。

真空冷冻干燥法是将物料置于真空环境，然后控制冻结温度在物料的共晶点温度以下冻结湿物料，然后再供给一定热量，迫使物料中的冰直接升华，达到除去物料中水分的目的，这种方法适用于对热和氧气敏感的芯材油脂。

复凝聚法是指两种带相反电荷的聚合物分子，通过混合体系而自发地发生相分离的过程，其结果是形成一个富含壁材的凝聚相和一个与之平衡的稀释相。两种壁材之间的复合凝聚可以通过改变体系的温度、pH，或加入无机盐电解质、稀释等条件达到，此方法中的反应过程比较温和，适于一些不稳定物质的微胶囊化。但是复凝聚的反应条件较难控制，且反应必须在稀溶液中进行，因而在工业上的应用受到一定的限制，目前主要处于实验阶段。

粉末油脂由于其具有方便操作、稳定性好和货架期长等特点，广泛应用于食品工业中。目前粉末油脂被广泛应用在婴幼儿配方乳粉、烘焙产品、方便食品和固体饮料、功能性食品，以及在其他产品，如糖果、速冻食品馅料、方便食品调味包等产品中。

第四节 食品脂质产品及其应用

食品脂质是人体主要营养成分之一，不仅是人体的热量来源，而且提供人体必需脂肪酸，如亚油酸、亚麻酸等。另外，油脂中含有磷脂、甾醇、生育酚等脂质伴随物，这些物质与人体的生长发育和维持正常的生理功能有着密切的联系。从油料中制取的毛油经过精炼后，再加入抗氧化剂、灌装，即为食用油脂，不同种类食用油还可进行调配形成调和油，根据用途不同可将食用油分为烹饪用油、煎炸油脂等；而精炼油脂经过改性后则可得到人造奶油、黄油、起酥油、功能性脂质等产品。

一、典型餐饮用油脂

典型餐饮用油脂产品主要包括烹调油、色拉油、调和油和煎炸油，在我国目前的标准体系中，有的产品已形成相关国家标准，有的还未有国家标准，有的标准已被废止，对于油脂产品未有统一且规范的分类标准，因此，其概念可能有部分交叉，例如，按照一般理解，色拉油、调和油和煎炸油均属于烹调油脂，但是它们在实际应用途径、加工方式等方面仍存在较大差异。

（一）烹调油

1. 烹调油定义

早年我国制定了关于不同油料烹调油的国家标准和行业标准，但目前已被废止。烹调油是指植物毛油经过一系列精炼工序而制成的食用油，即烹调用油，它通常用于菜肴的爆炒、蒸煮、煎炸等。随着油脂和食品工业的不断发展，烹调油也作为其他类型油脂的原料油，被用来制作各种油脂制品，如人造奶油、起酥油、粉末油脂、蛋黄酱等，并且还用在其他加工食品方面，如罐头食品、面食、烘焙食品。

2. 烹调油的特点

由于传统烹调油是由毛油精炼而得，所以它常被称为“一次加工”的油脂产品。随着油脂加工技术的完善，以及人们对烹调油品质、营养的要求不断提高，烹调油也可采用“二次加工”方法，如氢化、分提、酯交换等改性方法加工而得。

由于各个国家或地区人们的习俗和观念存在差异，所以对烹调油的品质要求也各不相同，但总的来讲，烹调油必须具备以下品质：①烹调油脂理化指标和卫生指标均符合我国食用油脂相关国家标准；②烹调油性质应相对稳定，不易发生氧化、热分解、聚合等反应。

3. 烹调油的加工方法

烹调油常用的加工方法有以下几种。

（1）毛油过滤去杂→碱炼脱酸（包括磷酸预处理）→吸附脱色→水蒸气汽提脱臭。该法适用于胶质量低于1%，酸价低于10mg KOH/g，且不含蜡的毛油。

（2）毛油过滤去杂→脱胶→吸附脱色→水蒸气汽提脱臭。该法适用于酸价高于10mg KOH/g，且不含蜡的毛油。

（3）对于含蜡量高于10mg/kg，但低于500mg/kg的毛油，可以在（1）（2）方法中加上脱臭、冷却结晶、分提处理即可。

（4）含蜡量高于500mg/kg的毛油，应采用低温碱炼脱蜡、脱酸，或在水蒸气汽提脱臭后冷却结晶脱蜡的方法，方可制得合格的高级烹调油。

（二）色拉油

1. 色拉油定义

色拉油是由英文（salad）译名而得，意为可用于凉拌生菜及用于生吃的食用油。其实色拉油不光可用于凉拌菜，也可用于烹调、油炸，以及作为色拉酱、蛋黄酱、人造奶油、起酥油等专用油脂制品的原料油脂。我国油脂国家标准中没有色拉油这样的称谓，但人们常将制作色拉酱用的油称色拉油。

2. 色拉油特点

制作色拉用的油与烹调用油之间的品质差异主要体现在以下方面：①色拉油必须冷冻试验合格，即在0℃条件下放置5.5h不混浊，保持澄清透明。冷冻试验合格的油可保证在冰箱冷藏温度（5~8℃）长期储存而不丧失流动性，这样可保证凉拌菜的外观。但近期研究表明，用于制作色拉酱的油即便其冷冻试验不合格，但只要油在0℃条件下放置时产生结晶态的脂量很少，其用来制备的色拉酱，稳定性也较好。②色拉油通常要求其色泽要比烹调油的色泽更浅，风味更清淡，不影响食品或菜肴原有的滋味和外观。

3. 色拉油的加工方法

色拉油的加工方法与烹调油的生产工艺相似，但生产色拉油时，需根据原料油中高熔点甘油三酯组分含量高低，来决定是否还需增加脱脂处理。通常原料油经脱胶、脱酸、脱色、脱臭、脱蜡之后，再进行冬化脱脂。

由于色拉油有冷冻试验要求，所以富含亚麻酸、亚油酸的油脂，如大豆油、玉米胚芽油、葵花籽油、棉籽油、低芥酸菜籽油等都是用来制备高品质色拉油的原料。但此类富含多烯酸的色拉油易氧化，随着人们对油脂氧化产物危害身体健康的认识不断提高，油脂氧化稳定性也成为聚焦性问题。除在色拉油中添加高效抗氧化剂外，为获得氧化稳定性高的色拉油，常采用以下现代加工方法。

（1）原料油先采用随机酯交换或定向酯交换改性技术，改变原有的甘油三酯组成，继而采用结晶分提技术，脱除高熔点的甘油三酯馏分。

（2）利用不同晶型甘油三酯分子间的相互作用，采用几种油脂复配技术来改变混合型色拉油的结晶特点，制备高品质色拉油。

（3）也可以将原料油先轻度选择性加氢，然后结晶分提脱脂，但考虑到加氢过程可能产生反式脂肪酸，现已较少采用此方法。

（三）调和油

1. 调和油定义

调和油通常是指用两种或两种以上的食用植物油脂调配制成的食用油脂。它可以根据食用目的（如风味、营养性等）或食品加工要求（如烹调、煎炸、烘焙等）复配而得。

2. 调和油种类

调和油的品种很多，大致可分为健康型调和油、风味型调和油和具有加工功能性的调和油三大类。

（1）健康型调和油　这一类调和油的主要特征是其脂质组成基本符合联合国粮农组织（FAO）和世界卫生组织（WHO）的推荐意见，或基本符合各国营养学会推荐的有益于本国人群身体健康的脂质组成的复配性油脂。随着社会飞速发展，生活节奏加快，居民膳食结构发生改变，慢性疾病，如高脂血症、高血压、心血管病等患者增多。《中国居民膳食营养素参考摄入量（2013）》中提出饱和脂肪酸、单不饱和脂肪酸、多不饱和脂肪酸的均衡摄入，并给出了各自的摄入范围，但各类脂肪酸适宜摄入量之间并无固定的比例关系，增加了“植物化合物对人体的作用”的内容，建议通过在膳食中增加植物化合物的摄入，来达到预防慢性病、肥胖等现代人健康问题的目的，这为健康型调和油的设计指出了新方向。

（2）风味型调和油　风味型调和油的主要特点是将某些具有浓郁天然风味的油脂，如芝麻油、花生油等，与其他高级烹调油或色拉油复配，制备出具有轻度香味或风味的调和油。这种风味型调和油主要是迎合消费人群的习俗爱好。近年来，由于合成香精工业技术飞速发展，与天然风味物质等价的合成香精纷纷问世，根据各地区或各国的有关法律法规许可，将它们添加到食用油中，以生产不同风味的调和油。

（3）具有加工功能性的调和油　单一油脂用于食品加工时，常因其物化性质，如流变性、乳化性、增香增色等方面的局限性，使其应用受到某些限制。当用几种油脂调和产生的调和油就有可能具有某种特定的加工功能，例如高氧化稳定性的植物油与红辣椒油的调和油，可以用于饼干表面喷涂，达到上光、上色、增味的效果。

3. 调和油的加工方法

调和油的制备较为简单，常用的方法有两种：一是在精炼之前按配方比例进行原料油脂的混合，然后进行精制；二是将已经精制好的油脂按配方复配。但是无论采用哪种方法，维生素与易挥发的香精油都应在最后阶段添加，以免损失。此外，复配过程应防止空气混入。

随着计算机技术的发展，调和油的配方设计可采用计算机进行。将各种原料油脂的脂肪酸组成、维生素含量、价格等数据输入计算机，根据最终产品的质量要求，通过程序运算，即可获得最佳调配比例，这样做不仅可以极大节省实验时间，又确保了产品品质和经济效益。

（四）煎炸油

1. 煎炸油的用途及分类

随着人们生活节奏的加快，快餐、方便食品、预制备食品受到大众的欢迎。食品的深度或浅表煎炸是制作食品最快速的方法，并且煎炸食品具有诱人的风味、色泽，这使煎炸成为最重要的烹调食品方法之一。人们常将食品深度煎炸称为油炸，而将食品的浅表煎炸称为油煎。这两种加工方法所需的煎炸锅类型不同，油炸需要用深锅，油煎常用平锅或浅锅。另外，放在浅平锅内和钢丝网上煎烤食品也属浅表煎炸，为示区别人们将后者称为炙烤。

油煎、油炸和炙烤食品是众多快餐店的主要商品。无论是油炸还是油煎过程，煎炸油不仅作为传递热量的媒介，而且它同时与食品中的蛋白质、碳水化合物等反应，使食品的色泽、风味和滋味发生改变。实际上，在煎炸过程中油脂还被食品吸收，成为煎炸食品的一种成分，因此，煎炸食品的美味可口与油脂类型和品质息息相关。

在规模化的食品加工业中，油炸的方式被超市连锁店、快餐店、餐饮业和食品加工厂广泛采用。由食品加工厂和餐饮业预先加工好的油炸食品，往往是那些在家庭中制作相对复杂的食品，例如油炸的速冻海产品、炸鸡、肉制品、面饼卷、马铃薯片、玉米片、蔬菜面圈等食品。由于油炸与油煎的条件有很大的差异，所以对油炸用油与油煎用油的要求各不相同，一般而言，油炸用油可同样适用于油煎，而油煎用油不一定适用于油炸。

2. 深度油炸用油

（1）深度油炸用油的性质　在油炸过程中食品被热油包围，食品中所含的水分离开食品进入深度油炸油中，为控制油的水分，有必要使油炸温度始终高于水的沸点，以使食品内部维持某一适度的压力，使水蒸气迅速逸出。在此同时，油炸食品上掉下来的碎屑和液汁转移到油炸油中，因此在油炸过程中，深度油炸油不可避免会发生水解、氧化、聚合、环化等反应，不仅影响深度油炸油的煎炸性能和被煎炸产品的品质，还产生有毒有害物质，危害人体健康。

采用高品质的深度油炸油才可以生产出高品质的油炸食品，因此油炸用油应具备以下品质：①必须具有清淡或中性的风味，以免对油炸食品风味造成不良影响；②必须具备较好的稳定性，在持续高温下油炸油要不易发生氧化、裂解、水解、热聚合、环化，并质量稳定，有很好的油炸寿命；③能使油炸食品结构达到所期望的要求，例如酥松、膨大、肥美；④必须具备较高烟点，只有在连续油炸之后才会轻微发烟；⑤无论是油炸油本身，还是油炸油的包装形式都要力求使用便利。

（2）深度油炸用油的种类　深度油炸用油的种类较多，但一般主要有如下几种：①食用动物油脂，如猪油、牛乳脂肪均可作为油炸用油；②未加氢改性的各种精炼植物油脂，如玉米胚芽油、葵花籽油、棉籽油、花生油、棕榈软脂（油酸精）等；③经选择加氢的精炼动、植物油脂；④液态起酥油，即大豆油、棉籽油、棕榈软脂（油酸精）等植物油脂，经选择性部分加氢后，再经分提获得液油；⑤流态起酥油，即为一种将固态脂悬浮在液态油中的专用油脂产品，所用的液态油可以是未加氢油，或是经轻度选择性加氢后再分提获得的液态油；⑥非乳化型通用起酥油。

当采用一般植物油脂作为工业油炸食品用油时，要求油脂中多烯脂肪酸含量≤3%。欧盟有关规定，亚麻酸含量≥0.5%的油脂不能作为深度油炸用油。因此动、植物油脂常需经选择性加氢，除去大部分亚麻酸后再制备高氧化稳定性的油炸用油。可根据油炸食品的品质要求，选用各种选择性氢化程度不同的油脂，食品油炸用的几种选择加氢大豆油指标如碘值、过氧化值（AOM）、熔点、脂肪酸组成、固体脂肪指数（SFI）等，如表 2-1 所示。

表 2-1　食品油炸用的几种选择加氢大豆油

种类/指标	1	2	3	4	5
碘值/（gI_2/100g）	104~112	90~98	89~92	75~83	71~74
过氧化值/h	20	35	50~75	50~75	≥200
加 TBHQ 后过氧化值/h	35	70	—	—	—
熔点/℃	22.2~23.9	26.7~28.3	23.3~25.6	32.2~33.3	38.9~42.2

续表

种类/指标	1	2	3	4	5
脂肪酸组成/%					
$C_{16:0}$	9~11.5	9~11.5	9~11.5	9~11.5	9~11.5
$C_{18:0}$	4.1~4.7	4.9~5.4	7~11	7~10	8~12
$C_{18:1}$	44.8~49.2	51.1~58.1	42~46	67~73	72~76
$C_{18:2}$	31.5~37.5	23.1~28.9	24~31	9~13	≤4
$C_{18:3}$	≤3	1.3~1.8	1~2	≤1	≤0.5
固体脂肪指数					
10℃	2.5~5.5	9~11	6~11	26~30	49~52
21.1℃	1~3	2~4	4~9	11~13	35~38
26.7℃	0	0~0.5	2~5	5~6	26~29
33.3℃	0	0	≤1	0.5	11~13
40℃	—	—	0	0	≤4
应用范围	浅表煎炸和烹调	快餐和休闲食品油炸	快餐和休闲食品油炸	深度油炸和保质期长的食品油炸	深度油炸和保质期长的食品油炸

3. 浅表煎炸用油

浅表煎炸一般在平锅或铁丝网上进行，浅表煎炸油不像深度油炸油那样需反复使用多次，所以浅表煎炸油的抗裂解能力并非那么重要。由于浅表煎炸过程中食品需要经常翻动，所以要求浅表煎炸油具有不粘锅的能力。另外，浅表煎炸油只作用于食品表层，所以使食品具有良好的口感、风味、表面色泽等是浅表煎炸油应具备的性能。

浅表煎炸油与深度油炸油一样，应根据应用目标进行配方制备。通常浅表煎炸油不加消泡剂，其主要种类有黄油及牛乳脂肪派生物、人造奶油、色拉油和烹调油、炙烤专用起酥油和炙烤专用乳化脂等。

4. 煎炸油的加工

不同的煎炸油，其加工工艺也会有所不同，一般来讲煎炸油必须使用经过精炼（脱胶、脱酸、脱色、脱臭、脱蜡）的油脂，按实际应用需要，选择一种或几种改性技术，如脱脂、选择氢化、分提、酯交换、混合来进行加工。此外，煎炸油通常都必须加入适量抗氧化剂和消泡剂。

常用的抗氧化剂有特丁基对苯二酚（TBHQ）、丁基羟基茴香醚（BHA）、二丁基羟基甲苯（BHT）和没食子酸丙酯（PG）。甲基硅酮常作为消泡剂应用，如在煎炸油中加入2~6mg/kg的二甲基聚硅酮，可使其使用寿命延长5~10倍。甲基硅酮不但有助于消泡，而且具有一定的避免煎炸油氧化的作用，由于硅酮在油/空气界面上可形成单层分子膜，减少空气与油接触，从而保护了煎炸油。硅酮与酚类抗氧化剂、柠檬酸或抗坏血酸的柠檬酸盐同时加入，将更有利于提高深度煎炸油的抗氧化能力。

二、食品工业专用油脂

（一）人造奶油

1. 人造奶油的定义和发展

按国际标准，人造奶油的定义为用食用油脂加工而得的一种塑性、半固态或流态的油包水型乳化食品（乳脂肪及其衍生物常不是其主要成分）。近些年，我国人造奶油行业有了飞速发展，但仍有很大的发展空间。在未来，兼具结构功能和营养特性的人造奶油产品将是发展趋向。

我国人造奶油行业标准有餐用、食品工业用两级之分（NY479—2002《人造奶油》），但目前尚无低脂人造奶油制品的行业或国家标准。餐用和食品工业用人造奶油理化指标，如表 2-2 所示。

表 2-2 餐用和食品工业用人造奶油理化指标

项目		等级	
		餐用	食品工业用
脂肪含量/%	≥	80.0	80.0
水分含量/%	≤	16.0	16.0
酸价（以 KOH 计）/(mg/g)	≤	1.0	1.0
过氧化值/(g/100g)	≤	0.12	0.12
维生素 A 含量/(mg/kg)	≥	4~8	—
食盐含量/%	≤	2.5	—
熔点/℃		28~34	—
铜（以 Cu 计算）/(mg/kg)		1.0	
镍（以 Ni 计算）/(mg/kg)		1.0	
砷（以 As 计算）/(mg/kg)		0.5	
铅（以 Pb 计算）/(mg/kg)		0.5	

2. 人造奶油制品种类

人造奶油可根据应用目的、形态特征、使用的乳化剂种类、健康型或特定称谓类型、奶油中软脂肪含量和使用的原料油脂种类进行不同形式的分类。

（1）按应用目的　分为家庭厨房用人造奶油、餐用人造奶油、餐用软质人造奶油、高多烯酸（≥50%）型人造奶油、流态人造奶油、低热量人造奶油、蛋糕用人造奶油、奶油糖霜和奶油填充料用人造奶油、辊轧/面包用人造奶油、馅饼酥皮用人造奶油、膨发类点心用人造奶油、丹麦奶油松饼类用人造奶油、馅饼用人造奶油、通用型人造奶油。

（2）按形态特征　分为塑性人造奶油制品、硬质人造奶油制品、软质人造奶油制品、流态人造奶油制品四种。

（3）按乳化类型　分为 W/O 型人造奶油和 O/W/O 双重乳化型人造奶油两种。

（4）按健康型或特定称谓　分为富含必需脂肪酸的产品、不含胆固醇的产品、不含反式脂肪酸的产品和不含固态甘油三酯的产品等。

（5）按脂肪含量　分为脂肪含量 80%以上的人造奶油；脂肪含量低于 75%并高于 53%的人造奶油；脂肪含量低于 53%的涂抹脂和脂肪含量低于 40%的涂抹脂。

（6）按原料油脂种类　分为全部由植物油脂加工而成的人造奶油制品；由动、植物油脂复配加工而成的人造奶油制品；配方中添加牛乳脂肪（如黄油、无水牛乳脂肪等）加工而成的人造奶油制品等。

3. 人造奶油的加工

人造奶油加工的原辅料包括原料油脂、水、盐、防腐剂、有机酸、蛋白质、乳化剂、着色剂、维生素、抗氧化剂和风味强化物等。最初制造人造奶油是采用搅乳法，如今采用激冷捏合法。由于冷却迅速避免人造奶油脂晶体粗粒化，使其组织结构细腻，当初欧洲各国普遍采用冷却滚筒实施人造奶油乳液的迅速冷却，那时为了让脂晶体熟化，从冷却滚筒上刮下的屑片还需要在 12~15℃放置 24~48h，为了改变这种需长时间熟化的缺陷，研发了连续式真空捏合装置，现已被普遍应用。

不同类型人造奶油生产工艺略有差异，餐用塑性人造奶油制品的基本生产过程，主要包括乳化、冷却、捏合、静置和包装等步骤；食品工业用塑性人造奶油制品的基本生产过程，主要包括乳化、冷却、捏合、灌装和熟化等过程；食品工业用流态人造奶油制品的基本生产过程包含均质、乳化、冷却、熟化和灌装等步骤。

人造奶油加工所用的设备主要包括原料油脂暂存和混合罐、组分计量系统、管道过滤器、预乳化装置、高压进料泵、激冷单元、结晶和增塑单元、包装机、制冷机组和熟化室等。

（二）起酥油

1. 起酥油定义和功能

（1）起酥油的定义　不同国家起酥油的定义略有差异，按照 GB/T 38069—2019《起酥油》，起酥油被定义为食用动、植物油脂及其氢化、分提、酯交换油脂中的一种或上述几种油脂的混合物，经过急冷捏合或不经急冷捏合，添加或不添加食品添加剂和营养强化剂支撑的固状、半固状或流动状的具有良好起酥性能的油脂制品。起酥油质量指标要求脂肪含量≥99%、含水量≤0.5%、不溶性杂质含量≤0.05%、酸价≤1.0mg KOH/g（以脂肪计），过氧化值≤0.13g/100g（以脂肪计），气体含量≤20mL/100g。

从加工的角度来说，起酥油是由多种熔融的食用油脂的混合物，经过正确配制和精心冷却、增塑和调温处理的、工业化大批量制造的、高功能性的塑性固体。一般而言，起酥油可以被描述为是一种工业制备的食用油脂，它可应用在煎炸、烹调、烘焙方面，并可作为馅料、糖霜和其他糖果的配料，是具有加工性能的油脂制品。

（2）起酥油的功能　起酥油的加工功能性主要有可塑性、起酥性、酪化性、乳化分散性、吸水性和氧化稳定性等。这些功能特性主要与起酥油中原料油脂的晶型结构、油脂性质和组成、加工方式和条件、抗氧化剂和乳化剂等添加剂的使用等多个因素有关。

2. 起酥油的应用范围与分类

起酥油的应用范围涉及各食品加工行业，如烘焙食品、煎炸食品、冷饮、糖果、乳制品等各个方面。目前起酥油商品主要应用在以下场合：家庭用、高稳定性煎炸用、面包房烘焙用、蛋糕专用、零售蛋糕预混物用、面包房糕点预混物用，以及特殊糕点专用。

起酥油有多种分类方式，按原料，主要分为动物型、植物型、动植物型；按原料加工方式，主要分为全氢化型、掺和型；按形态，可分为塑性型（宽塑性：要求在10~16℃不太硬，在32~38℃不太软；窄塑性：塑性范围约4℃）、流态型、液态型、粉末型；按乳化性能，主要分为非乳化型、乳化型、高比率型；按用途，主要有面包面团用、馅饼皮用、预混干物料用、椒盐饼干用、脱模用、西式糕点酥皮用、蛋糕用、奶油夹心和填充料用、外涂和顶端料用、花生黄油稳定用，以及冷冻面团用等。

3. 起酥油的加工工艺

起酥油的加工原料为原料油脂（即食用动、植物油脂，及其改性后的一种或几种油脂）和辅料（即乳化剂、抗氧化剂、金属钝化剂、抗起泡剂、着色剂和增香剂等）。不同类型起酥油的加工工艺不同。

（1）塑性起酥油加工工艺　塑性起酥油的生产工艺与塑性人造奶油生产工艺基本相仿，但不需乳化处理。通常需根据起酥油配方，将其速冷到15.5~26.7℃后，再增塑处理使料温回升2℃以上。灌装后起酥回温不得超过1.1℃。起酥油必须经调温熟化，其熟化温度和时间取决于产品配方和包装尺寸。起酥油可不充气，或充气量高达30%，根据产品要求，决定是否充气及充气量的多少。一般充气情况为：标准塑性型为12%~14%；预奶油化型为19%~25%；膨发奶油松饼用起酥油和流态起酥油不充气，絮片和粉末起酥油也不充气。充气产品一般通过挤压阀灌装，灌装压力为1.7~2.7MPa。

（2）流态起酥油加工工艺　通常采用以下方法来制备流态起酥油，①缓慢冷却法：通常在搅拌条件下进行3~4d缓慢冷却；②物料经缓慢冷却后，再用研磨机或均质机处理，制备时间需3~4d；③物料采用人造奶油生产线激冷后，再慢搅拌保温16h以上；④将配方中的固体脂肪与液体油研磨均匀；⑤将物料快速冷却到38℃，待完全释放出结晶热后，再慢慢回温到54℃，回温过程需控制在20~60min；⑥物料采用激冷与缓慢冷却交替的处理方法；⑦采用分段冷却结晶法，可将物料温度从65℃冷到43℃后，保温 2h 后，再冷到 21~24℃，再结晶 1h，让释放出的结晶热使料温回升到 9℃左右。

（3）粉末起酥油加工工艺　粉末起酥油的加工工艺通常有两种，即微胶囊包埋法或冷却滚筒激冷成型法。通常大多数硬脂的显热约为 1.13J/g，结晶潜热为 116J/g。

（三）可可脂及代用品

可可脂是巧克力糖果产品的主要原料，是由可可豆经预处理、压榨获得，具有独特的浓郁风味和口感特性。由于受到地域与气候等因素的影响，可可脂产量有限，远远不能满足巧克力制品生产发展的需要，市场价格昂贵。为满足市场需求，降低成本，生产者以普遍、便宜的油脂为原料，采用改性技术，如氢化、酯交换、分提等制作出具有与天然可可脂性质相似的替代品。

1. 可可脂

（1）可可脂的特性　可可脂是一种植物硬脂，液态呈琥珀色，固态时呈淡黄色或乳黄色，具有可可特有的香味。天然可可脂在最稳定的结晶状态下，熔点为 32~35℃，它在 30℃时的固体脂肪含量高达 40%以上，但在 35℃时即能迅速降至 5%以下，因此使得巧克力糖果产品在室温时很硬，但入口即化，是一种既有硬度，溶解得又极快的油脂，具有口熔性佳及口感清凉的感觉，而且可可脂还具有良好的氧化稳定性。

（2）可可脂的组成　可可脂的组成为：98%为甘油三酯（TAG）、1%左右游离脂肪酸、0.3%~0.5%为甘油二酯（DAG）、0.1%为甘油一酯、0.2%甾醇（主要是谷甾醇和豆甾烷醇）、150~250mg/kg 生育酚和 0.05%~0.13%磷脂。甘油三酯的情况决定了可可脂的均一熔融性和结晶性，可可脂中主要的三种脂肪酸是：棕榈酸（25%）、硬脂酸（36%）和油酸（34%）；几乎一半油酸分布在甘油基的 *sn*-2 位上，而棕榈酸和硬脂酸都分布在 *sn*-1，3 位上。由此，在可可脂甘油三酯中，三种对称性甘油三酯分子占 80%以上，其中，棕榈酸-油酸-硬脂酸（POS）36%~42%；硬脂酸-油酸-硬脂酸（SOS）23%~29%；棕榈酸-油酸-棕榈酸（POP）13%~19%。

这种特殊甘油三酯分子结构，使可可脂具有其他油脂无法比拟的物理特性：塑性范围极窄，熔点变化范围很小，且接近人体温度，在稍微低于人体的口腔温度时，即会全部熔化，残留固态脂为 0，呈现良好的口熔性；凝固收缩易脱模，有典型的表面光滑感和良好的脆性，无油腻感等。正是由于这些独特的性能，可可脂被广泛应用于巧克力、糖果外衣和点心等食品制造业中。天然可可脂具有 7 种不同的结晶形态，可可脂的晶型及熔点，如表 2-3 所示。

表 2-3　可可脂的晶型及熔点

晶型	熔点（最终）/℃	平均熔化范围/℃	晶型	熔点（最终）/℃	平均熔化范围/℃
γ	16~18	4~7	β'	30~33.8	24~32
α	21~24	14~23	β	34~36.3	25~35

续表

晶型	熔点（最终）/℃	平均熔化范围/℃	晶型	熔点（最终）/℃	平均熔化范围/℃
$\alpha+\gamma$	25.5~27.1	17~27	无定型	38~41	—
β''	27~29	12~28			

可可脂加热熔化后，采用不同的结晶速度，会产生不同的结晶形态，从而得到可可脂的多种熔点和硬度。在巧克力糖果制作过程中，如果将调温工序控制好，则结晶将会形成稳定的β型，而使巧克力产品具有良好的光泽、硬度及光泽稳定性，否则将会造成产品硬度不足或光泽不良的情形。此外，巧克力制品在存放过程中，易出现晶型转换，不仅影响产品光泽，还产生起霜现象。不同温度下可可脂熔点与固体脂肪含量的变化，如表2-4所示。

表2-4　不同温度下可可脂熔点与固体脂肪含量的变化

可可脂	固体脂肪含量/%			
	熔点	20℃	30℃	35℃
未经调温	25.6	51.1	7.1	1.3
经调温	33.2	69.8	42.5	1.3

2. 类可可脂

（1）类可可脂的定义　一般类可可脂主要为两种植物性硬脂，一类是可可脂的等同物，它具有可可脂相仿的物理特性，可以任何比例与可可脂相容，而不改变可可脂的熔点、加工方法和流变性，其原料只在少数特定区域产生。另一类是可可脂的延伸物，即不必具有可可脂相仿的物理特性，可以一定比例与可可脂相混而不会明显改变可可脂的熔点、加工方法和流变性。这类类可可脂与可可脂的相容性取决于其甘油三酯组成，其主要由棕榈油分提得到的中等熔点馏分组成。

（2）类可可脂的基本特点　类可可脂的基本特点如下：①类可可脂的甘油三酯组成中，SUS类对称性S2U（即甘油三酯分子，*sn*-2位不饱和脂肪酸，*sn*-1和*sn*-3位饱和脂肪酸）型甘油三酯占80%以上，并且SUS中β位上为油酸基；②有较复杂的同质异晶体和异晶体间转化规律，需经调温处理才能获得期望的稳定晶型；③生产工艺或储存不当时易起霜；④由于纯POP、POS、SOS的稳定晶型体的熔点分别为38、37、43℃，产品口熔性佳；⑤由于牛乳脂肪的混入而变软；⑥无天然可可脂的风味。

（3）类可可脂的应用与相关规定　类可可脂可用于生产类可可脂巧克力系列产品，在黑巧克力中类可可脂可占总脂量95%，在奶油巧克力中类可可脂可占总脂量的25%。在高级涂层料中，类可可脂可部分或全部取代可可脂。

根据欧盟规定，类可可脂必须满足SOS（S饱和脂肪酸，O顺式油酸）含量≥65%；

甘油三酯β位上的不饱和脂肪酸≥85%；不饱和脂肪酸总量≤45%；多于两个双键的不饱和脂肪酸含量≤5%；月桂酸含量≤1%；反式脂肪酸含量≤2%。

（4）类可可脂的制备方法　类可可脂的制备方法主要有以下几种：①结晶分提法，脱去非 SUS 馏分；②复配法，用几种 SUS 馏分掺合来提高品质；③化学合成法；④生物技术改性法，酶法酯交换；⑤化学改性法。

3. 代可可脂

代可可脂主要应用于巧克力糖果、饼干和薄脆饼干、行业涂层料和滴剂用的巧克力伴侣等。可可脂代用品的出现主要归因于油脂加工业技术水平的提高。由于可以为不同的用途“量身定做”代可可脂，从而它比天然可可脂具有更广泛的应用领域。代可可脂主要分为两类，即可可脂替代品和可可脂取代品。

（1）可可脂替代品　可可脂替代品（CBR）主要是由大豆油、棉籽油、卡诺拉油、棕榈软脂、花生油、玉米油等植物油脂，经高顺反异构选择性氢化的部分氢化，或部分氢化结合分提处理，派生出来的硬脂，这类硬脂主要含有16和18个碳原子脂肪酸甘油三酯。

可可脂替代品含有反式油酸，其甘油三酯成分以β'结晶为主，不需调温处理；与可可脂相容性有限；固体脂肪含量曲线形状较可可脂和类可可脂平缓。

可可脂替代品的加工方法有两种：①只经过加氢制备可可脂替代品。采用部分中毒的催化剂、提高反应温度、降低氢气供应量等高顺反异构的氢化条件加氢到氢化硬脂熔点达到38℃左右，或根据要求加氢到更高温度。通常要求氢化硬脂中硬脂酸含量不要大于8%。②氢化硬脂再经分提制备可可脂替代品。高反式脂肪酸氢化硬脂经结晶分提、溶剂分提或简单的干法结晶压榨除去不饱和甘油三酯馏分，由此处理将提高可可脂替代品的硬脆性。

可可脂替代品具有氧化稳定性好、不需调温处理、可自发形成稳定的β'晶型、生产过程简化等众多优点，但是其同样具有口感质量欠佳、硬脆性差、与可可脂及乳脂相容性差、配方中常用的低脂可可粉影响产品风味和色泽，以及收缩率低导致脱模性差等缺点。

可可脂替代品主要应用于饼干和薄脆饼干外涂层、小圆面包和蛋糕外涂层、棒棒糖外涂层、果冻覆盖物、低价可可脂替代品巧克力、小巧休闲食品外涂层、含水的糖果制品芯料等产品中。

在相关规定方面，在欧盟国家，采用可可脂替代品的产品不能称为巧克力；在英国，允许巧克力中可可脂替代品用量<5%，而采用可可脂替代品的产品中，可可脂的用量只能限定在总脂量20%以下。

（2）可可脂取代品　可可脂取代品（CBS）是一类含有40%~50%月桂酸、物理性质与可可脂相仿的硬脂，主要由棕榈仁油和椰子油加工而得，具有稳定的β'晶型和简单的同质异晶现象，常被称为糖果脂。

可可脂取代品的加工方法主要如下：①将月桂型脂加氢到接近饱和；②部分加氢

的月桂型脂（主要是棕榈仁油）结晶分提，除去液态馏分；③月桂型脂（主要是棕榈仁油）结晶分提，可采用离心法、溶剂萃取法、干法冷冻压榨法除去液态馏分，获得优质可可脂取代品；④月桂型脂（主要是棕榈仁油）结晶分提获得硬脂，进一步加氢，改善熔融特性；⑤将全饱和棕榈仁油部分随机酯交换后，与其余部分混合；⑥极度氢化棕榈仁油与非月桂型极度氢化植物油进行随机酯交换。

可可脂取代品的优势：①具有优异的氧化稳定性；②加工方法十分灵活，产品多样性满足不同需求；③不需调温处理或经简单调质处理后，结晶速度迅速，并获得良好的光泽和光泽稳定性；④用可可脂取代品加工出来的产品比可可脂替代品巧克力更硬脆、口感更好，且具有良好的不粘性和脱模性；⑤资源丰富，价格低廉。

可可脂取代品的不足：①在适当条件下（只需存在0.1%水）便会发生水解，脂解酶、酸、碱所催化水解反应，使得产品感官品质降低（癸酸和月桂酸的阈值分别为0.02%和0.07%）；②因存在相容性问题，其不能与可可脂、类可可脂、乳脂混合使用。

可可脂取代品主要用途：①制备可可脂取代品巧克力；②各式糖果用脂；③作为各种复合型涂层（熔点可从37~38℃到43~45℃不等），几乎满足任何地域和季节需求；④用以制作食品或零食糖果等的彩色涂层。

（四）休闲食品用油

1. 油炸薯片用油

薯片、马铃薯膨化制品（用挤压马铃薯粉糊制备）、玉米筒（用挤压玉米粉糊制备）和相似产品通常消费周期较短，煎炸这类食品的煎炸油不太强调氧化稳定性，因此，常采用棉籽油、玉米油、花生油、葵花籽油、棕榈油、轻度加氢大豆油（碘值105~110gI_2/100g）、15%~25%棉籽油与75%~85%氢化大豆油（碘值105~110gI_2/100g）混合油等进行煎炸。考虑到不同油脂的煎炸特性、加工成本等，实际应用中油脂的选择性不同。

煎炸油的游离脂肪酸最多为0.5%，此外，油炸薯片中含糖量、水分含量等需要有相应的规定，否则影响产品品质，例如，煎炸油中若含硅酮，会影响产品的松脆度，降低口感。

罐装油炸薯片常用碘值70~75gI_2/100g的氢化棉籽油油炸，也可用氢化花生油油炸，可延长产品货架寿命；油炸漂白的法式薯制品，常用氢化大豆油、氢化棉籽油、牛脂或棕榈油等。

2. 油炸玉米片用油

玉米片以及未发酵玉米饼常采用棉籽油进行煎炸，产品会产生良好的风味。

3. 膨化食品用油

爆玉米筒可用氢化型人造奶油油炸；爆米花可用部分氢化大豆油或椰子油油炸。预先在爆米花的玉米粒外涂抹油脂，主要为天然的椰子油（熔点为24.5℃）或棕榈油，且油中常添加热稳定性β-胡萝卜素，随后进行炸制，涂层油有利于提高玉米粒的爆破程度，改善爆米花的色泽。

4. 油炸坚果仁用油

一般常用非月桂型油脂作为油炸坚果仁专用油脂，而不采用椰子油，这是因为椰子油的脂肪酸链较短、黏度低，其用以油炸将降低果仁脆度，影响口感。

三、功能性脂质

目前，对于功能性脂质没有明确定义，一般认为功能性脂质是一类具有特殊生理功能的脂质，对人体有一定保健、药用功能，同时也是指那些属于膳食油脂，为人类营养、健康所需要，并对人体一些相应缺乏症和内源性疾病，特别是现代社会文明病如高血压、心脏病、癌症、糖尿病等有积极防治作用的一大类脂溶性物质。功能性脂质具有特定的功能，适宜于特定人群食用，可调节机体的功能，但又不以治疗为目的。

功能性脂质的种类很多，而且随着科学技术的进步不断增加和变化。脂质最常见的分类是依据极性差异、化学组成和分子结构的复杂性来进行，遵循这一原则，功能性脂质大体上可分为三类：①功能性简单脂质，包括以甘油为骨架形成的脂肪酸酯，其他醇类与酸形成的酯；②功能性复杂脂质，主要包括磷脂、糖脂、醚脂、硫脂；③其他功能性衍生脂质。当前市场上的功能性脂质产品，主要是基于功能性简单脂质来研发的。

（一）中碳链脂肪酸甘油三酯（MCT）

1. 中碳链脂肪酸甘油三酯的定义

中碳链脂肪酸甘油三酯通常是指中链脂肪酸（MCFA）所构成的甘油三酯。中碳链脂肪酸甘油三酯的定义根据研究侧重点不同往往稍有差异，一般认为从六个碳的己酸（$C_{6:0}$）到十二个碳的月桂酸（$C_{12:0}$）之间的脂肪酸即为中链脂肪酸；也有将仅有八个碳的辛酸（$C_{8:0}$）和十个碳的癸酸（$C_{10:0}$）定义为中链脂肪酸，即典型的中碳链脂肪酸甘油三酯是指辛酸甘油三酯、癸酸甘油三酯或辛癸酸混合甘油三酯。六个碳以下的直链饱和脂肪酸，如乙酸（$C_{2:0}$）、丙酸（$C_{3:0}$）、丁酸（$C_{4:0}$）所构成的甘油三酯则称为短碳链脂肪酸甘油三酯（SCT）；十二个碳以上的脂肪酸所构成的甘油三酯则称长碳链脂肪酸甘油三酯（LCT）。

2. 中碳链脂肪酸甘油三酯的特性

中碳链脂肪酸甘油三酯的脂肪酸碳链短，故其相对分子质量小，水溶性好，且熔点和沸点低，密度较小，在室温下呈无色无臭的液态，黏度约为普通植物油的一半。中碳链脂肪酸甘油三酯中不饱和脂肪酸的含量极低，其碘值不超过0.5gI_2/100g，相对于普通动植物油，中碳链脂肪酸甘油三酯氧化稳定性好，即使在极高或极低的温度下也非常稳定。

与长碳链脂肪酸甘油三酯相比，中碳链脂肪酸甘油三酯在营养代谢方面有明显不同，其能被快速水解，并被肠道吸收，同时，其体内代谢途径简单，可直接经由门静脉进入肝脏，被快速分解产生能量，不会造成脂肪积累。此外，在胰腺脂肪酶或胆汁盐缺乏时，由中碳链脂肪酸甘油三酯水解而来的中链脂肪酸仍能够被吸收，并可增强人体对钙、镁和氨基酸的吸收和利用，这些特点使得中碳链脂肪酸甘油三酯表现出优越的减肥和迅速供能等作用。中碳链脂肪酸甘油三酯表面张力小，在皮肤中延伸性大，具有保护皮肤的作用，并且对多种化合物都有很好的互溶性，可以用作维生素、杀菌剂、激素、抗生素、着色剂等医药品或保健品的溶剂，在食品、医药、化工等多个领域得到应用。

3. 中碳链脂肪酸甘油三酯的制备工艺

目前，中碳链脂肪酸甘油三酯的合成方法有三种，即水解酯化法、酰氯醇解法和酶法。

（1）水解酯化法　这种方法是将椰子油、棕榈仁油或山苍子油进行水解、蒸馏制得中链脂肪酸，然后将其与甘油酯化，精制得到中碳链脂肪酸甘油三酯。这种方法制得的中碳链脂肪酸甘油三酯纯度高，但也存在着耗时长、副产物分离难、能耗大等缺点。

（2）酰氯醇解法　该法是先将椰子油水解、精馏，获得中链脂肪酸，再将中碳链脂肪酸与 PX_3、PX_5 或 $SOCl_2$ 等反应制得酰氯，后将酰氯与甘油进行醇解制得中碳链脂肪酸甘油三酯。此工艺能耗较低，时间短，但工艺路线长，污染较重。

（3）酶法　利用脂肪酶水解油脂和催化酯交换反应来制得中碳链脂肪酸甘油三酯。其原理是脂肪酶在水分充足的条件下促成甘油三酯的水解，水解产物通过真空蒸馏得到了富含不同碳链长度的中链脂肪酸，当水分有所限制，如在有机溶剂中，酶又会促成中链脂肪酸与油脂的酯交换反应制得中碳链脂肪酸甘油三酯。该法的优点是制得的中碳链脂肪酸甘油三酯质量比较好，颜色浅，但中间层较难处理，并耗时长，脂肪酶活性保持及生产成本控制需要考虑。一般还要经过物理脱酸、脱色、脱臭，或新型工艺，如分子蒸馏，对制备的中碳链脂肪酸甘油三酯进行分离纯化，提升产品品质。

（二）中（短）长碳链甘油三酯

1. 结构脂的定义

结构脂即结构脂质，又称重构脂质、质构脂质或设计脂质。严格来讲，结构脂是经化学法或酶法改变甘油骨架上脂肪酸组成和（或）位置分布、具有特定分子结构的甘油三酯，即特定的脂肪酸残基位于甘油骨架上特定的位置。结构脂的脂肪酸组成、种类及其在甘油碳骨架上的位置与其起始原料都不同，组成和结构上的变化使得结构脂在物理化学性质和生理作用上有显著变化。

广义的结构脂种类广泛，包括多种特殊结构的甘油三酯、甘油二酯、甘油一酯和非甘油基脂肪酸酯等。从该意义上讲，上述中碳链脂肪酸甘油三酯也属于结构脂。但是，通常所说的结构脂是指将短链脂肪酸、中链脂肪酸中的一种或者两种，与长链脂肪酸一起与甘油结合所形成的新型脂质。此部分主要介绍中（短）长碳链甘油三酯。

2. 几种重要的中（短）长碳链甘油三酯

目前，已有商业化的中（短）长碳链甘油三酯产品，例如辛酰基癸酰基山嵛酰基甘油、Salatrim 等，它们组成和功能不同。

（1）辛酰基癸酰基山嵛酰基甘油　即 Caprenin，Caprenin 是 Caprocaprylobehenic triacylglyceride 的简称，是一种 $C_{6:0}$、$C_{8:0}$、$C_{10:0}$ 和 $C_{22:0}$ 等中长碳链脂肪酸与甘油相酯化的甘油三酯。其中的一种含己酸、癸酸和山嵛酸的 Caprenin 的结构，如下所示。

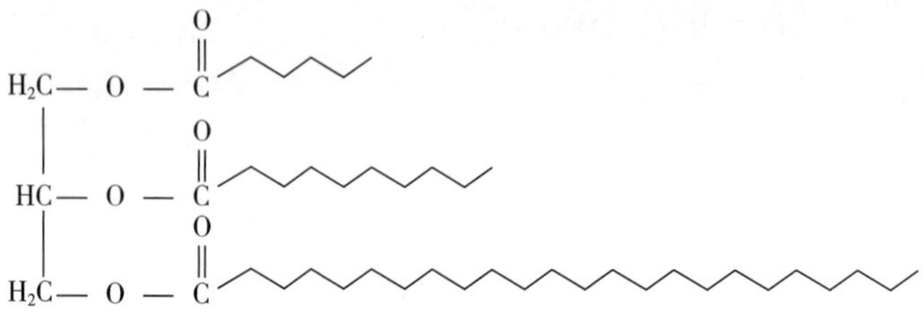

商业化 Caprenin 产品中，脂肪酸在甘油骨架上无特定顺序。Caprenin 的中碳链脂肪酸常从椰子油、棕榈仁油中获得，山嵛酸则来自氢化菜籽油、花生油与海生动物油。传统菜籽油含约 35%芥酸（$C_{22:1}$），经氢化即为山嵛酸，花生油约含 3%的山嵛酸，海生动物油常含有 10%以上的二十二碳六烯酸，经氢化也可得山嵛酸。但 Caprenin 常由椰子油、棕榈仁油和氢化菜籽油通过化学酯交换法制得。山嵛酸可被人体部分吸收，它仅提供很少的热量，中碳链脂肪酸与碳水化合物一样代谢很快。Caprenin 的热量仅有 20. 9kJ/g，显著低于传统甘油三酯的 38kJ/g。目前，Caprenin 是美国食品药品监督管理局（FDA）批准的 GRAS（generally recognized as safe）级产品，允许在软糖果如糖棒和坚果、水果和甜饼等的糖衣中使用。Caprenin 在室温下为液体或半固体，热稳定性较好，可用作可可脂的替代品。

（2）Salatrim　Salatrim 是英文 Short and long acyltriglyceride molecular 的简称，它是由硬脂酸（$C_{18:0}$）及乙酸（$C_{2:0}$）、丙酸（$C_{3:0}$）、丁酸（$C_{4:0}$）等长、短链脂肪酸与甘油酯化的异甘油三酯混合物，其一种 Salatrim，1-丙酰基-2-丁酰基-3-硬脂酰基-*sn*-甘油的结构，如下所示。

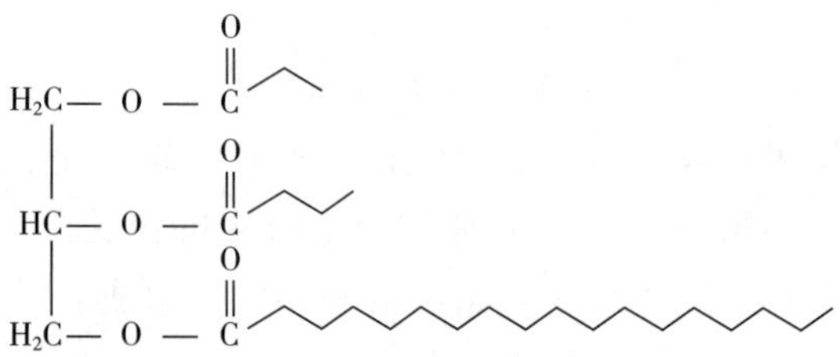

Benefat 是由 Nabisco 公司开发的一个 Salatrim 品牌，它由高度氢化的植物油与乙酸

和（或）丙酸和（或）丁酸经酯交换反应而制得的混合甘油三酯，其中脂肪酸随机连接在甘油分子上。由于脂肪酸的随机分布，产品含有许多分子种类，改变短链脂肪酸和长链脂肪酸的比例，可以得到物理性质（如熔点和黏度）和功能特性可控的多种结构脂（如代可可脂）。对 Benefat 安全性的评价表明，每日消耗 30g 对人体没有显著影响，FDA 已批准其为 GRAS 级产品，可广泛用于多种低脂产品中。和 Caprenin 一样，Salatrim 是一种低能量脂肪，不同规格的 Salatrim 产品的热量为 19.6～21.3kJ/g，一般用于烘烤薯条、巧克力风味涂层、乳制品和调味品等方面，或作为可可脂的替代品。

（3）其他中（短）长碳链结构脂　欧美一些大型食品公司和制药公司已开发出多种中（短）长碳链结构脂产品，其常以脂肪乳剂的形式被应用，目前，几种已商业化的结构脂产品，如表 2-5 所示。

表 2-5　几种已商业化的结构脂产品

产品名称	脂肪酸组成	产品产地/公司
Caprenin	$C_{6:0}$、$C_{8:0}$、$C_{10:0}$、$C_{22:0}$	美国俄亥俄州，P&G
Salatrim/Benefat	$C_{2:0}$、$C_{3:0}$、$C_{4:0}$、$C_{18:0}$	美国新泽西州，Nabisco
Captex	$C_{8:0}$、$C_{10:0}$/$C_{18:2}$	美国俄亥俄州，ABITEC
Neobee	$C_{8:0}$、$C_{10:0}$、LCFA	美国新泽西州，Stepen
Impact	$C_{12:0}$、$C_{18:2}$	美国明尼苏达州，Novartis
BOB	$C_{20:0}$、$C_{18:1}$	日本大阪，不二制油株式会社
Betapol	$C_{16:0}$、DHA、EPA	英国伦敦，unilever
EE73403	$C_{8:0}$、$C_{10:0}$、LCFA	瑞典斯德哥尔摩，Phamaciz AB

这些中（短）长碳链结构脂与典型的中碳链脂肪酸甘油三酯的脂肪酸组成不同，后者主要含有 65%～75%的 $C_{8:0}$ 和 25%～35%的 $C_{10:0}$，仅有 1%～2%的长链脂肪酸。这些产品对人体是安全的，研究表明，术后病人服用中（短）长碳链脂肪酸结构脂产品后，结构脂产品可被快速代谢，促进术后恢复。

2012 年我国卫生部门批准中长链脂肪酸食用油为新资源食品，规定它是以食用植物油和中碳链甘油三酯（来源于食用椰子油、棕榈仁油）为原料，通过脂肪酶进行酯交换反应，经蒸馏分离、脱色、脱臭等工艺而制成的产品。其要求中长碳链脂肪酸甘油三酯≥18g/100g，长碳链脂肪酸甘油三酯≤77g/100g，中碳链脂肪酸甘油三酯<3g/100g，中碳链脂肪酸≥11g/100g，卫生安全指标应符合食用植物油卫生标准。固定长碳链脂肪酸食用油食用量≤30g/d。

3. 中（短）长碳链结构脂功能特性

中（短）长碳链结构脂是根据脂质在体内消化和代谢特点所设计的一种特殊脂肪，它在满足人们对脂肪的营养、色泽、风味、口感等要求的同时，最大限度地降低了其不利影响，具有易消化吸收、降血脂、抑制体脂肪蓄积、增强人体免疫力、抑制肿瘤、预防动脉硬化和冠心病等功能。其特殊的结构使得其可被舌、胃和胰脂酶迅速水解成中（短）碳链脂肪酸和 *sn*-2 甘油一酯，然后被小肠黏膜细胞迅速吸收。在体内消化过程中，从结构脂释放出来的 C_{12} 以下中（短）碳链脂肪酸可迅速代谢，而长链脂肪酸则直接以甘油一酯的形式被吸收。对于胰脏功能不全的病人，其可作为营养物，促进病人恢复。

中（短）长碳链结构脂已有工业化生产，得到广泛应用，具有较大的发展空间。随着现代酶工程和基因工程技术发展，未来有望设计针对不同个体的新一代产品，并降低成本，进一步扩大应用范围。

4. 中（短）长碳链结构脂的合成方法

中（短）长碳链结构脂的合成方法目前主要有化学法、酶法两种。

（1）化学法　现在已经商业化的结构脂大都是由化学法生产的，即酯交换。酯交换通常可以看成中碳链脂肪酸甘油三酯和长碳链脂肪酸甘油三酯混合物的水解和随后在甘油分子上发生的中链脂肪酸和长链脂肪酸混合物的重新随机酯化。化学合成的结构脂实际上由一个中链脂肪酸的甘油三酯（即 MLL 和 LML）或两个中链脂肪酸的甘油三酯（即 LMM 和 MLM）随机组成，其中还有少量未发生反应的 MMM 和 LLL。改变中碳链脂肪酸甘油三酯和长碳链脂肪酸甘油三酯初始反应物的比率和甘油三酯的类型，即可生产出期望的结构脂分子。在结构脂的化学合成过程中，椰子油是中碳链脂肪酸甘油三酯的良好来源，大豆油等植物油也可作为 ω-6 长链脂肪酸的来源。

化学催化法的优势是工艺成熟，容易实现大规模生产，成本较低。但反应随机性强，反应条件剧烈，产物难以控制，同时生成较多副产物，产品分离纯化较麻烦，也不易得到具有期望生理功能的特殊结构的结构脂。此外，化学法酯交换过程的催化剂常是碱金属或碱金属烷盐，这个过程需要高温和无水的条件，反应结束后必须除去催化剂，生产过程较为烦琐。

（2）酶法　脂肪酶催化生产结构脂可采用直接酯化法、酯-酯交换法和酸解法。具体选择哪一种方法，与原料种类、目标产品的结构有关。

①直接酯化法：即用游离脂肪酸与甘油在酶的催化下直接酯化制备结构脂。反应式如下：

$$\text{甘油}+\text{长链脂肪酸}+\text{中链脂肪酸}\xrightarrow{\text{脂肪酶}}\text{结构脂}+\text{水}$$

采用这种方法必须随时除去酯化反应过程产生的水分，以防止产物因水解而降低得率。此法最大的好处是反应一步完成，且底物比例适当时副产物少，产物分离容易。但原料需分别制备，成本比较高，实际较少应用。

②酶-酯交换法：酯-酯交换法是甘油三酯分子内部或分子之间发生酰基交换生成新的酯的过程。生产结构脂时，酯-酯交换法通常在脂肪酸组成不同的甘油三酯（油脂）分子之间发生，这样可以实现原料互补，达到脂肪酸利用最佳化。反应式如下：

$$\text{中碳链脂肪酸甘油三酯}+\text{长碳链脂肪酸甘油三酯}\xrightarrow{\text{脂肪酶}}\text{结构脂}$$

$$\text{长碳链脂肪酸甘油三酯}+\text{中碳链脂肪酸乙酯}\xrightarrow{\text{脂肪酶}}\text{结构脂}+\text{长碳链脂肪酸乙酯}$$

$$\text{中碳链脂肪酸甘油三酯}+\text{长碳链脂肪酸乙酯}\xrightarrow{\text{脂肪酶}}\text{结构脂}+\text{中碳链脂肪酸乙酯}$$

可见，酯-酯交换法可用组成不同的油脂直接反应，也可以先部分水解再进行酯交换。由于反应原料廉价易得，所以直接生产成本低。

③酸解法：酸解法是酯分子和游离脂肪酸分子之间进行酰基交换的酯交换反应。

与酯-酯交换法中以乙酯作为酰基供体相比，酸解法中游离脂肪酸作为酰基供体的反应速率要慢。酸解法实质上是分两部分进行，首先是甘油三酯在酶的作用下水解为偏酯和脂肪酸，然后偏酯与体系中的游离脂肪酸重新酯化生成期望的结构脂。酸解法中的甘油三酯可根据产品需要，直接采用各种油脂，由于原料来源广泛，所以生产成本相对较低，产物中过量的游离脂肪酸可采用蒸馏方法，方便回收利用。

（三）*sn*-2 位为功能性脂肪酸的结构脂

甘油三酯所具有的营养生理活性不仅与其脂肪酸组成有关，而且与脂肪酸在甘油三酯上的位置相关，甘油分子上脂肪酸的位置分布影响脂肪的消化吸收特性和生物学功能。

某些脂肪酸，如 EPA、DHA 等被称为功能性脂肪酸，这些功能性脂肪酸的摄入，具有降低冠心病发生的概率、防止某些癌症的发生、提高人体的免疫机能等功能，但脂肪酸碳链长度、不饱和度等因素会影响其吸收过程。由于胰脂酶对多不饱和脂肪酸的特异性差，多不饱和脂肪酸处于甘油 *sn*-2 位有利于多不饱和脂肪酸以 2-甘油一酯的形式被有效吸收。因此，*sn*-2 位为多不饱和脂肪酸的结构脂在医药、临床、营养和健康食品中的应用受到重视。研究表明，不饱和脂肪酸在甘油分子上的位置对甘油三酯的自动氧化速率和熔化性质也有影响，多不饱和脂肪酸在 *sn*-2 位上的甘油三酯要比在其他位上的甘油三酯具有更高的氧化稳定性。

尽管许多结构脂容易通过化学途径来合成，但对于那些含多不饱和脂肪酸的甘油三酯来说，却是非常困难的。脂肪酶为多不饱和脂肪酸甘油三酯的合成提供了途径。已有研究通过采用金枪鱼油、鳕鱼肝油与辛酸在固定化根霉脂肪酶（rhizopus delemar）催化下进行酯交换反应，合成 *sn*-2 位富含 DHA，*sn*-1,3 位为中链脂肪酸的结构脂，用于未成年人牛乳中的功能性补充剂，促进未成年人中枢神经系统的发育。

（四）人乳替代脂

1. 人乳脂的功能和结构特点

对于所有哺乳动物的幼崽来说，在生长的初期，乳脂肪都是其能量的主要来源，也是构成其细胞膜的主要成分。母乳中含有 3%~4%的脂肪，其中 98%是甘油三酯，母乳脂肪提供婴儿生长发育 45%~55%的能量和必需脂肪酸，其大部分脂肪酸的熔点低于 38℃，比较容易吸收。母乳脂肪的特点是含有 16~25mg/dL 的胆固醇，亚油酸与亚麻酸的比例在 4∶1~7∶1，含有利于生长、脑部和视网膜发育的花生四烯酸和二十二碳六烯酸，至少含有 4%~8%的中碳链脂肪酸以快速提供能量，棕榈酸含量在 20%~30%，且 60%~70%的棕榈酸在甘油三酯的 *sn*-2 位，而 *sn*-1 和 *sn*-3 位基本为油酸和亚油酸，母乳中主要的甘油三酯类型为 USU（S 饱和脂肪酸，U 不饱和脂肪酸），如 1，3-二油酸-2-棕榈酸甘油三酯（OPO）和 1-油酸-2-棕榈酸-3-亚油酸甘油三酯（OPL）等。

符合婴儿营养需求的理想油脂应与母乳脂肪相似，婴儿配方乳中的脂肪酸组成不仅要符合母乳脂肪的总脂肪酸组成特点，还应符合母乳脂肪 *sn*-2 位脂肪酸分布的特点，这样才能满足婴儿生长发育的需求。

2. 人乳替代脂的合成

用 *sn*-1,3 专一性脂肪酶催化棕榈酰甘油和不饱和脂肪酸反应，制得富含 *sn*-2 棕榈酸的结构脂 OPO，这种产品与人乳中脂肪酸的分布较为接近。研究表明，食用这种产品的婴儿均提高了 Ca^{2+} 和棕榈酸的吸收率，血管中钙皂的沉积较少。由于具有这些优点，20 世纪 90 年代，此类产品实现了商业化生产。OPO 的合成过程，如图 2-16 所示。

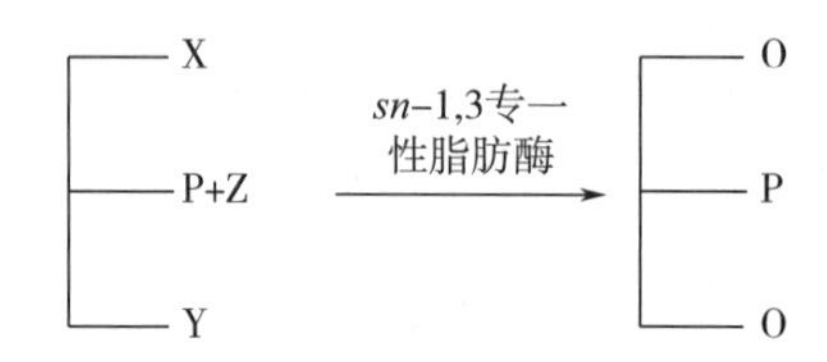

图 2-16　OPO 的合成过程

X、Y 为脂肪酸或者羟基，Z 为油酸及其低级醇酯

该反应通常在搅拌釜或填充反应容器中进行，其影响因素有酶的活力、酶用量、反应底物、水分及溶剂体系等。通常 OPO 的酶法合成需要 *sn*-2 富含棕榈酸的原料油脂和富含油酸的酰基供体。OPO 产品主要有两类，一类是以棕榈油、棕榈油硬脂精或棕榈酸甘油三酯等与油酸或油酸低级醇酯（油酸甲酯或乙酯）为底物，通过酶法酯交换技术合成 OPO 产品；另一类是以猪油或牛乳脂与油酸、亚油酸或油酸、亚油酸低级醇酯（油酸甲酯或乙酯）为底物，通过酶法酯交换技术合成富含 OPO 的产品。猪油棕榈酸在甘油三酯上的位置分布（总棕榈酸 23.9%，*sn*-2 棕榈酸占 67.3%）最接近母乳，是一种纯天然的 OPO 产品。在无溶剂体系下，通过 Lipozyme RM IM 催化猪油和大豆油脂肪酸的酸解反应也可得到人乳脂替代品。

（五）1,3-甘油二酯（1,3-DAG）

1. 1,3-甘油二酯的结构特点

甘油二酯是天然油脂的微量组成成分，其在天然油脂中的含量通常小于 5%，但在棉籽油、棕榈油和橄榄油中含量相对较高，分别约为 9.5%、5.8%和 5.5%。甘油二酯具有两个长链脂肪酸，亲脂性较强，同时它还含有一个羟基，具有一定亲水性，因此，甘油二酯是一种较好的乳化剂。甘油二酯也是油脂在人体内代谢的中间产物，是作为细胞内肌醇磷脂信号传递途径的中间物质，它与甘油一酯一样，属 GRAS 级物质，食用安全，口感、色泽和风味与普通的甘油三酯无异。

1,3-甘油二酯是二分子脂肪酸与一分子甘油的 *sn*-1 位和 *sn*-3 位羟基发生酯化反应的产物，可将其看成甘油三酯中一个脂肪酸被羟基所代替的结构脂。日本某公司通过酶法开发了一种富含 1,3-甘油二酯的油脂，称为 Econa 油，其主要成分为甘油二酯（1,3-甘油二酯和 1,2-甘油二酯的混合物，二者比例为 7 ∶ 3）>80%，甘油三酯<20%，甘油一酯<5%，还添加有一定的乳化剂和抗氧化剂。该产品已通过日本相关卫生部门的安全认定，其在口感、色泽和风味等方面与日常食用的食用油之间无显著差异，但它的价格偏高。

2. 1,3-甘油二酯的生理功能

研究表明，1,3-甘油二酯与甘油三酯的代谢特征不同，它具有改善肥胖患者的体脂组成和体重等指标的作用，还可改善肥胖、糖尿病患者的血脂代谢状况，用于预防与治疗高脂血症及与高脂血症密切相关的心脑血管疾病，如动脉硬化、冠心病、脑卒中、脑血栓、肥胖和脂肪肝等。

1,3-甘油二酯的吸收有别于甘油三酯，它的极性界于甘油一酯和甘油三酯之间，比较容易乳化，因此其有利于被消化，减轻人体对脂肪消化的负担，同时，1,3-甘油二酯在消化过程中被水解成 1（3）-甘油一酯和脂肪酸，甚至进一步完全水解为甘油和脂肪酸，这些产物不易被重新合成甘油三酯，而是直接经血液循环进入肝脏被氧化，*sn*-1 型甘油一酯相比于 *sn*-2 型甘油一酯很少被重新酯化为甘油三酯，并形成乳糜微粒。这一点可以解释 1,3-甘油二酯摄入后导致的餐后血清甘油三酯浓度降低的现象。

3. 1,3-甘油二酯的合成

1,3-甘油二酯可以采用化学法和酶法生产。

（1）化学法　采用 NaOH、KOH、CH_3ONa 等催化油脂发生甘油酯水解反应，其具有成本低、容易实现大规模生产等优点。但化学法缺乏专一性、产物复杂，所得的甘油二酯是 1,3-甘油二酯和 1,2（2,3）-甘油二酯的混合物，需较多的纯化步骤。

（2）酶法　利用脂肪酶制备 1,3-甘油二酯的方法。主要有直接酯化法、甘油解法、甘油三酯先分解后合成法、甘油三酯直接水解法。

①直接酯化法是以脂肪酸和甘油为原料，以一定比例混合后，在微量水条件下，利用 1,3-特异性脂肪酶催化合成 1,3-甘油二酯，直接酯化法具有反应简单、可一步完成、产物纯度高、便于纯化分离、反应周期短等优点。但该法所需底物需要分别制备，生产成本较高，不适合大规模生产。

②甘油解法是指将甘油三酯与甘油以一定比例进行混合，加入 1,3-特异性脂肪酶，催化甘油三酯分子上的酰基向甘油分子的 1,3-位羟基转移而制备 1,3-甘油二酯的一种方法。影响产品产率的因素有甘油三酯和甘油的比例、脂肪酶的添加量、反应温度等。此外，溶剂的类型对 1,3-甘油二酯的产率影响也特别大，溶剂的疏水性越大，1,3-甘油二酯的产量越高。甘油解法成本较低，是目前制备 1,3-甘油二酯的主要工业方法，

但同样具有反应速度慢、产物纯度不高、纯化过程复杂等局限性。

③甘油三酯先分解后合成法，即先利用无选择性脂肪酶将甘油三酯水解成甘油和脂肪酸，产物无需处理，直接加入1,3-特异性脂肪酶，将甘油和脂肪酸重新酯化合成1,3-甘油二酯。该法以常见食用油为原料即可，所需底物成本低，但与直接酯化法和甘油解法相比，该反应过程较复杂。

④甘油三酯直接水解法，即利用脂肪酶将甘油三酯上*sn*-2位的酰基水解掉，一步制备1,3-甘油二酯。该法成本非常低，且反应过程简单，仅需一步水解即可制备1,3-甘油二酯，但目前特异性水解甘油三酯的*sn*-2酰基的脂肪酶尚未有商业化应用。

合成1,3-甘油二酯的反应体系中存在多种组分，如甘油三酯、1,2-甘油二酯、1,3-甘油二酯、甘油一酯、游离脂肪酸、甘油等。为了得到高纯度的1,3-甘油二酯，需要进行纯化操作，从而分离去除其他组分。

（六）功能性脂质的应用

1. 用于食用油脂

为了提升食用油脂的营养价值，食用油脂加工企业通过优化加工工艺，提升加工技术，使得油脂中富含亚油酸、α-亚麻酸、神经酸等功能性脂质。目前，市面上也已出现不少富含功能性脂质的食用调和油，如富含ω-3脂肪酸的油脂、富含甘油二酯的油脂、花生四烯酸油等。通过脂肪酸比例的合理调配，优化脂肪酸组成，使其达到膳食指南推荐的摄入水平，不仅提升油脂的营养价值，还拓宽了油脂的品类，避免产品同质化。功能性脂质作为食用油在满足食用油脂基本功能的同时，可发挥特定的优良的营养价值，得到广大消费者的认可，某些相关标准，如甘油二酯食用油，也正在申请出台。

2. 用于婴幼儿食品

婴幼儿生长极为迅速，其对营养素的需求极高，充足的营养素摄入是婴幼儿身体、智力发育的基础。在婴幼儿配方乳粉中通过加入ω-3和ω-6系列脂肪酸，调整ω-3和ω-6脂肪酸的比例使其满足不同阶段婴幼儿需求。或者外源添加某些特定多不饱和脂肪酸、功能性磷脂和脂溶性微量营养素等，不仅可以使配方乳粉更接近母乳组成，更可以满足婴幼儿对营养素摄入量的要求，对促进脑部、视网膜等器官的发育具有重要作用。在某些针对儿童的副食品，如含乳饮料、香肠等中也有通过添加二十二碳六烯酸（DHA）和二十碳五烯酸（EPA）等功能性脂质，从而提升副食品的营养价值。

3. 用于保健食品和特殊医学用途配方食品

随着全球人口老龄化进程不断推进，保健食品、特殊医学用途配方食品（简称特医食品）相关技术或产品发展如火如荼，目前我国保健食品市场规模约4000亿元；全球特医食品市场规模约有800亿元，我国特医食品市场规模已达到约80亿元，拥有全球最大的特医食品消费市场。当前国内常见保健食品声称的功能有24类，其中辅助降血脂、抗氧化、辅助改善记忆、缓解视觉疲劳和免疫调节等多类产品中都需要功能性脂质的加入，以达到保健食品声称的目的。例如，在机体内，DHA、EPA 可产生有益生理效应的物质，参与了细胞基因的表达调控，可起到提高机体免疫力的作用。在庞大的保健食品消费市场和人们追求保健效果的驱动下，功能性脂质在保健食品生产中的应用与研究日趋广泛、深入，在今后的食品生产中定能创造更加惊人的产值。

思考题

1. 油脂制取前的预处理有哪些工序？
2. 油料剥壳的意义何在？
3. 油脂精炼包括哪些工序？
4. 油脂改性有哪些手段？
5. 油脂氢化过程为什么会产生反式脂肪酸？
6. 试述化学酯交换和酶法酯交换。
7. 举例说明氢化和分提在油脂生产中的应用。
8. 试述典型功能性脂质的制备方法。
9. 什么是结构脂？
10. 举例说明功能性脂质在实际产品中的应用。

第三章

脂质的生物制造

学习目标

1. 了解当前新资源脂质的挖掘与开发向绿色低碳、无毒低毒、可持续发展模式转型的发展思路。

2. 抓住全球新一轮科技革命和产业变革重大机遇，掌握脂质生物制造技术基础。

3. 了解脂质生物制造的主要应用。

目前的食品脂质主要是来源油料或动物，随着人口增加、环境恶化等问题的出现，脂质的生物制造成为食品脂质领域的热点之一。

第一节　脂质新资源开发

目前，为了满足食品、饲料和工业用途的需要而生产的脂质主要来源于油棕（elaeis guineensis）和几种主要的温带油料作物，包括大豆（glycine max）、油菜（brassica napus）、向日葵（helianthus annuus）和花生（arachis hypogaea）等。但是，由于全球人口激增，油脂消费量已显著增加。到 2030 年，全球脂质需求量预计翻番。但是，目前的脂质生产（包括植物源和动物源脂质）却难以满足如此大的增幅。因此，开发新型脂质来源，对满足日益增长的脂质产品需求和油脂产业的健康可持续发展具有重要意义。

一、新植物源脂质

植物油脂作为一种可再生能源，无论是在燃料、食品还是工业原料上都有着举足轻重的地位，目前植物油脂主要来源于一些油料作物的种子。世界上最重要的四大油料作物分别为大豆、油棕、油菜和向日葵。全世界每年植物油脂的产量约为 1 亿 t，但逐年增加的产量仍然不能满足人们加工和消费的需求。

因此，提高种子油产量是目前油料作物研究的重要目标之一。常规提高种子油产量的途径有 3 个：①扩大种植面积；②提高单位面积的种子产量；③提高种子的含油量。然而，扩大种植面积和提高单位面积种子产量已经越来越困难。制约植物源油脂生产的因素主要有 3 个：①土地匮乏，难以扩大播种面积；②难以大幅度地提高单位面积产量；③比较收益较低，种植者缺乏种植积极性。

（一）油料资源的开发

1. 小品种特色油料

小品种特色油料（特种油料）包括的范围很广，是指除大宗油料（大豆、花生、菜籽、棉籽和葵花籽）以外，其他种子或者果实含油量比较高，具有经济栽培利用价值的植物油料总称。近年来小品种特色油的产量也在持续增长，逐渐从传统大宗油品中夺取市场份额，主要包括小品种草本油料作物，如芍药籽、番茄籽、紫苏籽等；小品种木本油料作物，如牡丹籽、元宝枫籽、美藤果、文冠果等。近十年，在由国家卫生部门批准的新食品原料名单中，涉及的小品种特色油料有 11 种（表 3-1）。此外，一些富含油脂的木本植物包括榧树、胡桃、山核桃、榛子、麻风树、栾树、黄连木、乌桕、光皮梾木、山桐籽、竹柏、蒜头果、多花山竹子、接骨木、香椿、毛株、翅果油树等，也有待于进一步开发利用。

表 3-1　近十年新食品原料名单公布的小品种特色油

中文名称	来源	发文机构	批准日期	公告号
乳木果油	山榄科乳油木树果仁	国家卫生计生委	2017. 5. 31	2017 年第 7 号
番茄籽油	茄科番茄属番茄籽	国家卫生计生委	2014. 12. 19	2014 年第 20 号
水飞蓟籽油	菊科水飞蓟属水飞蓟籽	国家卫生计生委	2014. 4. 16	2014 年第 6 号
光皮梾木果油	山茱萸科梾木属光皮梾木果实	国家卫生计生委	2013. 10. 30	2013 年第 10 号
长柄扁桃油	蔷薇科桃属扁桃亚属长柄扁桃种仁	国家卫生计生委	2013. 10. 30	2013 年第 10 号
盐地碱蓬籽油	藜科碱蓬属盐地碱蓬种子	中华人民共和国卫生部	2013. 1. 4	2013 年第 1 号
美藤果油	大戟科美藤果种籽	中华人民共和国卫生部	2013. 1. 4	2013 年第 1 号
盐肤木果油	漆树科盐肤木属盐肤木果实	中华人民共和国卫生部	2013. 1. 4	2013 年第 1 号
元宝枫籽油	槭树科槭属元宝枫树种仁	中华人民共和国卫生部	2011. 3. 22	2011 年第 9 号
牡丹籽油	丹凤牡丹和紫斑牡丹籽仁	中华人民共和国卫生部	2011. 3. 22	2011 年第 9 号
翅果油	翅果油树种仁	中华人民共和国卫生部	2011. 1. 18	2011 年第 1 号

2. 兼用型油料

水稻、小麦和玉米是全球主要的粮食作物，也是我国的三大主粮。我国稻谷、小麦、玉米产量均位居世界前列，2020 年我国稻谷产量约 2 亿 t，约占全球总产量的 30%，位居全球第一；小麦产量 1. 32 亿 t，约占全球总产量的 17%，位居全球第一；玉米产量为 2. 65 亿 t，约占全球总产量的 23%，位居全球第二。作为单子叶禾本科植物，其籽粒中的胚芽均富含优质的油脂。此外，我国棉花的产量也位居世界前列，2020 年我国棉花产量 591 万 t，约占全球总产量的 24%。棉籽作为棉花生产的主要副产品也具有重要的价值。因此，谷物加工和棉花产业中副产物为生产米糠油、小麦胚芽油、玉米胚芽油和棉籽油提供了良好的原料基础。此外，还应该进一步挖掘其他大宗粮食作物的副产物作为潜在的油脂源，如何规模化地高效利用这些油脂原料也是需要解决的重要问题。

3. 大宗油料的取代

目前棕榈油是全球第一大产量的植物油，因其性状稳定和功能性而被广泛应用于食品加工及饲料等行业。然而，产量的增加导致了整个世界热带地区的森林砍伐。为了减少对棕榈油的依赖，有着相似结构化能力的椰子油和可可脂被考虑用作替代品，但是这些替代品价格昂贵，供应有限，并且饱和脂肪酸含量高，会提高血清胆固醇水平，进而增加患冠心病的风险。最近，有报道使用棉籽油和花生油等，采用酶解技术，通过将液体油中的甘油三酯转化为甘油一酯和甘油二酯，将液体油直接转化为固体脂肪，以取代棕榈油和其他高饱和脂肪酸。这种方法不添加饱和脂肪酸或氢化脂肪，从而不改变脂肪酸组成。这些新型油被用来生产人造黄油和花生酱，其纹理特性与商业产品相似，这种代替方式代表了一种健康和可持续的手段。

（二）油料产油潜能的开发

近年来，随着基因工程的发展以及多学科的“组学”研究，提高了我们对植物脂质生物化学和代谢的理解，因此，可通过基因工程手段控制植物种子脂肪酸合成和代谢物流向、改变脂肪酸组成，提高和改善种子油产量和质量，从而缓解油料紧缺局面。

1. 植物细胞培养

随着社会的不断进步和科学的不断发展，细胞工程在生命科学研究中起着不可估量的作用。植物细胞培养技术作为细胞工程中的一项重要技术，已经得到广泛应用，成为生物技术最新发展的重要组成部分。植物细胞离体培养包括细胞、组织和细胞融合。植物细胞的大量培养是利用植物细胞体系通过现代生物工程手段，进行工业规模生产以获得各种产品的一门新兴的跨学科技术。油料作物的植物细胞培养始于20世纪60年代大豆组织培养研究，各种外植体的组织培养与再生植株都十分困难，直到进入80年代中后期，大豆的组织培养工作才有了突破性的进展。目前植物细胞培养在油料作物中的应用主要是植物组织培养，即无菌条件下，将离体的植物器官（根、茎、叶、花、果实和种子等）、组织（如花药组织、形成层、胚乳和皮层等）、细胞（体细胞和性细胞）以及原生质体培养在人工配制的培养基上，给予适当的培养条件使其长成完整植株的过程。

植物细胞培养不同于产油微生物的油脂生产，它是当氮源脱离时开始积累脂质，如果能发现使植物细胞核中行为类似核积累脂质的生物信号，植物细胞就可能和产油微生物与转化价值不高的蔗糖为高价值的油脂方面竞争。这一过程的研究和开发对植物油脂，特别是对昂贵油脂或者只能在有限地域生长的油料作物而言具有特别的意义。

2. 转基因植物育种

传统的农业育种主要利用了孟德尔的遗传规律，通过有性杂交产生变异，再经过选择形成优良的品种。但是，由于常规育种主要利用种内或亲缘关系很近的种间杂交进行，其可以利用的遗传资源有限，而现代农业生产对育种的要求越来越高，育种目标日益多样化，常规育种在其可利用基因库内缺乏所需要的农艺基因时显得束手无策，因此常规育种的限制也越来越明显。

转基因植物是指目的基因（包括外源和内源基因两类）导入植物基因组并能在后代中稳定遗传的植物。转基因育种，主要指将高产、抗逆、抗病虫、提高营养品质等已知功能性状的基因，通过现代科技手段转入到目标生物体中，使受体生物在原有遗传特性基础上增加新的功能特性，获得新的品种，生产新的产品。全球转基因作物的种植面积从 1996 年的 170 万 hm^2 增加到 2017 年的 1.898 亿 hm^2，比 1996 年增加了 112 倍。转基因大豆已经达到全球大豆总种植面积的 3/4 以上（为 77%）。

（1）转基因大豆　大豆，作为中国重要的油料作物，是食用油和植物蛋白的重要来源。转基因技术可以改善大豆油营养的主要基因包括：提高大豆中 γ-亚麻酸含量的 $\Delta 6$-脂肪酸脱氢酶基因；改善大豆中油酸含量的高油酸基因；改善大豆中甲硫氨酸含量的拟南芥胱硫醚-γ-合酶（cystathionine synthase，CGS）基因等。

此外，转基因技术可以提高大豆的生产率。20 世纪 80 年代，美国的科研人员克隆获得莽草酸通路中的 5-烯醇式丙酮酰莽草酸-3-磷酸合成酶（EPSPS）基因，利用分子生物学技术将 EPSPS 基因导入大豆中，进而培育出抗草甘膦大豆品种。草甘膦通过抑制 EPSPS，使微生物和植物不能合成生存所需的芳香族氨基酸而死亡。由于该转基因大豆具有耐除草剂草甘膦基因，对非选择性除草剂“农达”（Round up）有高度耐受性。这种转基因大豆于 1994 年被美国食品药品监督管理局（FDA）批准，成为较早商业化大规模推广的转基因作物之一。

（2）转基因玉米　现今我国玉米种植面积不断加大、气候田间变化以及连作时间不断增加的情况下，玉米在种植中的病害也体现出了频率高、种类多的特点，使得原有适应性较差、单一抗性的玉米品种无法满足生产需要。在这种情况下，需要玉米种植品种具有更强的适应性以及更强的综合抗性，以此对玉米种植的高产优势进行充分发挥。在该目标的指导下，转基因玉米育种也将向着适应性广、抗虫能力强以及综合抗性强的方向发展。

2008 年以来，我国转基因重大专项取得了重大进展，在抗虫耐除草剂玉米研发方面，培育了瑞丰 125、DBN9936、DBN9858、2A-7、CM8101 和 CC-2 等一批具有产业化前景的抗虫、耐除草剂转基因玉米，这些成果可以显著提高玉米产量和籽粒大小。近年来，我国科学家利用基因组学技术克隆了提高玉米籽粒软脂酸含量的主效基因 QTL，以及控制维生素 A 源含量的主效基因 QTL-crtRB1、QTL-qPal9 和控制玉米籽粒含油量的主效基因 QTL-qHO1，挖掘了相应的优良等位基因，这些研究也为未来人工培养特定营养成分的高油玉米打下了坚实的遗传学基础。

（3）转基因油菜籽　加拿大首次引进了一种抗除草剂的转基因油菜，之后又开发出一种迄今抗病性和抗旱性最强的油菜转基因品种，还利用基因改造技术，在 Canola

中转入抗除草剂基因，增加其对除草剂与除虫剂的耐受性；瑞典研究人员已育成了若干抗除草剂油菜新品种并大规模投入市场；比利时研究人员采用基因工程手段创造出了新的油菜授粉控制系统，并因此而培育出具有实用价值的油菜基因工程不育系和恢复系，配制的杂交组合已开始在加拿大应用。此外，科学家们正采用基因工程手段来改变油菜的脂肪酸组成，以满足特定市场的需求。

二、新动物源脂质

（一）海洋动物油脂

全球范围内海洋面积占地球总表面积的 71%，海洋生物油脂资源丰富。目前，全球鱼油年产量约 110 万 t，74%来自整鱼、26%来自加工副产物。鱼油 75%用于水产养殖业等，25%用于保健食品和其他食品供人食用。目前，国际市场海洋油脂交易量在 26 万~30 万 t，并且对二十碳五烯酸（EPA）和二十二碳六烯酸（DHA）等鱼油衍生物产品需求量很大。海洋生物在高压缺氧环境下生存，与常压和有氧环境下生存时结构存在差异，体内含有 ω-3 多不饱和脂肪酸如 EPA 和 DHA 等。这两种脂肪酸人体不能合成且不存在于植物油当中，对人体非常重要。发达国家深海鱼油和南极磷虾的捕捞和加工比我国早几十至二百年，技术强、利用率高，海洋油脂的品牌也相当多，有广阔的市场空间和销售渠道。

1. 主要海洋油脂资源

（1）深海鱼油　深海鱼油是指富含 EPA 和 DHA 的鱼体内的油脂，普通鱼体内含量极少，只有生长在寒冷地区深海里的鱼含量较高，如三文鱼、沙丁鱼等。海洋鱼类体内积累的 ω-3 多不饱和脂肪酸主要来源于食物，所以海洋食物链中的初级生产者，如一些低等海洋真菌和微藻，是 ω-3 多不饱和脂肪酸的原始生产者。

全球海洋鱼类在捕捞后提取鱼油（毛鱼油）经过粗加工（精炼或半精炼）后可用于水产及家禽饲料，再经过深加工富集 DHA 和 EPA，作为高档营养保健品或膳食补充剂。早在 20 世纪 50 年代美国食品药品监督管理局（FDA）就把鱼油作为新的食品配料，美国 90%的鱼油出口到欧洲作为食品用油，10%作为非食用配料，1989 年 FDA 确定了部分氢化（PHMO）和氢化鲱鱼油（HMO）的 GRAS（generally recognized as safe）的资格，可以作为人类食品配料。

（2）贝类油脂　贻贝和蛤类的油脂含量随季节变化，秋季在 8.2~14.8g/100g。贻贝脂质主要成分是胆固醇、甘油三酯、游离脂肪酸、甾醇类和磷脂，油中含有多种脂肪酸如 $C_{16:0}$、$C_{18:1}$ ω-9、$C_{18:1}$ ω-3、$C_{18:4}$ ω-1、$C_{20:2}$ ω-6、$C_{20:5}$ ω-3、$C_{22:3}$ ω-6、$C_{22:6}$ ω-3，贻贝油脂中有抗炎功能。贻贝及一些蛤类油脂中富含磷脂，贻贝和蛤所含甘油磷脂的分子中富含以 DHA 和 EPA 为代表的 ω-3 多不饱和脂肪酸。全世界贝类约 12 万种，产量超过 1800 万 t，我国贝类产量 1300 万 t，我国有 800 多种海洋贝类，经济型海水养殖贝类有 20 多种，总产量 1300 万 t。

（3）南极磷虾　南极磷虾（eyphausia superba）在季节性海冰区域 200m 以下的潜水层以群居方式生活，体长 0.8~6.0cm，体重 0.01~2.00g，水域养殖密度达到 10000~30000 只/m^2，以食用浮游植物为主。整虾含水 77%~83%，含粗蛋白 11.9%~15.4%，含油 0.5%~4.45%，雌性磷虾在冬季繁殖期含油高达 8%，油脂中不饱和脂肪酸含量 46.35%，而 EPA 和 DHA 占 15.86%，灰分 3%，糖类 2%。南极磷虾提取物中主要是磷脂类脂质，占总脂质 20%~33%，胆固醇、甘油一酯、甘油二酯、虾青素、非磷脂极性成分占 64%~77%，少量甘油三酯、ω-3 不饱和脂肪酸是以磷脂状态存在的，饱和脂肪酸主要是以甘油三酯形式存在的。

磷虾中含虾青素，容易酯化，是一种类脂物，虾青素主要存在于虾的外壳中，含量在 3~4mg/100g，以虾青素、虾青素单酯、虾青素二酯的形式存在。虾青素是天然色素，可有效猝灭单线态氧和自由基，具有很强的抗氧化能力，是 β-胡萝卜素的 10 倍、维生素 E 的 100 多倍。

当前，南极磷虾脂质制取所采用的原料主要有新鲜南极磷虾、冷冻南极磷虾和南极磷虾干粉。南极磷虾脂质提取工业化生产主要以冷冻南极磷虾或南极磷虾干粉为原料在陆地工厂进行。

2. 海洋动物油脂的开发

（1）鱼类产品油脂的开发　近年来，鱼油功能性食品的研究和开发一直受到各国食品和医药界的高度重视，并在世界范围内掀起鱼油功能性食品开发热潮。以 EPA 和 DHA 为主要成分的 ω-3 高度不饱和脂肪酸（PUFA）大量存在于海洋动植物水产品中。从水产品中分离浓缩 EPA、DHA 鱼油的方法有物理方法和化学方法。通常是将鱼油甘油三酯皂化酸解，使其变成游离脂肪酸，结合尿素沉淀法将饱和脂肪酸除去，也有将鱼油通过酯交换转变成甲酯或乙酯，用超临界二氧化碳萃取法或分子蒸馏将 EPA、DHA 成分浓缩，还有的直接将鱼油在丙酮中冷冻，去除饱和脂肪酸甘油三酯来浓缩 EPA、DHA。通过这些方法，都可将鱼油中的有效成分 EPA、DHA 提高。EPA、DHA 作为产品的形式有 3 种，即甘油酯型、脂肪酸低碳醇酯型及单纯游离脂肪酸型。甘油酯型产品相比于脂肪酸低碳醇酯型产品更利于人体吸收，安全性也高，作为保健品易被人们接受；单纯的游离脂肪酸型产品尽管人体吸收性好，但不适合健康人体。

（2）贝类产品油脂的开发　贝（蛤）类味道极为鲜美，富含蛋白质、脂肪、糖原、无机物等多种营养成分。随着可利用食品资源逐渐扩展至海洋生物，贝类食品受到了国内外食品企业的关注，同时也受到消费者青睐。目前大部分贝类食品的加工集中于用牡蛎等贝类生产牛磺酸、蛋白质、微粉化无机钙盐、甲鱼粉等，而对功能性油脂方面的研究较少，极大限制了贝类食品的消费。目前对贝类油脂方面的研究处于起步阶段，仅见少量关于从扇贝中分离甘油三酯的报道。扇贝的中肠腺脂质中 EPA 含量比较高，且以甘油三酯的形式存在，其含量随季节的变动而变化，但是，从扇贝的中肠腺提取脂质还停留在实验室层面。

（3）虾蟹类产品油脂的开发　虾头占虾体重量的30%~40%，在虾类加工过程中，一般作为加工废弃物，据估算，我国大陆每年剔除的虾头约7万t，其中大部分用于生产饲料，少量用于制备几丁质，大大降低了虾头的利用价值。因此，综合利用虾头资源是提高虾头利用价值的途径，近年来许多国家都着力开发这一资源。目前，虾头油脂方面综合开发利用已初见成效，如虾脑油等。

螃蟹是特种水产品，其味道鲜美，肉质细嫩，含有丰富的营养成分及微量元素，是目前附加值较高的水产养殖对象之一。近年来，国内外对螃蟹类产品的开发主要集中于甲壳素方面，几乎未见有关脂肪提取的报道。目前常见报道的“蟹油”，是以食用油热浸提海蟹中的脂溶性成分而制取的一种蟹香浓郁的风味调味料，而非纯粹意义上的油脂。

近二十年来，世界水产品总量一直保持持续增长趋势，总产量已超过1.3亿t，然而每年因变质丢弃的水产品约占10%，还有约30%的低值水产品被加工成动物饲料，真正供人类食用的水产品并不富足。因此，加强对这类生物资源加工技术的研究，特别是对其丰富的油脂的提取，将有效提高其利用价值。

（二）昆虫油脂

昆虫是地球上种类多、生物量大、食物转换率高、繁殖速度快的生物种群，自古以来人类就把它们作为食品、医药的一种重要来源。我国的昆虫资源也十分丰富，据昆虫学家初步估计，全国昆虫约有万种。虽然昆虫是地球上最大的生物资源，但其产业化应用却处于较低的水平。因此，加强昆虫资源的开发利用已成为当务之急。

对于昆虫油脂的开发，目前还缺乏系统深入的研究，特别是对现有食用昆虫中功能性脂质成分和其他生理活性成分的研究数据相对欠缺，因此昆虫油脂作为食用功能性油脂的工业产品极为少见。

目前，昆虫油脂开发较为突出的一例是从蚕蛹中提取的蚕蛹油，在国外已被用来制备降低血液胆固醇的药物、人造奶油、润滑油、切削油、洗涤油、干性油、黑油膏、壬二酸及表面活性剂中间体等。国内也将其用于制皂、土耳其红油及增塑剂，但国内真正利用人工饲料或放养成功达到规模生产的昆虫仅有土鳖虫、蜜蜂、斑蝥、洋虫、五倍子蚜和紫胶虫等少数几种。这一现状给规模化生产食用、药用、医疗、保健等昆虫油脂产品形成巨大障碍。

1. 昆虫油脂含量

诸多研究结果显示，昆虫干体的油脂含量一般在10%以上，部分昆虫的油脂含量达30%，有的甚至高达77.16%，如表3-2所示。

表 3-2　常见昆虫（干粉）粗脂肪含量

昆虫	粗脂肪含量/%	昆虫	粗脂肪含量/%
蝙蝠蛾幼虫	77.17	沙漠蝗虫	17
棉红铃虫幼虫	49.48	豆天蛾	15.44
亚洲玉米螟幼虫	46.08	大斑芫菁	14.5
米蛾幼虫	43.26	铜绿丽金龟幼虫	14.05
桑天牛幼虫	41.46	眼斑芫菁	13.96
黄粉虫蛹	40.5	水虻	13.93
柞蚕雄成虫	39.49	家蝇幼虫	12.61
桃红颈天牛幼虫	35.89	菜粉蝶幼虫	11.8
黄星瓜天牛幼虫	35.19	家蝇蛹	10.55
黄粉虫幼虫	28.80~34.05	鼎突多刺蚁雌成虫	9.5
柞蚕蛹	31.25	鼎突多刺蚁雄成虫	8.57
华北大黑鳃金龟幼虫	29.8	红胸多刺蚁成虫	8.52
大白蚁	28.3	中华稻蝗	8.24
凸星花金龟幼虫	19.35	中华豆芫菁	8.22
黄粉虫成虫	19.23	绿芫菁	7.5

资料来源：《墨西哥食用昆虫的营养成分》，文礼章，1998。

2. 昆虫油脂脂肪酸组成

昆虫不仅脂肪含量丰富，而且其脂肪酸组成合理（表 3-3）。大量研究表明，昆虫油脂的脂肪酸组成受饲料、发育、种类等条件影响，但总的说来，大部分昆虫不饱和脂肪酸的含量较高，是饱和脂肪酸的 2.5 倍以上，在某种程度上，昆虫油脂脂肪酸组成更接近于鱼油，对人体有良好的保健作用。一些昆虫油脂，如黄粉虫幼虫、家蟋雌成虫、家蚕雄蛹、家蝇幼虫等饱和、单不饱和与多不饱和脂肪酸的比例趋近于当今营养学家们推荐的人体食用最佳脂肪酸比例，具有较合理的脂肪酸组成、可作为天然的优质营养保健油脂。有资料报道，长期食用昆虫油脂能减缓机体衰老，使人延年益寿。

表 3-3　常见昆虫油脂脂肪酸构成

脂肪酸组成	黄粉虫幼虫	家蝇幼虫	家蝇成虫	家蝇蛹	家蚕雄蛹	家蟋蟀成虫	大白蚁成虫
14：0	0.5	2.2	3.5	0.7	—	0.2	0.6
15：0	1	—	0.5	2.1	—	0.5	1
16：0	24	20	16	28	30	25	33
17：0	—	3.2	3.4	—	—	—	2.6

续表

脂肪酸组成	黄粉虫幼虫	家蝇幼虫	家蝇成虫	家蝇蛹	家蚕雄蛹	家蟋蟀成虫	大白蚁成虫
18 : 0	1.4	2.3	4.8	2.2	7.5	5.2	1.4
16 : 1	1.8	13	5.7	5.9	—	1.7	1
17 : 1	2.7	1	—	15	—	3	0.6
18 : 1 (ω-9)	44.7	18.2	26.86	18.3	25.6	35.9	9.5
18 : 2 (ω-6)	24.1	32.5	35.14	14.9	10.9	31.1	43.1
18 : 3 (ω-3)	1.5	3.3	—	2.1	26	0.8	3
>18	—	0.2	4.5	0.2	—	—	4.2

资料来源：《昆虫油脂及其营养评价》，刘晓庚，2003。

从许多关于昆虫油脂的脂肪酸组成数据来分析，昆虫的饱和脂肪酸大多以棕榈酸（16 : 0）为主，单不饱和脂肪酸则多以油酸（18 : 1 ω-9）形式存在，含量在 30%±10%。部分昆虫含有较多的多不饱和脂肪酸，大多数昆虫油脂的多不饱和脂肪酸以亚油酸（18 : 2 ω-6）占比最高，其次是 α-亚麻酸（18 : 3 ω-3）。有研究表明，亚油酸与 α-亚麻酸的比例与昆虫种类有关，大部分鞘翅目类昆虫的亚油酸含量较高，约有 40% 的鞘翅目昆虫中亚油酸含量超过 25%；而鳞翅目昆虫则多富含 α-亚麻酸，其比例达 25%以上；柞蚕蛹的不饱和脂肪酸比例高达 80%以上，其中 α-亚麻酸含量高达 29%以上（有关资料报道雄蛹为 29.8%，雌蛹为 37.8%），这为人们开发功能性脂肪酸提供了数据支撑。另外，昆虫油脂中还存在着自然界较为少见的奇数碳脂肪酸，其中以十五碳酸、十七碳酸为主，如大白蚁成虫、家蝇幼虫、家蝇成虫中十七碳酸比例均达到 2%以上；由于奇数碳脂肪酸具有独特的生理活性功能，特别是发现它们具有较强抗癌活性，使得一些研究者对昆虫油脂中奇数碳脂肪酸的富集及分离提取产生了浓厚的兴趣，成为了昆虫油脂研究的一个热点。

3. 昆虫油脂资源前景

（1）市场需求巨大　在国际上，墨西哥、乌干达、刚果、印度、日本、泰国、马来西亚、澳大利亚等国及北美洲的印第安人地区，食用昆虫及昆虫产品已成为饮食业的主流。在乌干达，以昆虫为原料的营养品、药品和保健品价格非常昂贵，日本昆虫利用市场产值就达 2600 多亿日元。在国内，云南、贵州、广东、广西、山东、海南和河北等地各民族都有食虫的习惯。随着人们生活水平的不断提高，要求健康饮食的呼声越来越高，人们对昆虫等具有保健作用的油脂及食品需求日益增长。所以，开发昆虫油脂保健食品、药品具有十分广阔的市场前景。

(2) 昆虫资源丰富　世界上已确定3650余种昆虫可供食用。我国昆虫资源的利用不仅有品种上的优势，而且在原料生产上具有如下特点：①生物生产率高，在环境适宜温度26~29℃时，许多昆虫在30d左右就可完成一个世代的繁殖和生长；②繁殖率极高，在大多数昆虫品种中，一只雌性成虫平均每天可产卵300~1000粒，如一只白蚁每天能产480~900粒卵，一年可产几十万粒卵；而膜翅目的有些蜂后一天能产2000~3000粒卵，每年可产近百万粒卵；③饲养昆虫的饲料广泛易得，且料虫比低，虫的产出率高，经济效益好；④野生或栽培植物、腐殖质、动物排泄物等都可用作昆虫饲料，研究结果表明平均3.2kg饲料可生产1kg昆虫产品；⑤昆虫种类多、群体大、适应性强、抗病力高、易养殖。这些优势为推动昆虫产业蓬勃发展奠定了良好基础。

(3) 昆虫油脂的脂肪酸含量丰富、组成合理　昆虫油脂有可能成为低胆固醇含量的食物或动物油脂资源。另外，昆虫油脂含有多种生物活性物质（如奇数碳脂肪酸的抗癌活性、不饱和脂肪酸预防心血管疾病以及某些昆虫中的抗风湿和类风湿的活性因子等），这些都为昆虫油脂开发奠定了基础。

三、微生物源脂质

微生物方法生产油脂始于第二次世界大战期间油脂资源短缺的德国。通常微生物细胞中含有2%~3%的油脂，但在一定的培养条件下，其干细胞中油脂含量可以达到60%以上，比一些植物种子含油量高。1994年，*Lipomyces*属酵母被发现可以用于生产油脂。20世纪60~70年代从*Khodotornla*属酵母菌、曲霉菌、毛霉菌等中发现了一些积累油脂较高的菌株。但是，目前微生物油脂在价格上仍然无法与动植物油脂竞争。

因为微生物能够生产一般动植物中罕见的多不饱和脂肪酸，为功能性食品和医药工业提供足够的基础原料。20世纪80年代，随着人们对ω-3、ω-6多不饱和脂肪酸生理功能的认识，微生物油脂逐渐成为新型油脂研究的热点。

世界人口的增加、可耕地面积的减少、常有各种自然灾害发生，给粮食生产构成威胁，也给油料的来源构成了威胁。因此微生物油脂资源自然成了人们关注的热点。尽管目前微生物油脂的生产费用较高，但微生物易变异，可使用的原料广泛，完全可以通过生物技术利用食品工业的废弃物来生产油脂，如乳清、淀粉厂废水、糖厂废糖蜜等。

(一) 常见产油微生物种类

能够产生油脂的微生物有酵母、霉菌、细菌和藻类，为了区别于植物油脂，如单细胞蛋白一样，一般将微生物油脂称为单细胞油脂（SCO）。目前，研究较多的是酵母、霉菌和藻类，而细菌研究的较少。

1. 酵母油脂

虽然许多菌种都能产生油脂，但能大量积累油脂的菌种很少。目前研究发现富含油脂的酵母主要有棕酵母、假丝酵母（*Candida*）、油脂酵母（*Endomyces vernalis*）等，含油量能达到30%~70%。

2. 真菌油脂

能够产生油脂的丝状真菌较多，而且大部分都能产生不饱和脂肪酸。富含油脂的丝状真菌有：土曲霉（*Aspergillus terrrus*）、褐黄曲霉（*A. ochraceus*）、暗黄枝孢霉（*Cladosporium fulvum*）、蜡叶芽枝霉（*C. hebarceus*）、葫芦竿霉（*Choanphora cucurbitarum*）、花冠虫霉（*Entomphlhora coyonata*）、梨形卷旋枝霉（*Helicostylum phrifome*）、葡酒色被孢霉（*Mortierella vinacea*）、爪哇毛霉（*Mucor javanicus*）、布拉氏须霉（*Phycomyces blakesleeanus*）、唐菖蒲青霉（*Penicillium gladiole*）、德巴利氏腐霉（*Pythium debaryanum*）、葡枝根霉（*Rhisopus stolinijer*）、元根根霉（*R. arrhizus*）以及水霉（*Saprolegnia litoralis*）等，含油量可达菌体干重的25%~65%。

3. 藻类油脂

许多海洋微藻和巨藻类也能产生油脂，并且含有较多的EPA和DHA。文献报道，能产生DHA的自养型藻类主要集中于涡鞭毛藻纲（*Dinophyceae*）及普林藻纲，其他则较少。涡鞭毛藻（*Dinoflagellates*）中多不饱和脂肪酸主要是花生四烯酸（ARA）、EPA及DHA其主要特征是总脂肪酸中含有极高的DHA，占12%~34%。这类藻的代表菌株有寇氏隐甲藻（*Crylheeodinium cohnii*）等。普林藻纲包括等鞭金藻（*Isochrysis glbana*）及巴夫藻（*Pavlova salina*、*Pavlova lutheri*），这些藻种同时也含有相当数量的EPA。

4. 细菌油脂

产油细菌能够在细胞内积累大量甘油三酯，是传统动植物油脂的重要替代资源，来自微生物发酵生产的脂肪酸也可以作为交通燃料和合成化工产品的重要前体。一些产油细菌能够在其细胞中积累非常高水平的甘油三酯（超过50%），特别是链霉菌属或红球菌属的一些菌株。例如，产油细菌浑浊红球菌（*Rhodococcus opacus*）具有产脂量高、高细胞密度培养、利用多种碳源的特点，通过建立完善的遗传改造体系，已经是工业化生产微生物油脂最具潜力的菌株之一。在不同碳源的细胞培养过程中，革兰氏阴性菌和革兰氏阳性菌能够产生不同数量的甘油三酯。除此之外，大多数产油的细菌不产生甘油三酯，而是积累复杂的类脂，如磷脂和糖脂，给提取带来了困难，因此目前研究较少。此外，有些细菌（如分枝细菌、棒状菌、诺卡菌等）还能产生有毒物质。

（二）微生物产油机制

微生物生产油脂主要包括细胞增殖和脂质累积两个阶段。发酵是细胞增殖的早期阶段，这一时期损耗培养基中的碳、氮源，维持微生物的正常生长代谢。在氮源不足的条件下，微生物繁殖速度减缓，进入油脂积累阶段，主要是将碳源转化为油脂合成的前体物乙酰辅酶A，乙酰辅酶A在一系列酰基转移酶的作用下进一步参与甘油三酯、磷脂、糖脂等油脂的合成。微生物产油过程类似于动物油和植物油的生产过程，从乙酰羧化酶反应开始，通过屡次扩链，再通过去饱和酶的一系列去饱和作用，完成了整个生化过程。在微生物生产油脂过程中，主要涉及到乙酰羧化酶和去饱和酶。产油的第一步是乙酰羧化酶催化羧酸脂肪化，这是一个限速步骤，这种酶是由多个亚基组成的复合酶，存在着许多活性中心，所以此酶可被乙酰辅酶、三磷酸腺苷和生物素活化。产油的第二步为不饱和脂肪酸的氧化过程，该过程所需的去饱和酶是通过微生物氧化法生产不饱和脂肪酸的关键酶。

（三）微生物油脂生产

微生物生长所需的主要原材料：碳源（如葡萄糖、蔗糖）、氮源（如尿素、玉米糖浆）以及一些必要的无机盐。微生物的培养主要有液体培养法、固体培养法和深层培养法，其中最常用的是深层培养法。

菌种的生长环境直接影响其产油量，也影响产油速率。而优良的菌种是产油的首要条件，微生物的品种直接影响产油量以及油脂的组成。此外，微生物在生长过程中，碳氮比、温度、pH、氧含量和无机盐含量等要素对产油率和油脂量都有一定的影响。

一般情况下，含氮量较高，细胞中蛋白质含量就高，更有利于油脂积累。由于低氮源浓度对细胞繁殖不利，为了获得大量菌株，生产油脂前期要求低的碳氮比；但是产油期需要高碳氮比，才可以积累更多脂肪。温度对产油率也有一定影响，适宜的温度能增加产油量，温度太高或太低则会妨碍油脂的产生。曾有报道将黑曲霉（*Aspergillus niger*）、米曲霉（*A. oryzae*）、红酵母（*Rhodotorula grutinis*）、少根根霉（*Rhizopus arrhizus*）和酿酒酵母（*Saccharomyces cerevisiae*）在 20，25，30，35，40，50℃条件下培育 5d，探索培养温度对微生物产油量的影响，结果发现微生物产油的最佳温度为 25~30℃。当培养温度高于 50℃时，菌株的产油量下降，这很可能是微生物体内部分酶在较高温度下失去了生物活性，从而减慢了菌株的产油速率。pH 对微生物产油量也有较大影响，不同微生物的最佳产油 pH 是不一样的：酵母的 pH 一般在 3.5~6.0；霉菌却是中性或呈弱碱性。最佳 pH 在 2.8~7.4 下的构巢曲霉（*Aspergillus nidulans*），其产油量随着 pH 的增大而增加。在酵母生产油脂的过程中，初始的 pH 越接近中性，其产油量会越高。一般藻类最合适的 pH 是呈中性或弱碱性。

此外，培养时间也对微生物产油量有较大的影响。培养时间短，则菌株总数量减少，产油量相应下降；培养时间过长，微生物自身会发生畸变、溶胀等不良现象，导致油脂收集困难，也影响了微生物油脂的品质和收率。在实际收集油脂过程中，应依据不同阶段和不同环境提供的相应条件来生产油脂，从而获得较高的油脂收率。另外，酵母在产油过程中，由于不饱和脂肪酸在培养过程中呼吸并排放 CO_2，因此需要继续通风以促进油脂的生成；然而，自养型的微藻需要摄入 CO_2 作为碳源，并通过光合作用排出 O_2。无机盐和微量元素的添加量对真菌的产油量和产油率也有一定的影响。

（四）微生物油脂产品与展望

目前微生物油脂在食品中的应用主要集中在开发 ARA 单细胞油脂及 DHA 单细胞油脂，并将其应用于婴幼儿乳粉中。美国、加拿大、澳大利亚以及一些欧洲国家早在 1994 年就已经批准将 ARA、DHA 作为食品添加剂应用于孕婴食品中，迄今为止，在美国市场将近 90%的婴幼儿乳粉中都含有 ARA、DHA。在我国，卫生部门已经通过了 DHA 藻油的新资源食品认证，推荐普通人群的 DHA 摄入量为 160mg/d，孕期和哺乳期妇女为 200～300mg/d。2010 年 3 月，我国卫生部门批准 ARA 单细胞油脂和 DHA 单细胞油脂作为新资源食品，在符合相关要求条件下允许应用在婴幼儿食品。目前，国内的一些乳品企业已经开始将微藻油添加到乳粉中，以提高产品中 DHA 含量。

随着现代生物技术的高速发展，未来微生物油脂研究的主要方向有：继续探索或筛选出产油率高和不饱和脂肪酸丰富的菌种；利用农副产品或其他廉价原料，降低微生物培养的成本，加快微生物油脂的工业化进程；优化微生物发酵生产油脂的工艺条件；大力探索微生物油脂制备生物柴油的有效途径，缓解能源短缺问题；开发微生物的一些功能性油脂，加快推广其在医药、保健食品等方面的应用。微生物油脂的生产技术在不断提高，其必将成为新世纪油脂工业中最重要的研究热点之一，并在促进人类的医疗保健事业发展和解决人类面临的能源资源危机问题中起到重要的作用。

第二节　脂质生物制造基础

提高油料油脂含量是目前脂质生物制造的重要目标。近年来，多学科的“组学”研究提高了我们对脂质生物化学和代谢的理解。并且，大量脂肪酸生物合成、脂质组装和转换关键基因的注释也为生物化学途径鉴定提供了便利。摸清脂质合成过程中的关键酶及其控制基因，对于提高油料油脂的产量和改良其品质具有重要意义。随着生物技术的发展，基因工程、蛋白质工程、代谢工程等被广泛运用到植物油脂品质改良中，并已取得了一系列的研究成果。

一、脂质生物合成过程

目前，提高动植物油脂的含量主要有两条途径：一是对脂肪酸合成途径进行调控，即通过调节其合成过程中重要酶类的活性强弱来控制脂肪酸的积累；二是通过调控甘油三酯的组装过程来调节油脂的积累，在 Kennedy 途径中，各酰基转移酶依次将脂肪酸组装到甘油上，从而形成甘油三酯，若增加各酰基转移酶：甘油-3-磷酸酰基转移酶

(GPAT)、溶血磷脂酸酰基转移酶（LPAAT）以及甘油二酯酰基转移酶（DGAT）的含量将有可能增强该途径的代谢作用，有利于提高油脂的含量。

（一）脂肪酸合成

基于基因组学和转录组学的研究结果，我们发现脂肪酸的生物合成包括 3 个方面：脂肪酸的从头合成、碳链的延伸以及不饱和脂肪酸的生成。

合成脂肪酸的主要原料为乙酰辅酶 A（CoA），主要来自葡萄糖。乙酰 CoA 在线粒体内生成，而脂肪酸合成酶系存在于胞液。故乙酰 CoA 必须由线粒体转运至胞液才能参与脂肪酸的合成。乙酰 CoA 不能自由透过线粒体内膜，一般通过柠檬酸-丙酮酸循环进行转运。脂肪酸合成过程如图 3-1 所示。

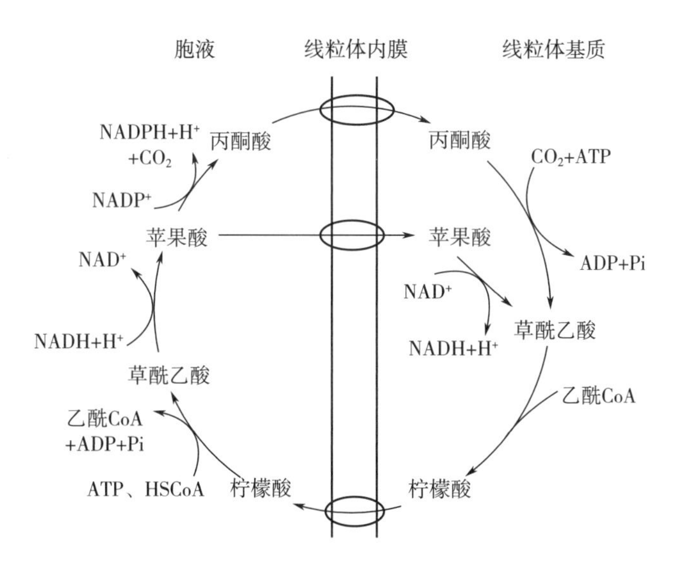

图 3-1　脂肪酸合成过程示意图

脂肪酸合成除乙酰 CoA 外，还需要 CO_2、Mg^{2+}、三磷酸腺苷（ATP）、生物素和还原型辅酶Ⅱ（NADPH）等，其中 NADPH 作为供氢体，主要来自于磷酸戊糖途径。

丙二酸单酰 CoA 的合成：乙酰 CoA 在乙酰 CoA 羧化酶催化下，生成丙二酸单酰 CoA。乙酰 CoA 羧化酶是脂肪酸合成的限速酶，其辅基为生物素，Mn^{2+} 为激活剂，反应为：

$$\mathrm{ATP+HCO_3^-+CH_3CO—SCoA \xrightarrow[\text{乙酰 CoA 羧化酶}]{\text{生物素，}Mg^{2+}} HOOCCH_2CO—SCoA+ADP+Pi}$$

软脂酸的合成需要脂肪酸合成酶系催化，脂肪酸合成酶是由 7 种酶蛋白和酰基载体蛋白（ACP）聚合而成的多酶复合体。脂肪酸合成酶系催化下，7 分子丙二酸单酰 CoA 与 1 分子 CoA 经过“缩合-加氢-脱水-再加氢”的循环反应过程，每次循环使碳链延长 2 个碳原子，连续 7 次循环后，最后生成软脂酰 ACP，经硫酯酶水解释放一分子软脂酸。其合成的总反应式为：

$$乙酰 CoA+7 丙二酸单酰 CoA+14NAPDH+14H^+ \longrightarrow 软脂酸+7CO_2+14NADP^+ +8CoA+6H_2O$$

软脂酸合成后，以丙二酸单酰 CoA 为两碳单位的供给体，由 $NADPH+H^+$ 供氢，可在内质网或线粒体中进行加工，使其碳链延长。

（二）甘油三酯合成

甘油三酯在内质网上由脂肪酸和甘油经多种酶催化而成。合成甘油三酯的原料为 3-磷酸甘油及脂肪酸活化形成的 CoA。甘油三酯的合成首先以 1 分子 3-磷酸甘油及 2 分子脂酰 CoA 在脂酰 CoA 转移酶的催化下生成磷脂酸，再水解成甘油二酯及磷酸，甘油二酯再与 1 分子脂酰 CoA 生成甘油三酯，其反应如下：

3-磷酸甘油（CH_2OH—$HO-CH$—$H_2C-O-Ⓟ$）$\xrightarrow[R_1CO\sim SCoA\ \ HSCoA]{脂酰CoA转移酶}$ 1-脂酰-3-磷酸甘油（$H_2C-O-COR_1$—$HO-CH$—$H_2C-O-Ⓟ$）$\xrightarrow[R_2CO\sim SCoA\ \ HSCoA]{脂酰CoA转移酶}$ 磷脂酸（$H_2C-O-COR_1$—$R_2COO-CH$—$H_2C-O-Ⓟ$）

$\xrightarrow[Pi]{磷脂酸磷酸酶}$ 1, 2-甘油二酯（$H_2C-O-COR_1$—$R_2COO-CH$—H_2C-OH）$\xrightarrow[R_3CO\sim SCoA\ \ HSCoA]{脂酰CoA转移酶}$ 甘油三酯（$H_2C-O-COR_1$—$R_2COO-CH$—H_2C-COR_3）

甘油-3-磷酸酰基转移酶（GPAT）是催化甘油三酯生物合成的第一步，通过改变 GPAT 的含量可调控该途径的代谢作用，从而调控油脂的积累。现如今，在很多植物中均已克隆出 GPAT，如拟南芥、玉米、豌豆等。

位于细胞质中的溶血磷脂酸酰基转移酶（LPAAT）基因在磷脂酸（PA）的合成过程中起重要作用，PA 是甘油三酯合成过程的关键中间体，可继续进行脱磷酸反应合成甘油三酯。该酶活性的提高可减轻脂类合成过程中的反馈抑制作用。在拟南芥和油菜中转入酵母的 LPAAT 基因，均能获得长链脂肪酸比例增加且含油量明显提高的转基因植株。

甘油二酯酰基转移酶（DGAT）是催化甘油三酯合成的最后一步，也是该途径中唯一的限速酶。研究表明，DGAT 不仅与植物中脂类积累有很大关系，还与植物种子萌发、幼苗发育和叶片衰老等过程中的脂类代谢有关。

磷酸甘油二酯酰基转移酶（PDAT）不依赖于酰基辅酶 A 合成途径中催化脂酰基团由磷脂酰胆碱（PC）向甘油二酯转移进而合成甘油三酯。不同物种的 PDAT 功能具有一定的差异，在向日葵、蓖麻中 PDAT 利用某些特殊酰基基团的 PC 作为底物合成甘油三酯；酵母中 PDAT 参与对数期甘油三酯的合成。

二、脂肪酸合成基因

在脂肪酸生物合成过程中，脂肪酸合成酶（FAS）作为一种合成脂肪酸的关键酶，具有丰富的酶系统功能，在高低等生物中它的存在形式不同，并且它在影响生物的能量代谢中发挥着极大作用。

（一）乙酰辅酶 A 羧化酶基因

植物的乙酰辅酶 A 羧化酶（ACCase）催化乙酰 CoA 羧化生成丙二酰 CoA，是种子中脂肪酸合成的关键调控步骤，也是脂肪酸合成过程中的限速步骤，为脂肪酸合成反馈调节的作用位点。乙酰 CoA 羧化酶存在于胞液中，其辅基为生物素，在反应过程中起到携带和转移羧基的作用。反应式如下：

$$ATP+酰基辅酶\ A+HCO_3^- = ADP+Pi+丙二酰辅酶\ A$$

ACCase 生成的丙二酰 CoA 一部分存在于质体中，作为脂肪酸从头合成的前体；另一部分存在于细胞溶胶中，作为脂肪酸延长和一些代谢反应的前体。研究发现，在种子发育过程中 ACCase 基因表达量与种子的含油量具有相关性。

乙酰 CoA 羧化酶在变构效应剂的作用下，可在无活性的单体与有活性的多聚体之间互变。柠檬酸与异柠檬酸可促进单体聚合成多聚体，增强酶活性；而长链脂肪酸可加速解聚，从而抑制该酶活性。乙酰 CoA 羧化酶还可以通过依赖于环磷酸腺苷（cAMP）的磷酸化及去磷酸化修饰来调节酶活性。此酶经磷酸化后活性丧失，从而抑制脂肪酸合成；促进酶的去磷酸化作用，可增强乙酰 CoA 羧化酶活性，加速脂肪酸合成。

自然界中的 ACCase 可分为两种形式。一种是原核型，也称多亚基或异质型 ACCase，存在于细菌、双子叶植物和非禾本科单子叶植物的细胞质中。它是可解离成多个功能蛋白的多酶复合体，包括生物素羧化酶（BC，又称 accC）亚基、生物素羧基载体蛋白（BCCP，又称 accB）亚基、α-羧基转移酶（α-CT，又称 accA），以及植物中由叶绿体基因组编码的 β-羧基转移酶（β-CT，又称 accD）四种亚基，且以 $(BCCP)_4(BC)_2(\alpha\text{-}CT)_2(\beta\text{-}CT)_2$ 的复合体形式存在。另一种 ACCase 称为真核型，亦称多功能或同质型，只存在于真核生物中。它的肽链中含有三个功能结构域，即生物素羧化酶、生物素羧基载体蛋白和羧基转移酶，能够与原核形式的 ACCase 催化相同的反应，它主要在质体中起催化作用，这种 ACCase 一般以二聚体的形式存在。

（二）中短链脂肪酸合成基因

在植物中，脂肪酸合酶复合体是由 6 种不同的酶加上酰基载体蛋白（ACP）组成的多酶系统，底物和中间产物分子在复合体的各个功能结构域中传递，直到完成脂肪酸的整个合成过程，合成的过程包括如下六步反应。

（1）装载　由丙二酸单酰 CoA：ACP 转酰基酶（MCAT）催化；

（2）缩合　由 β-酮酰-ACP 合酶（KAS）催化；

（3）还原　由 β-酮酰-ACP 还原酶（KAR）催化；

（4）脱水　由 β-羟酰-ACP 脱水酶（DH）催化；

（5）还原　由烯酰-ACP 还原酶（ENR）催化；

（6）释放　由脂酰 ACP 硫酯酶催化。

由 1 分子乙酰 CoA 与多分子丙二酰 CoA 重复进行以上反应过程，每一次循环使碳链延长两个碳，一般生成 16~18 碳的脂肪酸。

酰基载体蛋白（acyl carrier protein，ACP）一般由多基因编码，仅在拟南芥中就有 5 个拷贝，推测油菜单倍体基因组中可能有高达 35 种酰基载体蛋白，并存在种子特异的酰基载体蛋白。丙二酸单酰 CoA：ACP 转酰基酶（malonyl coenzyme A-acyl carrier protein transacylase，MCAT）基因并非脂肪酸合成过程中的限速步骤。β-酮酰-ACP 合酶（β-ketoacyl-ACP synthase，KAS）基因主要在叶和根中表达。在植物中过量表达 KAS 基因会降低脂肪酸合成的速度。植物中除了以上常见的 KAS 基因以外，还有一些特殊的 KAS 延长酶，催化生成不同碳链长度的脂肪酸，或者存在于特殊的细胞部位中。β-酮酰-ACP 还原酶（β-ketoacyl-ACP reductase，KAR）机理还没有被深入研究。β-羟酰-ACP 脱水酶（β-hydroxyacyl-ACP dehydrase，简称 DH 或 FabZ）基因催化的脱水反应是可逆的。烯酰-ACP 还原酶（enoyl-ACP reductase，ENR）在种子油脂积累的过程中表达量提高，并在种子发育到 29d 时表达量达到最高，而在叶片中表达水平很低。由于 ENR 可以与酰基载体蛋白相互作用，因此可以利用酰基载体蛋白来纯化 ENR，并成功克隆到油料 ENR 基因。植物中脂肪酸的延伸程序一般在到达 16 或 18 个碳原子时停止，这时脂酰酰基载体蛋白硫酯酶开始作用，将脂肪酸从酰基载体蛋白上水解下来，生成游离的脂肪酸，并从脂肪酸合酶复合体中释放出来。不同植物中存在不同脂肪酸碳链长度特异性的硫酯酶，一般而言，硫酯酶基因 FATA 编码 C_{18} 脂肪酸特异的酶，而 FATB 编码 C_{16} 脂肪酸特异的酶。

（三）脂肪酸去饱和酶基因

脂肪酸去饱和酶有许多种，可以分为两大类，一类在脂肪酸形成甘油酯之前引入第一个双键时起作用，仅包括硬脂酰-ACP 去饱和酶（stearoyl-ACP desaturase，SAD），它是唯一一个可溶的去饱和酶，存在于质体中；另一类在形成甘油酯之后对脂肪酸进一步去饱和时起作用，包括油酸去饱和酶（oleate desaturase，FAD2 和 FAD6）和亚油酸去饱和酶（linoleate desaturase，包括 FAD3、FAD7 和 FAD8）。目前在植物中尚未发现 FAD4、FAD5 基因。

负责进一步去饱和的脂肪酸去饱和酶都是膜整合蛋白，按酶的分布位置分类，FAD2 与 FAD3 位于内质网膜上，负责除膜脂之外所有不饱和甘油酯的合成；FAD6、FAD7 和 FAD8 分布于质体膜上，负责质体膜、内膜膜脂的进一步去饱和。由于植物中 C_{18} 不饱和脂肪酸的组成是决定油脂品质的重要指标之一，在生产上具有重要意义，所以催化 C_{18} 脂肪酸进一步去饱和的酶及其编码基因一直受到研究工作者的普遍关注。

三、甘油三酯合成基因

在甘油三酯的合成过程中，首先是 3-磷酸甘油和脂酰 CoA 在甘油-3-磷酸酰基转移酶（glycerol-3-phosphate acyltransferase，GPAT）作用下，形成1-脂酰-3-磷酸甘油；随后在溶血磷脂酸酰基转移酶（lysophosphatidic acid acyltransferase，LPAAT）作用下被进一步酰基化形成磷酸1,2-甘油二酯（磷脂酸，phosphatidic acid，PA）；最后在甘油二酯酰基转移酶（Acyl-CoA：diacylglycerol acyltransferase，DGAT）作用下与另一分子脂酰CoA反应形成甘油三酯。

（一）甘油-3-磷酸酰基转移酶基因

甘油-3-磷酸酰基转移酶（glycerol-3-phosphate acyltransferase，GPAT）催化的反应如下：

酰基辅酶A+3-磷酸甘油══辅酶A+1-酰基-3-磷酸甘油

豌豆的GPAT蛋白很早就被纯化出来，并克隆到了其cDNA序列。将豌豆的GPAT基因转入小麦中，发现小麦生长、器官发育、绿色和非绿色组织中脂肪酸的组成都发生了变化。玉米的GPAT基因是通过将玉米的cDNA文库转入大肠杆菌的GPAT突变体中，发现其中一个克隆可以互补突变体的表型，测序后证实这个克隆中的基因是玉米的GPAT基因。

（二）溶血性磷脂酸酰基转移酶基因

溶血磷脂酸酰基转移酶（lysophosphatidic acid acyltransferase或1-acylglycerol-phosphate acyltransferase，LPAAT）催化反应如下：

酰基辅酶A+1-酰基-3-磷酸甘油══辅酶A+磷酸1,2-甘油二酯

质体LPAAT基因的功能缺失会导致拟南芥的胚胎致死，将克隆到的拟南芥LPAAT基因转入大肠杆菌LPAAT突变体中，发现它能互补突变体的表型。油菜质体中的LPAAT基因已经被克隆，并通过转入到大肠杆菌突变体中验证了其功能。将酵母的LPAAT基因转入拟南芥和油菜中，在CaMV35S启动子的驱动下可以提高其种子的含油量。从沼沫花（limnanthes douglasii）中克隆到的LPAAT基因能互补大肠杆菌LPAAT基因的表型。将牧草（limnanthes alba）中克隆的LPAAT基因在Napin启动子的驱动下在油菜种子中超量表达，虽然对芥酸的总体含量没有影响，但可将油菜中的芥酸插入到甘油三酯的*sn*-2位置，而对照植株则不能。椰子LPAAT基因偏好以中链脂肪酸作为底物。

（三）甘油二酯酰基转移酶基因

最后一步是由甘油二酯酰基转移酶（diacylglycerol acyltransferase，DGAT）合成甘油三酯，催化的反应如下：

酰基辅酶A+1,2-甘油二酯══辅酶A+甘油三酯

DGAT基因是一个定位在内质网膜上的蛋白，并在质体和油体中存在，它在不同的物种中有不同的生化特性，由于目前已经确认过量表达DGAT基因能够提高植物的含油量，因此它已经成为油料作物研究的焦点之一。目前已经克隆到了蓖麻、大豆、卫矛、油菜、紫草、油橄榄、向日葵、款冬、斑鸠菊、油棕和橄榄的DGAT基因。植物

中 DGAT 基因一般有 2 个以上的拷贝，一般认为 DGAT1 是泛组织表达的基因，而 DGAT2 是在种子中特异表达的基因。利用拟南芥 DGAT1 启动子加 GUS 报告基因研究其表达模式，发现它不仅在发育的种子和花粉中表达，而且在萌发的种子和幼苗中也有表达。蓖麻中 DGAT2 是种子中特异表达的基因，在种子中的表达量比叶片高 18 倍；而其 DGAT1 基因在种子和叶片中的表达量差不多，推测 DGAT2 才是在种子甘油三酯合成过程中起主要作用的基因。油桐树的 DGAT1 和 DGAT2 基因在甘油三酯合成过程中的功能是不同的，且定位在内质网的不同位置，DGAT1 在所有组织中的表达量比较相似，而 DGAT2 主要在种子中表达。

DGAT 的 EMS 突变体 tag1 种子的脂肪酸组成发生了改变，且甘油三酯的含量明显降低，种子萌发能力下降。当拟南芥中的 DGAT 基因突变后，导致脂肪酸进入 β-氧化途径。而且拟南芥 DGAT 突变体对酸、蔗糖和渗透压更加敏感。将油菜的 DGAT1 进行反馈抑制后，导致其含油量和种子产量降低，萌发速度明显下降且出现畸形植株。

DGAT 催化甘油三酯合成的最后一步，将甘油二酯与酰基脂肪酸结合生成甘油三酯，是甘油三酯合成的关键限速步骤。多项研究证实过量表达 DGAT 基因可以明显提高植物的含油量和提高种子的大小。将 DGAT 基因的 cDNA 转入 tag1 突变体中可互补其表型，而在野生型拟南芥种子中过量表达 DGAT 基因可以提高种子的含油量和重量，且变化的水平与基因的表达强度相对应。玉米的 DGAT1 基因是其含油量的重要决定因素。将来自酵母的 *sn*-2 酰基转移酶转入到拟南芥和油菜中，发现它能将种子的含油量提高 8%~48%。将来自土壤真菌 *Umbelopsis ramanniana* 的 DGAT2 基因转入大豆中，不仅能将其种子含油量提高 1.5%，而且不影响其蛋白质含量。将旱金莲（tropaeolum majus）的 TmDGAT1 分别转入野生型拟南芥、高芥酸油菜和低芥酸油菜中，都能将植物干种子的含油量提高 3.5%~10%。对转 DGAT1 提高了含油量的两个油菜单株利用基因芯片进行转录谱分析，发现有 36 个脂肪酸谱的改变。

为了进一步提高 DGAT 的催化能力，人们通过定向分子进化的手段对 DGAT 基因进行改造，成功提高了其活性。对油菜 BnDGAT1 基因通过易错 PCR 进行突变，得到了 BnDGAT1 基因的突变库，将突变体库转入酵母中，鉴定出了一些活性提高的 DGAT 突变体，这种定向进化方法得到的突变基因为植物基因工程提供更有效的选择。对 TmDGAT1 基因进行定点突变后可将其活性提高 38%~80%，将活性提高的基因在拟南芥中过量表达，可将种子的含油量提高 20%~50%。

第三节　脂质生物制造技术

生物制造是机械领域与生物领域交叉产生的新领域。目前生物制造技术已经取得了一系列显著的成果。宽泛的生物制造定义包括仿生制造、生物质和生物体制造，涉及生物学和医学的制造技术均视为生物制造。狭义的生物制造主要是指生物体制造，它是指运用现代制造科学和生物科学的原理与方法，通过单细胞和细胞团的直接或间接受控组装，完成具有新陈代谢特征的生命体形成和制造。

随着生命科学和新兴技术的进步，生物制造的理论方法和相关技术将不断完善，进一步扩展传统制造领域的边界，推动生物制造技术的快速发展。

一、基因工程

基因工程技术起源于20世纪70年代，经过近半个世纪的发展，成为目前重要的现代科学技术，尤其在医药研发、生态环境保护和食品生产方面为人类做出了卓越的贡献。

（一）基因工程简介

基因工程又称基因拼接技术或DNA重组技术，其主要特点是人为地将一种生物的基因转入另一种受体细胞，并使其在受体细胞内表达，最终获得所需的生物活性产物。基因工程的操作依赖于限制性核酸内切酶、DNA连接酶、运载体三大工具。限制性核酸内切酶是一类在特定DNA位点切断DNA的酶，它可水解目标DNA分子骨架的磷酸二酯键，特异地将所需基因切下。DNA连接酶是一种能催化DNA中相邻的3′-羟基和5′-磷酸基末端之间形成磷酸二酯键并把DNA拼接起来的核酸酶。载体作为DNA片段的运载工具，能够装载外源DNA片段并送入宿主细胞进行扩增或表达，同时这种工具也是一种DNA分子，基因工程技术为生物体的遗传物质研究提供了良好的技术手段。

（二）基因工程技术发展现状

迄今为止，基因工程已经成功应用于微生物、植物和动物的研究领域。如利用基因工程技术构建工程菌提取胰岛素，用于治疗糖尿病；通过基因工程改造植物使其具有抗病虫害的能力，在农业领域能够显著提高粮食产量；而在动物方面主要是培育转基因动物，将能够表达特定蛋白的基因转入动物体内，从而表达出原来没有的新型性状。近年来，基因工程发展迅速，已经成为生命科学领域中不可或缺的一项重要技术。

（三）基因工程技术的作用和意义

基因工程的显著优势表现在两个方面，一个是跨物种性，打破了物种之间的界限，成功实现了原核生物与真核生物之间、动物与植物之间的遗传信息转移和重组，如在农业领域，提高畜禽养殖的品质。基因工程的另一优势就是可以进行无性扩增，导入宿主细胞的外源DNA使其能够特异性扩增和表达，极大方便了实验研究和实际应用。如在医药方面，将基因工程技术与工业化生产相结合，高效提取干扰素、疫苗等药物产品。

（四）油脂的基因工程应用

随着基因工程相关技术的迅速发展，利用基因工程对产油微生物油脂积累代谢相关途径进行遗传学改造，以获得适合工业化生产的优良菌株，已经越来越成为研究的热点。迄今，由于产油酵母、霉菌的基因组测序工作处于起步阶段，遗传学背景并不清晰，缺乏成熟的遗传操作平台，因此利用基因工程手段进行菌株改造还处在起步阶段。对于产油微藻，由于与其亲缘关系较近的几株微藻已经完成了全基因组测序，并且有比较成熟的遗传转化体系，对其的遗传学改造已经展开。目前，大部分的研究工作集中在对一些非产油模式物种的遗传改造，并在促进细胞油脂合成方面取得了一定的进展，为今后对产油微生物的改造提供了有价值的研究背景。

1. 甘油三酯合成途径关键酶的过量表达

细胞内油脂的生物合成包括三个关键步骤：乙酰辅酶A（acetyl-CoA）羧化形成丙二酸单酰辅酶A（malonyl-CoA），该步骤是脂肪酸生物合成的关键步骤，且有酰基链的延长、甘油三酯的形成。

在脂肪酸的合成及酰基链的延长途径中，乙酰辅酶A羧化酶（acetyl-CoA carboxylase，ACC）催化乙酰辅酶A通过生物素依赖型的羧化反应形成丙二酸单酰辅酶A，是脂肪酸合成重要的第一步。丙二酸单酰辅酶A一旦合成，便被丙二酸单酰辅酶A：ACP转移酶转运至脂肪酸合酶（fatty acid synthase，FAS）多酶复合体中的酰基转运蛋白（acyl-carrier protein，ACP），FAS通过将乙酰辅酶A和丙二酸单酰辅酶A进行缩合反应实现脂肪酸链的延长。综上，微生物体内油脂合成的几种关键酶，如ACC、FAS及DGAT等成为基因工程改造微生物油脂合成途径的主要靶点，国内外相关研究工作也围绕着这几种关键酶展开。

2. 油脂积累调控关键酶的过量表达

研究表明，相对于非产油微生物，产油微生物并不具有额外的油脂合成途径，其胞内油脂积累是通过一个可调控的高度偶联的代谢网络和选择性的物质运输系统来实现的。因此，除了甘油三酯合成途径中的关键酶，还有一些酶虽然不直接参与油脂的代谢，但是能够通过增加油脂合成所需的一些关键的中间代谢产物而对微生物胞内的油脂积累起到重要的调控作用。

3. 油脂积累竞争途径的阻断

将油脂积累的竞争途径阻断，同样能达到加强代谢流指向甘油三酯合成路径的目的。微生物体内油脂合成积累主要的竞争途径包括：β-氧化、磷脂的生物合成及磷酸烯醇式丙酮酸（PEP）向草酰乙酸的转化。

β-氧化是真核生物降解脂肪酸的主要代谢途径，但由于β-氧化对细胞能量的供应有着至关重要的作用，并且脂肪酸的大量积累会对细胞产生毒性，因此不可能将这条途径完全阻断。

磷脂由于与甘油三酯有着相同的底物磷脂酸，当磷脂酸转化为CDP-甘油二酯而非甘油二酯时，就进入了磷脂的生物合成途径。因此磷脂的生物合成成为甘油三酯生物合成的另一个“竞争者”。如前所述，DGAT的过量表达能够有效地使磷脂酸流向甘油三酯合成路径，另一方面，对磷脂合成途径的阻断，将导致额外的脂肪酸延长循环，造成非正常脂肪酸的形成。

第三条竞争途径是PEP羧化酶（PEPC）所催化PEP向草酰乙酸的转化。由于PEP同时为甘油三酯的合成提供大量的丙酮酸及乙酰辅酶A，因此，PEPC活性的阻断将导致PEP主要流向甘油三酯的生物合成。

二、蛋白质工程

蛋白质工程是通过对蛋白质化学、蛋白质晶体学和蛋白质动力学的研究，获得有关蛋白质分子特性和理化特性的信息，在此基础上对编码蛋白质的基因进行有目的的设计和改造，通过基因工程技术获得可以表达蛋白质的转基因生物系统，这个生物系统可以是转基因微生物、转基因植物、转基因动物，甚至可以是细胞系统。

（一）蛋白质工程简介

蛋白质工程是诞生于20世纪70年代的一门新兴生物技术。从广义上讲，蛋白质工程是生物分子工程中的一个分支。从微观的角度而言，蛋白质工程主要是通过人为的作用，对DNA进行重组，从而对蛋白质的结构进行有计划性地控制，最终形成人们预先所需要的蛋白质分子。随着现代科学技术的不断发展，人们也逐渐开始利用基因工程的手段对已有的一些蛋白质分子进行改造，通过创建新的基因来合成不同的蛋白质。因此，蛋白质工程是一项具有较高学术水平的工程，这项工程是建立在基因重组技术、生物化学、分子生物学等多种学术水平之上而进行的综合性工程。

（二）蛋白质工程研究方法

蛋白质工程表达基本任务就是研究蛋白质分子结构规律与生物学功能的关系；对现有的蛋白质加以定向修饰改造、设计与剪切，构建生物学功能比天然蛋白质更加优良的新型蛋白质。由此可见蛋白质工程的基本途径是从预期功能出发，设计期望的结构，合成目的基因且有效克隆表达或通过诱变、定向修饰和改造等一系列工序，合成新型优良蛋白质。图3-2所示为蛋白质工程的基本途径及其与现有天然蛋白质的生物学功能形成过程的比较。蛋白质工程主要研究手段是利用所谓的反向生物学技术，其基本思路是按期望的结构寻找最适合的氨基酸序列，通过计算机设计，进而模拟特定的氨基酸序列在细胞内或在体内环境中进行多肽折叠而成三维结构的全过程，并预测蛋白质的空间结构和表达出生物学功能的可能及其高低程度。

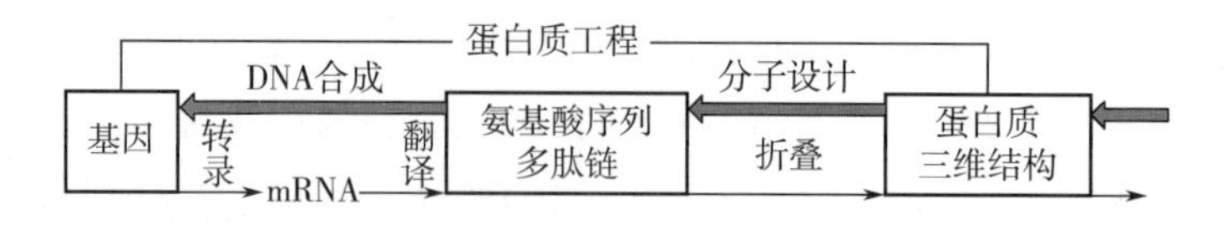

图 3-2　蛋白质工程基本途径示意图

1. 蛋白质全新设计

(1) 设计目标的选择　蛋白质全新设计可分为功能设计和结构设计两个目标。目前的研究重点和难点侧重从结构设计出发，从蛋白质的二维结构开始，以摸索蛋白质结构的稳定性。在超二级结构和三级结构设计中，通常选择一些蛋白质结构比较稳定的蛋白质作为设计目标，如固氮酶钼铁蛋白结构和四螺旋束结构。在蛋白质功能设计方面，主要进行天然蛋白质功能的模拟，如哺乳动物铁蛋白铁氧化酶活性中心的模拟和固氮酶钼铁蛋白活性中心模拟和合成等。

(2) 蛋白质设计技术与方法　最早的设计方法是序列最简化法（mini a list approach），其特点是尽量使设计的复杂性达到最小，一般仅用少数几个氨基酸。设计的序列往往具有一定的对称性和周期性，因为这种方法使设计复杂性减少，并能检测一些蛋白质折叠的规律和方式。1988 年 Mutter 首先提出模板组装合成法（templates assembled synthetic protein approach），其主要思路是将各种二级结构片段通过共价键连接到一个刚性的模板分子上，形成一定的三级结构模板。模板组装合成法绕过了蛋白质三级结构中的氨基酸残基来研究蛋白质中长程作用力，是研究蛋白质折叠规律和进行蛋白质全新设计规律摸索的有效手段。设计的蛋白质序列只有通过合成并进行结构检测后才能判断设计是否与预想结构符合。一般从三个方面来检测：是否存在蛋白质多聚体状态；二级结构与预期目标是否吻合；是否具有预定的三级结构。圆二色谱和核磁共振技术可用于研究蛋白质是否以单分子或多聚体形式存在。三级结构测定主要依靠荧光和核磁共振技术。此外，体积排阻色谱法也可以用于判断分子体积大小、聚合体数目和蛋白质结构是否处于无规则状态或三级结构等。

从热力学第一定律出发设计蛋白质，即按热力学第一定律从头设计一个氨基酸序列，它能折叠成一个预期的结构。例如美国杜克大学的 Richardson 从头设计了由 62 个氨基酸组成的 β 型结构，这一事例说明了简单结构蛋白的从头设计是有可能的。

2. 改变现有蛋白质的结构

蛋白质工程主要还是集中在改变现有蛋白质结构这一领域。改变现有蛋白质的结构一般需要经过如下几个步骤：①分离纯化目标蛋白；②分析目标蛋白质的一级结构；③分析目标蛋白质的三维结构一级功能的关系；④根据蛋白质一级结构设计引物，克隆目的基因；⑤根据蛋白质的三维结构和结构与功能的关系以及蛋白质改造的目的设计改造方案；⑥对目的基因进行人工定点突变；⑦改造后的基因在宿主细胞中表达；⑧分离纯化表达的蛋白质并分析其功能，评价是否达到设计目的。

改变蛋白质结构的核心技术是基因的人工定点突变，虽然基因人工定点突变有许多方法，但要在一个基因的任何位点准确地进行定点突变，常用的主要有 M13 载体和聚合酶链式反应（PCR）扩增法。

（1）M13 载体法　该法的原理是利用人工合成带突变位点的寡聚糖核苷酸作为引物，利用 M13 噬菌体载体系统合成突变基因。具体地说就是将待诱变的基因克隆在 M13 噬菌体载体上，另外，人工合成一段改变了碱基顺序的寡核苷酸片段（8~18bp），以此作为引物（即所谓的突变引物），在体外合成互补链，再经体内扩增基因，经此扩增出来的基因有 1/2 是突变了的基因，经一定筛选便可获得突变基因。

（2）PCR 扩增法　该法的原理也是利用人工合成带突变位点的诱变引物，通过 PCR 扩增而获得定点突变基因。PCR 定点诱变法可分为重组 PCR 定点诱变法和大引物诱变法两种。

①重组 PCR 定点诱变法是利用两个互补的带有突变碱基的内侧引物以及两个外侧引物，先进行两次 PCR 扩增，获得两条彼此重叠的 DNA 片段。两条片段由于具有重叠区，因此在体外变性与复性后可形成两种不同的异源双链 DNA 分子，其中一种带有 3′ 凹陷末端的 DNA 可通过 Taq 酶延伸而形成带有突变位点的全长基因。该基因再利用两个外侧引物进行第三次 PCR 扩增，便可获得人工定点突变的基因。

②大引物诱变法是利用一个带突变位点的内侧引物与一个外侧引物先进行 PCR 扩增，再以扩增产物作为引物与另一个外侧引物进行第二次 PCR 扩增而获得人工定点突变的全长基因。

（三）油脂的蛋白质工程

脂肪酶在油脂化学、食品工业、有机合成和生物柴油等多个领域有着广泛应用。利用蛋白质工程在分子水平上修饰脂肪酶，可以提高酶的活性、稳定性和其他催化性质。

1. 提高脂肪酶热稳定性

提高脂肪酶的热稳定性，除了满足特定生产过程（例如高熔点油脂）或加快反应速度外，从宿主细胞中分离纯化的过程也更容易。尽管对酶的热稳定性有多种观点，然而目前对于分子机理没有普适的规则，因此定向进化是有效可靠的方法。

2. 改变不同链长脂肪酸选择性

对长链脂肪酸有选择性的脂肪酶对制备生物油脂具有应用价值。对中、短链脂肪酸有选择性的脂肪酶，可用来富集 16 碳以上的饱和脂肪酸或 18 碳以上的多不饱和脂肪酸，或者用来合成中碳链结构脂质。研究表明：底物结合位点的形状、大小、疏水性和脂肪酶对链长的选择有相关性，而且只有少量的氨基酸位于结合位点内部，因此对这些氨基酸进行突变有望改变链长选择性。

3. 提高反式脂肪酸选择性

在油脂氢化的过程中会产生一定量的反式脂肪酸，过量摄入反式脂肪酸对健康存在负面影响。南极假丝酵母脂肪酶 A（CALA）的一个特殊性质是对反式脂肪酸具有选择性，这一特性有望在部分氢化植物油中选择性地去除反式脂肪酸。有报道称 CALA 在酯化反应中，以正丁醇和反油酸为底物的酯化速率是正丁醇和油酸的 15 倍。尽管 CALA 的三维结构已经被解析，但这种选择性的原因目前尚不明确。

4. 提高抗氧化性

脂肪酶催化酯交换生产人造奶油的过程中，油脂中存在的氧化物会使蛋白质变性，原因是植物油中含量高的不饱和脂肪酸容易产生过氧化反应，生成醛类。这些化合物会与蛋白质表面的亲核氨基酸发生反应，形成共价修饰或交联。根据这一机理可以针对赖氨酸、组氨酸和半胱氨酸进行氨基酸替换，无需进行全基因随机突变。

5. 提高甲醇耐受性

脂肪酶催化制备生物柴油是目前的研究热点。由于作为底物之一的甲醇会使酶失活，因此提高脂肪酶对甲醇的耐受性会降低生产成本。除了脂肪酶固定化、生产工艺优化等方法外，蛋白质工程可以从源头上提高脂肪酶本身对甲醇的耐受性。有报道认为脂肪酶表面的疏水性和电荷分布是影响其在有机溶剂中稳定性的关键。

6. 提高脂肪酶的活性

提高脂肪酶的活性是提高生产效率的基本需求。在利用蛋白质工程提高脂肪酶活性的各种研究中，大多采用定向进化的手段。

三、代谢工程

代谢工程（metabolic engineering），亦称途径工程（pathway engineering），是一门利用分子生物学原理系统地分析细胞代谢网络，并通过 DNA 重组技术合理设计细胞代谢途径及遗传修饰，进而完成细胞特性改造的应用性学科。代谢工程综合了生物化学、化学工程、数学分析等多学科内容，是当前国内外学者研究的热点之一。

（一）代谢工程技术

代谢工程的原理是在细胞内代谢途径网络系统分析的基础上进行有目的的改变，以更好地利用细胞代谢进行化学转化、能量转导合成、分子组装。它的研究对象是代谢网络，依据代谢网络进行代谢流量分析（FMA）和代谢控制分析（MCA），并检测出速率控制步骤，最终的目的是改变代谢流，提高目标产物的产率。

1. 代谢网络分析

代谢工程是基于细胞代谢网络的系统研究。在对代谢途径进行合理改造后，还需要对细胞整体的生理变化、代谢网络的结构和通量进行分析，然后提出合理可行的遗传操作方案。目前，分析这些代谢网络的方法主要有代谢通量分析（metabolic flux analysis，MFA）、代谢控制分析（metabolic control analysis，MCA）和通量平衡分析（flux balance analysis，FBA）。

（1）代谢通量分析　在代谢通量分析中，使用稳定的 ^{13}C 同位素标记技术，在被标记的碳源环境中培养细胞，当代谢网络中同位素分布达到稳态时，通过气相色谱-质谱技术（GC-MS）或^{13}C-核磁共振（NMR）测量代谢物中同位素的分布，然后基于测量结果，通过细胞内主要反应的化学计量模型和细胞内代谢物的质量守恒来计算细胞内通量，运用底物的摄取速率和产物的分泌速率计算细胞外通量。通量计算的结果最终以代谢通量路径图的形式展现出来，其中包括主要的生化反应以及每个反应的稳态通量。这些信息将帮助代谢工程进行下一步的分析，确定通路中的关键节点，发现宿主细胞内不寻常的通路，并估计产品合成的最大理论产量以及复杂网络途径中的多个辅因子和中间体。根据分析结果，从而可以选定遗传操作的目标，改变细胞的代谢网络分布，使代谢通量更多地流向目标产品。

（2）代谢控制分析　由于细胞内代谢网络中存在许多平行反应、代谢循环和双向反应，代谢通量分析并不能提供足够准确的测量，20 世纪 90 年代后期开发出了很多复杂的算法，使得对细胞内通量实现了更为精准的测量，这也对代谢控制分析（MCA）的发展起到了积极的作用。代谢控制分析作为传统控制理论的逻辑延伸，依赖实验来准确测定代谢途径的通量及其对系统扰动的响应变化，可以计算通路中每种酶的通量控制系数（flux control coefficient，FCC）表征酶对细胞内代谢物通量的控制程度；浓度控制系数（concentration control coefficient，CCC）表征酶对给定代谢物浓度的控制程度；弹性系数（elasticity coefficient，EC）表征酶响应于扰动（例如底物浓度、抑制剂浓度）的能力。FCC 和 CCC 是整个网络的特性，而 EC 是特定酶的函数。综合而言，这些信息可用于梳理代谢网络的控制结构，阐明酶活性的相对变化如何影响通路流量，可以帮助指导分子生物学技术的合理应用，将更多的通量转移到目标产品。例如，在线性代谢途径中，如果一种酶的 FCC 值较高，那么它就可以被认定是速率限制的主要因素。因此，将其过量表达可以使该途径的通量增加。

（3）通量平衡分析　微生物全基因组序列的测定以及基因功能注释工具的开发极大地促进了基因组水平代谢网络模型的构建，提高了代谢网络结构的分析能力。通量平衡分析（FBA）是一种通过构建基因组水平代谢网络模型（genome-scale metabolic model，GEM），从系统水平上认识微生物的复杂代谢网络，模拟预测环境扰动或遗传改组后细胞的代谢响应，筛选出基因敲除和过量表达的最佳组合，以增加生物体生产目标产品的能力。随着新组学数据的开发和基因组注释方法的改进，还可以在代谢网络模型中引入相关的反应监管调控机制对模型进行不断改进。

2. 逆向代谢工程

大多数代谢工程最初的努力主要集中于以上几种经典的代谢工程分析方法，通过通量测定和代谢途径分析，确定动力学瓶颈，然后理性分析设计，合理地操纵新陈代谢将通量转向目标产品。但是通常菌株的表现型和基因的联系非常复杂，通过理性分析设计的方法很难获得工业生产的菌株表型。这种情况下，可以使用逆向代谢工程策略，与理性代谢工程不同，它不一定依赖于代谢途径分析的先验知识。而是运用各种突变技术对菌株的基因组进行随机突变，再高通量筛选突变体，以获得优良的表现型，然后利用高通量基因组测序技术对野生型菌株和突变菌株的基因组序列进行测序比对，获得突变信息，再通过转录组学、蛋白质组学和代谢组学等相关组学技术，鉴定其中发生的有利突变，最后，将有利突变引入野生菌株中，剔除不利突变，经过多次循环操作，最终获得只含有利突变的菌株。逆向代谢工程成功的关键在于突变文库的遗传多样性和突变的质量水平。

（1）定向驯化　在特定的生长条件下，使菌株自发地发生突变以提高对环境的适应能力是经典的定向驯化方法。这种方法在工业生产和科学研究中被广泛运用，产生了许多成功的例子，包括增加菌株对乙醇和异丁醇的耐受性、提高酿酒酵母对木糖和半乳糖的利用以及利用大肠杆菌生产 D-乳酸（D-lactate）等。

（2）转座子诱变　这种类型的诱变可以使转座元件在整个基因组中随机插入，同时使插入的基因序列发生功能性破坏。转座子诱变技术在天蓝色链霉菌（*Streptomyces coelicolor*）中十一烷基多糖苷的生产、枯草芽孢杆菌（*Bacillus subtilis*）中核黄素的生产以及酿酒酵母中类异戊二烯的生产中都起到了积极的促进作用。

（3）细胞全局转录调控机制工程　细胞代谢网络具有高度的复杂性，菌株的某些特定表型往往由多个基因共同控制，过去主要通过敲除和过量表达对其中一个或几个基因进行修饰，但是往往得不到理想的适用于工业生产的菌株。随着对转录过程认识的深入，人们开始直接操控转录组来控制整个细胞内各种基因的转录。RNA 聚合酶能够对转录行使全局调控功能，因此突变 RNA 聚合酶可以使多种基因控制的菌株表型得到优化。在 RNA 聚合酶参与转录的过程中，σ 等各种转录因子负责转录的识别、激活和控制，运用全局转录调控技术对这些转录因子进行适当的修饰，能够使整个基因组的转录发生全局性改变。

（二）食用植物油脂的代谢工程

目前应用代谢工程对植物种子油及脂肪酸进行遗传改良主要有两种方法。其一是在植物种子中，超表达或沉默靶基因以提高种子中目标脂肪酸的含量，例如应用 NRA 干涉（NRA interference）、共抑制（co－suppression）、转录后基因沉默（post－transcriptional gene silencing，PTGS）以及反义 RNA 等技术阻断目标基因的表达和应用种子特异表达启动子驱动目标基因在种子中的过量表达。二是将来自其他物种的靶基因或一个完整的脂肪酸合成途径导入油料作物，从而使种子高水平积累新的脂肪酸，创造出对人类健康更有益的食用植物油。现今植物油脂改良应用较多的遗传转化方法是根癌农杆菌介导法和基因枪法。简便易行的花粉粒介导法也成功地应用于油菜遗传转化，在经进一步优化后可用于其他油料作物的油脂品质改良。

1. 超表达或沉默靶基因以提高种子油中目标脂肪酸含量

高油酸种子油：普通油料作物种子油中油酸含量较低（<25%），而亚油酸含量>25%，甚至可高达 50%以上。催化油酸转变为亚油酸的关键酶是 Δ-12 脂肪酸去饱和酶/脱氢酶（又称 FAD2）。迄今已分离到 10 多种植物 Δ-12 脂肪酸去饱和酶的 cDNA 克隆。代谢工程提高种子油中油酸含量的技术主要是通过抑制 FAD2 酶的活性，从而使油酸含量增加，亚油酸含量降低。应用共抑制技术使得大豆 FAD2-1 酶基因不表达，即沉默，所培育的转基因大豆的种子油中油酸含量高达 56%，而亚油酸含量低到 1%。

高硬脂酸种子油：增加种子油中硬脂酸含量的主要技术是提高种子发育过程中从棕榈酸（16：0）生成硬脂酸的代谢通量。以下几种酶可以作为基因操作的分子靶标来提高植物油中硬脂酸的含量：①抑制 FatB 硫脂酶的活性，阻止 16：0-ACP 的切割；②增加酮脂酰-ACP 合成酶 II（KASII）的活性，促进 16：0-ACP 生成 18：0-ACP；③增加 FatA 硫酯酶的活性，促使 18：0 从 ACP 上分离下来，从而阻止其在硬脂酸-CP 去饱和酶（Δ-9 脂肪酸去饱和酶）的作用下发生去饱和反应；④抑制 Δ-9 脂肪酸去饱和酶的活性，阻止 18：0-ACP 转变成 18：1-ACP。上述每一种基因操作都是以促进棕榈酸转化成硬脂酸，或阻止油酰-ACP 进一步去饱和反应，从而增加硬脂酸积累。

2. 导入其他物种的基因或一个完整的脂肪酸合成途径从而使种子积累新的脂肪酸

软脂酸和硬脂酸双低的种子油：通过基因修饰油料作物的脂肪酸代谢途径中一些酶基因，可促进软脂酸或硬脂酸的合成。然而，在某些情况下，例如，为生产低含量饱和脂肪酸的油脂，需要同时减少软脂酸和硬脂酸的含量。在正常代谢情况下，质体中从 ACP 分离下来的软脂酸和硬脂酸，一般不需要进行去饱和反应，常被认为是终产物。应用代谢工程技术可使软脂酸和硬脂酸在从质体转运出来后进行去饱和反应，从而使种子油中这两种饱和脂肪酸含量均降低。研究发现酵母和哺乳动物细胞内质网中含有作用于软脂酰和硬脂酰-COA 底物的 Δ-9 去饱和酶。在植物中表达酵母或哺乳动物的 Δ-9 去饱和酶可减少饱和脂肪酸，并且增加不饱和脂肪酸含量。

长链多聚不饱和脂肪酸种子油：高等植物一般不能合成碳链长度大于 18 的长链多聚不饱和脂肪酸。近年来，采用高通量基因鉴定技术对许多能合成长链多聚不饱和脂肪酸的生物进行了大量研究，已分离到参与长链多聚不饱和脂肪酸好氧合成途径的各种去饱和酶（如 Δ8、Δ6、Δ5、Δ4 等去饱和酶）及延长酶基因（如 FAE1）。通过转基因技术将参与长链多聚不饱和脂肪酸合成的单个基因导入普通油料作物，或在油料作物中组装长链多聚不饱和脂肪酸生物合成的完整途径，目前已取得了实质性进展。

（三）微生物油脂的代谢工程

近年来，得益于代谢工程技术和合成生物学的迅速发展，科学家采用了各种各样的方法和手段改造微生物，提高其油脂产量，主要的改造方法大致可以分为以下几类。

1. 调控代谢途径中的关键基因

过表达合成途径中的关键基因或者敲除基因阻断竞争和分解代谢途径，是提升目标产物合成水平最简单有效的方法，也是最常用的代谢工程策略。

过表达合成途径中的关键酶，可以提高整条代谢途径的反应速度，从而提高产物的合成速率。ACC 是脂肪酸合成的限速酶，DGAT 是甘油三酯合成的限速酶，磷酸甘油脱氢酶（GPD）和 ATP 柠檬酸裂合酶（ACL）是乙酰辅酶 A 合成的关键酶，转酮酶

（TKL）和苹果酸酶（ME）是还原型辅酶Ⅱ合成的关键酶。研究表明，单独或协同过表达 ACC、DGAT、TKL、ACL、GPD、ME，均能明显提高微生物油脂产量。

在微生物发酵后期，由于胞内糖转运系统效率降低，无法及时补给代谢所需的碳源，细胞将分解胞内储存的甘油三酯用于保证基础代谢，另外竞争途径与油脂竞争碳代谢流，二者均会降低油脂的合成水平。因此，阻断油脂分解途径和竞争途径，如抑制脂肪酸的β-氧化、磷脂的合成，抑制磷酸烯醇式丙酮酸羧化酶的表达，阻断糖原合成途径，阻止甘油三酯降解，均可有效提高微生物油脂产量。

2. 解除负反馈调节

解除代谢途径的负反馈调节，能有效增大合成代谢途径通量，驱动碳代谢流转向目标产物的合成。例如，在氮源耗尽、碳源充足的情况下，解脂耶氏酵母由生长转向油脂合成。但是，高浓度葡萄糖产生的葡萄糖阻遏效应，导致相关基因表达下调，从而影响油脂的合成。SNF1 和 MIG1 是葡萄糖阻遏效应的两个重要的负调控因子。敲除 MIG1 后，油脂合成途径相关的多个基因表达水平都发生了上调，而脂肪酸降解途径中的基因 MFE1 却出现了下调，菌体油脂含量也由 36%提高到 48.7%，较出发菌株提高了 35%。

3. 异源表达合成途径中的关键酶

异源表达油脂合成途径中的关键酶是解除微生物油脂合成瓶颈的重要方法。目前，已有众多研究者通过异源表达关键酶提高了油脂产量。例如，ACL 催化柠檬酸裂解产生草酰乙酸和乙酰辅酶 A，是乙酰辅酶 A 合成的关键酶，但是在解脂耶氏酵母中单独过表达 ACL，油脂产量的提高幅度却十分有限。研究发现，这是由于内源 ACL 的米氏常数（K_M）高达 3.6mmol/L，对底物柠檬酸的亲和力差。为此，通过对不同来源的 ACL 进行筛选，筛选出一个 K_M 低至 0.05mmol/L 的来源于小家鼠（mus musculus）的 ACL 基因，利用多拷贝质粒过表达，使菌体油脂含量从 7.3%提高到 23.1%，提高了 2.2 倍。

4. 构建高效的前体物替代合成途径

脂肪酸是合成甘油三酯的基本骨架，每合成 1 分子硬脂酸（$C_{18:0}$）则需要 9 分子的乙酰辅酶 A 和 16 分子的 NADPH。9 分子乙酰辅酶 A 需要消耗 4.5 分子的葡萄糖（其中丙酮酸脱氢酶催化脱羧形成 CO_2 导致 1/3 的碳原子丢失）。此外，由于一些微生物细胞质中不存在还原型辅酶Ⅰ（NADH）激酶和 NADH-NADPH 转氢酶，因此 NADH 不能自由转换为 NADPH。以葡萄糖为碳源时，NADPH 的生成主要依赖磷酸戊糖途径（PPP）。但是，这并非生成 NADPH 的最佳选择，因为 6-磷酸葡萄糖酸脱氢酶催化 6-磷酸葡萄糖酸生成 NADPH 同时脱羧释放 1 分子 CO_2，导致了碳原子的额外损耗，因而增加了生产成本。1 分子葡萄糖经 PPP 途径完全代谢后生成 12 分子 NADPH，而 16 分子 NADPH 需消耗 4/3 分子的葡萄糖。因此，合成 1 分子硬脂酸共需 5.83 分子葡萄糖。

第四节 脂质生物制造应用

一、脂质酶法制取

随着科技的发展，人们生活质量的提高，人们对天然食品的追求和对环境保护的重视，传统的化学法油脂改性技术的许多弊端日显突出，因而，经过几十年酶科学和酶工程技术的发展，油脂酶法改性技术已成为油脂研究的热点。

与化学法相比较，酶法制造具有反应条件温和、底物专一性强、催化效率高、产物得率和纯度高、产品颜色浅等优点。并且可利用酶对底物的专一性来准确地控制反应产物的异构体形式和旋光性。

（一）脂肪酶

脂肪酶（EC 3.1.1.3）是一类特殊的酯酶，能水解甘油三酯为脂肪酸、甘油二酯及甘油等，其天然底物一般是不溶于水的长链脂肪酸酰基酯。它的分子由亲水、疏水两部分组成，活性中心靠近分子疏水端，结构中的催化活性中心是由丝氨酸-组氨酸-天冬氨酸/谷氨酸组成的催化三联体结构，催化反应后可使酯类化合物分解、合成和酯交换，从而形成芳香酯。另外，作为一种重要的生物催化剂，可催化不同底物的水解和合成反应，这些催化反应一般具有立体选择性、副反应少、反应条件温和、不需辅酶及可用于有机溶剂等特点。磷脂酶中比较有价值的是专一性较强的磷脂酶 A、A_2、C、D 四种酶，它们分别专一性地水解磷脂的 *sn*-1、*sn*-2、*sn*-3 位酰基和磷酸与胆碱等的结合位。

1. 脂肪酶的来源

脂肪酶广泛存在于动物、植物组织及多种微生物，种类最多的脂肪酶存在于微生物。因此，微生物脂肪酶是工业用脂肪酶的重要来源。国内外已报道的微生物脂肪酶来源有细菌、酵母和真菌等。据统计产脂肪酶的微生物属，包括细菌 28 个属，真菌 23 个属。由于真菌脂肪酶具有高效、反应条件温和、无毒等优点，远比细菌脂肪酶多，因而得到快速发展。真菌脂肪酶主要源于黑曲霉（*Aspergillus niger*）、南极假丝酵母（*Candida antarctica*）、根霉（*Rhizopus arrhizus*）、米曲霉（*Thermomyces lanuginosus*）、皱褶假丝酵母（*Candida rugosa*）等；细菌脂肪酶主要源于假单胞菌属（*Pseudomonas*）、芽孢杆菌属（*Bacillus*）、伯克霍尔德菌属（*Burkholderia*）等。

2. 脂肪酶的结构及作用机理

脂肪酶催化水解反应的机理与丝氨酸蛋白水解酶的作用机理是完全相同的。构成脂肪酶活性中心的三元组之间，丝氨酸的羟基氢通过氢键与组氨酸咪唑环上的氮相连，另一种氨基酸（谷氨酸或天冬氨酸）残基上羧基的氢则通过氢键连到组氨酸咪唑环的另一个氮上。在反应过程中，三者通过与底物形成四面体复合物完成催化过程。不同来源的脂肪酶的氨基酸顺序和分子大小差别很大，但都以相同的方式折叠，即 α/β-水解酶折叠。这种结构包含一个被 α-螺旋包围着的以平行 β-片层结构为主的核，β-折叠片之间通过仅 α-螺旋相连接。α-螺旋和 β-折叠的数目和空间排列方式在不同的脂肪酶中不尽相同。亲核催化三元组 Set-His-Asp 或 Ser-His-Alu 存在于脂肪酶的催化部位，而催化部位被埋在分子中，表面被对它们起保护作用的 α-螺旋盖状结构覆盖。脂肪酶“盖子”结构不仅影响酶活性，而且影响酶底物的特异性和稳定性。当脂肪酶处于非活性构象时，带有色氨酸（Trp）盖子的疏水基团与三元组 Ser-His-Asp 或 Set-His-Alu 的疏水区域相结合，亲水端则向外，与水分子以氢键连接。当脂肪酶与界面相接触时，覆盖活性位点的 α-螺旋打开，暴露疏水残基，增加与脂类底物的亲和力，暴露活性位点，同时该变化导致脂肪酶在丝氨酸（Ser）周围产生一亲电区域，可保持催化过程中过渡中间产物稳定，脂肪酶处于活化构象（图 3-3）。

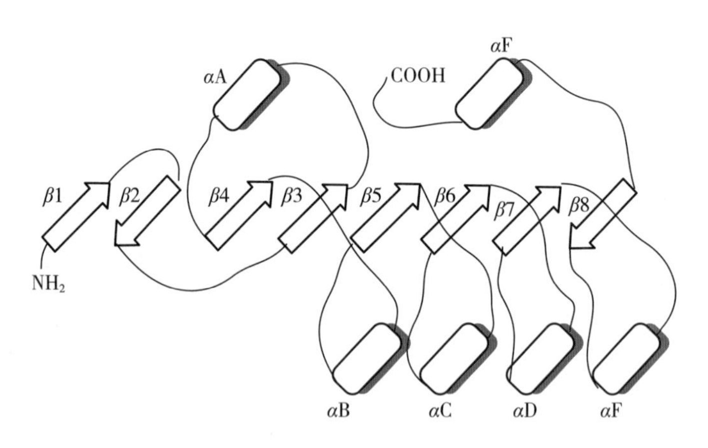

图 3-3 水解酶结构示意图

脂肪酶和酯酶的最大差别在于它们与底物作用的形式不同。酯酶的活性随着底物浓度的增加而增大，而脂肪酶在底物处于溶解状态下几乎没有活性，只有当底物浓度逐渐增加到超出其溶解度极限时，才表现出其活性的明显增加，这种现象被称为“界面活化”。该现象的分子基础是酶分子的构象变化。“界面活化”现象可以激发盖状结构的开启，从而使活性中心暴露出来。在自然界中，绝大多数脂肪酶都具有这种现象，但也有例外。

总的来说，脂肪酶分子由亲水、疏水两部分组成，活性中心靠近分子疏水端。其结构特点：①β 活性中心是丝氨酸残基，正常情况下受一个 α-螺旋盖保护；②脂肪酶都包括同源区段：His-X-Y-Gly-Z-Ser-W-Gly 或 Y-Gly-His-Ser-W-Gly（X、Y、W、Z 是可变的氨基酸残基）。

（二）酶法制油

1. 酶法提油

机械压榨法和溶剂浸出法是工业化提取油脂的主要方法，但机械压榨法提油率较低，而溶剂浸出法容易造成环境污染和油脂中的溶剂残留。因此，高效、安全、环保的油脂提取技术已成为学术研究的热点。水酶法是一种环境友好型油脂提取方法，可以同时从油料中提取油脂和蛋白质，具有安全性高、反应条件温和、绿色、所得油脂营养价值较高等优点，有利于环境保护和提升油脂品质。

油脂通常是以脂肪颗粒或脂滴的形式存在于油料细胞内，或者通过与其他大分子物质相结合存在细胞内，如与蛋白质形成脂蛋白，与碳水化合物形成脂多糖。水酶法提取油脂技术是采用生物酶（如纤维素酶、半纤维素酶、蛋白酶、果胶酶、淀粉酶、葡聚糖酶等）对油料组织的细胞结构以及脂多糖和脂蛋白的超微结构进行降解，从而增加油料组织中油的流动性，使其从油料中游离出来，再利用油水不相溶的现象，以及油和水对其他非油成分（蛋白质和碳水化合物）亲和力的差异将油脂分离出来。

总的来说，水酶法提取油脂工艺反应条件温和、工艺简单、设备要求低、无需高温高压处理、无有机溶剂残留，是一种环保、有前景的油脂提取技术。

水酶法提取的油脂综合质量指标优于其他方法，可能是因为使用酶水解细胞壁可以进一步促使酚类等物质进入油脂中，酚类等活性物质对油脂的氧化稳定性、货架期、营养、感官等性能均有积极影响。此外，由于水酶法提取过程中水相及乳化层的保护，使一些蛋白质及酚类物质免受氧化。

当然，水酶法的缺点也十分明显。首先，现阶段酶制剂价格仍然较高，提高了生产成本，导致多年来水酶法大多停留在实验室研究和中试阶段，其工业应用一直受到限制。其次，植物油脂提取过程中，由于细胞壁坚硬、厚实、成分复杂，往往需要多种酶的协同作用，这导致部分油料细胞破壁效果欠佳，提油率低。此外，水酶法提取油脂过程中，形成的乳化层和残渣层中残油率高，导致提油率较低。最后，水酶法提取油脂需要消耗大量的水，废水的处理面临很大的压力。

2. 酶法精炼

油脂中的磷脂脱除一般是根据磷脂兼具亲水和亲油的特点，采用水化法脱除，但是非水化磷脂由于不具有亲水性，较难脱除。对于非水化磷脂，一般的技术是采用磷酸将非水化磷脂变成水化磷脂，然后经过水化脱除，该方法已经成功应用于工业化生产中，取得较好的效果。酶法脱胶通过将非水化磷脂转化成水化磷脂，再利用水化法脱除，转化效率高，相对于传统的脱胶，减少了油脂乳化，酶能将部分磷脂转化成甘油二酯，能够显著提高油脂的精炼率，是未来油脂精炼中推广的技术之一。

目前，油脂常用的脱酸方法主要有化学碱炼、混合油碱炼、化学酯化、物理脱酸（蒸馏脱酸、溶剂萃取脱酸和膜分离脱酸等）和酶法脱酸等。化学碱炼脱酸彻底，但中性油和功能性脂类伴随物损失大，且产生大量工业废水，不适用于高酸价油脂脱酸；

混合油碱炼脱酸彻底，无工业废水产生，但中性油损失较大，设备投资成本高，工艺烦琐；化学酯化脱酸效果较好，但副产物较多，脱酸温度高，增加了脂类风险因子的产生风险，脱酸后油脂品质较差；蒸馏脱酸中性油损失较少，但能耗大，原料含磷量要求高，增加了脂类风险因子的产生风险；溶剂萃取脱酸效果较好，但工艺烦琐，需多次萃取，中性油损失大；膜分离脱酸分离温度温和、能耗低、节能环保，但膜分离速度较慢，膜易污染；而酶法脱酸具有反应条件温和、脱酸效率高、效果好、环保、中性油及功能性脂类伴随物保留率高等优点，是油脂脱酸领域的主要发展方向。

酶技术是油脂工业中可持续的绿色创新技术。随着酶工程领域新颖酶的发掘，酶的结构功能关系、酶的定向进化及新的固定化技术等方面研究的深入，限制酶法精炼工业应用的瓶颈问题如酶法脱酸专用酶缺乏，固定化酶稳定性差、活力低及价格昂贵等问题将逐步得到解决，酶法精炼将会代替传统的化学碱炼和物理蒸馏脱酸，从而实现油脂加工业的绿色、协调和可持续发展。

（三）酶促油脂改性

酶促油脂改性就是利用脂肪酶选择性地催化甘油酯的分解或合成，从而改变油脂的结构和组成，提高油脂的营养性和适用性。对油脂酶法改性的研究集中于对适宜的专一性脂肪酶的选择、酶促反应体系的建立和高营养性脂肪酸的富集、油脂结构化处理等。脂肪酶应用于油脂改性的反应有：水解反应、酯化反应、酸化反应、醇化反应、酯交换反应。

脂肪酶既能催化油脂水解成部分甘油酯或甘油与脂肪酸，也能催化酯化反应和酯交换反应，这主要取决于所处的反应体系。

1. 酶促反应体系

酶促反应体系由酶、催化底物、反应介质（溶剂、载体等）组成。当体系中含水量较大时，脂肪酶催化甘油酯水解成脂肪酸和甘油；而在无水或微水体系中，则可催化酯化和酯交换反应，该体系中通常使用石油醚、异辛烷或正己烷等有机溶剂作反应介质。

由于脂肪水解必须在有水体系中进行，而水解底物又难溶于水，脂肪酶酶促水解就只能在油水界面处反应，因此需扩大酶与底物的接触面积，来提高酶促反应速度。传统的方法是直接添加乳化剂，但容易造成残留。在酯化反应和酯交换反应体系中，脂肪酶可以以颗粒形式悬浮于有机溶剂中，但其不溶解，反应速度慢。酯交换反应也可在无溶剂体系中进行，由于酶直接作用于底物，可提高底物和产物浓度以及反应选择性，但存在体系黏度大，传质效率低的问题。

为有效控制酶促反应的进行，应采用适宜的酶促反应体系。如在甘油的酯化反应体系中，常将硅胶与甘油混合后加入反应器中，从而有效控制甘油与酶结合的数量，控制反应速度。采用酶固定化技术是提高酶促反应效果的有效手段。酶促反应通常是可逆的，易形成平衡。为提高产品得率，对水分和其他挥发性产物可用蒸馏或分子筛移去，对其他产品有时也可通过结晶从反应混合物中移去，使反应平衡朝正方向移动。

2. 回顾与展望

当前脂肪酶用于油脂营养改性尚处于初始阶段，而实际在油脂工业中应用很少。主要是脂肪酶产量和种类有限，价格较贵，另外一些工程技术尚未完全成熟。但用脂肪酶和其他酶来催化生化反应，可获得非酶促反应所不能获得的结果，具有非常高的研究和应用价值，因而酶技术代表了食品工业的发展趋势。在过去十年中，更多的科研人员投入此领域的研究，寻找到许多脂肪酶的高产菌株。已有几十种脂肪酶商品化生产，以酶固定化为代表的酶工程技术进一步发展，以及对多不饱和脂肪酸的富集、结构化油脂的大量研究和突破性进展，这些都为油脂的酶法改性的工业化应用奠定了基础。相信在未来的几年里会有更多这方面的研究成果出现和更多的酶法改性营养油脂产品进入市场。

二、合成生物学

（一）合成生物学概念

随着计算机科学、工程科学、数学、化学、物理学等领域的发展与普及，生物学研究以其基础知识为背景，在工程学思想的指导下，结合其他领域研究策略与成果，对生物系统进行更加深入的研究、设计和改造，由此合成生物学应运而生。简而言之，合成生物学采取“建物致知，建物致用”的理念，为理解生命原理、服务人类发展开辟了新途径，并逐渐发展成为生物学研究发展的新范式。

因而，在合成生物学中也引入了许多工程学概念，并衍生出许多专业术语，例如生物元件（biological part）、生物装置（biodevice）、基因回路（gene circuit）、最小基因组（minimal genome）、简约细胞（minimal cell）、底盘细胞（chassis cell）等。与系统生物学自上而下（top-down）的策略相反，合成生物学采用自下而上（bottom-up）的正向工程学策略，通过对标准化的生物元件进行理性地重组、设计和搭建，创造具有全新特征或性能增强的生物装置、网络、体系乃至整个细胞，以满足人类的需要。

自然微生物中可以生产的油脂较少，远不能满足未来油脂工业生产的需求，即使一些微生物可以生产油脂，但是其产量往往也较低，与植物来源油脂相比性价比较低，而合成生物学的发展极大地提高了细胞工厂的构建能力，可以有效地解决微生物生产油脂较少和产量较低的问题。

（二）合成生物学研究方法

1. 合成途径的设计与创建

油脂的生产合成途径可能往往并不只存在于单一的生物中，合理设计新的代谢途径并使用计算机模拟设计，然后对相应的酶和代谢途径进行试验开发，将来源于不同生物的反应体系组装到一个细胞中。

2. 合成途径的优化

合成途径创建之后，下一步就是对代谢途径的通量进行优化，以提高产品效价、生产率和回收率，从而实现经济可行的目标。传统的代谢工程方法可以在很好的程度上实现途径通量的优化，但需要更精确和可预测的代谢通量控制工具来以更少的时间和精力开发更高性能的菌株。微调代谢通量的一种直观方法是通过调节基因表达成分，如启动子、核糖体结合位点（RBS）、终止子、3′或5′UTR和转录因子来控制基因表达水平，可以设计这些组件来实现所需的目标基因表达水平。高效的合成途径往往并不仅仅受限于某个单一的限速反应步骤，而是需要多个酶的协同平衡，基于标准化调控元件文库，可以对代谢途径中的基因进行精确调控表达，可以根据细胞培养周期以及代谢物产生的时间进行协调表达。通过人工合成蛋白质骨架，可以将合成途径相关的酶聚集在比较近的区域，提高两个生化反应的速率，并且还可以对这些酶进行最优配比。

3. 细胞生产性能的优化

在优化完成合成途径之后，研究者就可以初步获得一个人工细胞，需要对获得的人工细胞进行生理性能和生产环境适应能力的优化。定向进化和半理性进化等方式是对细胞生产性能进行优化的优良方法，通过对人工细胞的优化才可以将其变为可以用于生产的细胞工厂。

细胞工厂的设计精细而复杂，随着系统生物学、合成生物学、计算机科学等新学科、新技术的快速发展，给构建高效食品细胞工厂奠定了理论和技术基础。相信在不久的将来，会有越来越多设计精密、含有更多更复杂的基因元件并且控制更加方便的细胞工厂出现并应用于食品工业生产中，能够为食品产业做出巨大的贡献，同时可以降低能源与生态压力，彻底解决食品原料和生产方式过程中存在的不可持续的问题。

三、细胞工厂

细胞工厂可以笼统地定义为利用细胞的代谢来实现物质的生产加工。细胞工厂的宿主选择范围较广，微生物细胞、动物细胞和植物细胞均可以被开发作为细胞工厂，就目前而言，细胞工厂的改造主要在微生物细胞中进行，因此以微生物细胞工厂为例。由于微生物细胞自身酶系种类、转化效率和代谢途径的限制，要将微生物细胞改造成为细胞工厂，需要借助组学分析、高速计算机技术和分子改造技术的最新进展，解析微生物细胞的基因、蛋白质、网络和代谢过程中的本质，在分子、细胞和生态系统尺度上，多水平、多层次地认识和改造微生物，经过人工控制的重组和优化，对微生物细胞代谢的物质和能量流进行重新分配，从而充分发掘微生物细胞广泛的物质分解和优秀的化学合成能力。其中，大肠杆菌（*Escherichia coli*）是目前最常见的细胞工厂，其具有诸多优势，例如较快的生长和代谢速率、兼性厌氧的生长条件以及完善的基因操作平台等，是一种优良的工业微生物菌株。同时，大肠杆菌细胞工厂在生产脂肪酸及其衍生物等领域均取得了重要进展。植物天然产物的细胞工厂构建策略如图 3-4 所示。首先根据化学原理和已经分离鉴定的产物推测出可能的生物合成途径；其次通过转录组分析和生物信息学分析筛选和挖掘特定代谢途径的功能基因并解析其合成途径；然后将合成途径组装成细胞工厂；最后设计并构建细胞工厂。

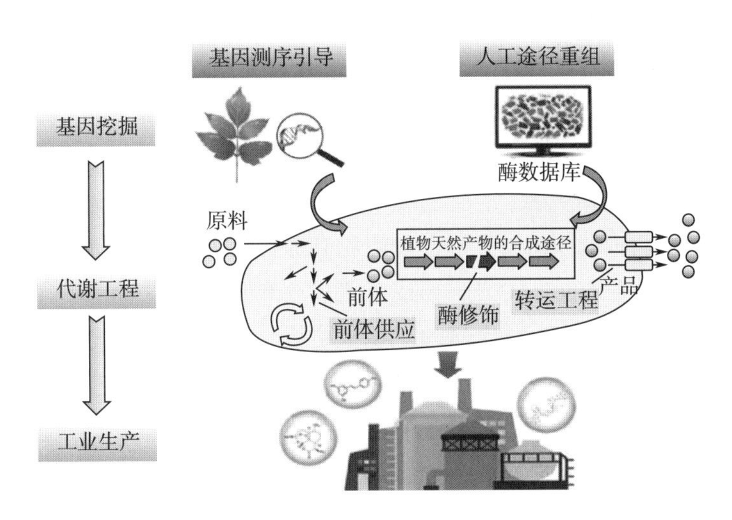

图 3-4 细胞工厂构建策略

（一）细胞工厂技术

1. 基因组工程

基因组靶向编辑指在基因组 DNA 的预定位点上，精确地改变 DNA 序列，包括插入、缺失和置换等，进而改变基因的结构或功能。该技术是微生物细胞工厂构建中最常用的技术。

λRed 同源重组和 CRISPR 技术：λRed 同源重组是一项可在染色体水平进行遗传操作的技术，只需较短的同源序列，不需要特定的限制性酶切位点，即可在生物体内完成重组过程。而 CRISPR/Cas9（clustered regularly interspersed short palindromic repeats/Cas9）技术是由 RNA 指导 Cas9 蛋白对靶基因进行修饰，具有组成简单、价格低廉、安全性高、切点相对精确、具有可逆性、可同时对多个基因位点进行编辑的优点，被广泛应用在不同微生物中。目前 CRISPR-Cas 体系是最为常用的基因编辑技术。其原理是利用向导 RNA 介导 Cas 蛋白在特定的靶标序列处引起 dsDNA 的断裂，然后利用同源重组方法进行精准的 DNA 序列替换或利用非同源末端连接方法进行靶标基因的中断。除了基因组编辑外，Cas13、Cas12 以及 Cas14 等蛋白在结合了靶标 DNA 后会诱发其旁路切割活力，进而被开发成下一代分子诊断技术。

大片段捕获、合成及组装：DNA 片段的克隆和组装技术是分子生物学的重要工具。近年来，随着合成生物学的发展，对大片段的捕获和有效组装显得尤为关键。虽然传统的利用Ⅱ型限制性内切酶连接克隆的策略仍然在发挥着重要作用，但由于酶切位点的限制，其在多 DNA 片段组装或者平行无缝克隆方面的不足之处也尽显无遗。为此，人们基于 PCR、非典型酶切连接、单链退火拼接、同源重组等原理，开发出了一系列大片段 DNA 克隆与组装技术，为微生物细胞工厂的构建提供了有效的操作工具。此外，还有许多其他的基因组改造方法，如 RNA 干扰、PCR 介导染色体分裂技术等。

2. 代谢物生物传感器

代谢物生物传感器作为一种重要的合成生物学工具，可以视作微生物中的仪表，将代谢物浓度转化为特定信号的输出，因而能够在线地感应细胞体内代谢物浓度及其变化，为代谢途径设计及优化提供工具。代谢物生物传感器在微生物细胞工厂中典型的应用包括高产目标化合物菌株的高通量筛选和微生物胞内代谢动态调控等。例如代谢物生物传感器可以在单细胞水平上将代谢物化合物浓度转化为荧光输出或者细胞生长优势，进而通过高通量的流式细胞仪或者细胞优势表型压力选择，实现对特定高产菌株的高通量筛选或者选择。在代谢动态调控方面，利用人工构建的代谢物生物传感器模拟微生物原有的精细调控体系，实现目的代谢途径根据效应物的浓度动态开闭，可以帮助微生物体内的代谢流实时响应宿主细胞的代谢状态或者宿主所处的外部环境的变化，使代谢网络有更强的鲁棒性和更高的生产效率。

3. 多组学分析

目前组学工具对于细胞工厂的构建通常采用多组学分析方法，将各组学数据进行统一分析，而不是只分析单一类型的组学。多组学分析方法可以通过弥补每个组学的缺点来完善对于宿主菌株的全面了解，可用来阐明宿主菌株中的各种现象，并确定更多的工程目标。

4. 计算机预测

预测各种天然的和非天然的化学品的生物合成途径，对于设计细胞工厂具有极其重要的作用，通过计算机算法对宿主菌株进行预测分析，有助于加快细胞工厂的构建。

（二）微生物工厂

很早以前人类便知道利用微生物，如利用微生物的发酵制造出酱油、醋等食品。现代的微生物技术早已今非昔比，如利用可把光合成微生物所拥有的光变为电的蛋白质作为电子零件材料，以及利用微生物体内的酶作为化学反应的触媒等。利用微生物作为工业产品的原料和催化剂，微生物起到工厂的作用，所以称之为微生物工厂。

随着现代分子生物学和生物化工的发展，采用基因工程策略对微生物进行菌种的改造，通过打断、缺失或替换基因组上目的基因，达到研究和利用基因功能和性状的目的，已成功地在以下种类的微生物中实现了基因改造：大肠杆菌（实验室菌株和野生菌株)、沙门氏菌、奇异变形杆菌、阪崎肠杆菌、阴沟肠杆菌、葡萄球菌、链球菌、乳酸菌、假单胞菌、酵母、真菌以及微藻等。

基因敲除，又称为基因打靶，是一种基因工程技术，通过一定的途径使机体特定的基因失活或缺失。通常意义上的基因敲除主要是应用DNA同源重组原理，用设计的同源片段替代靶基因片段，从而达到基因敲除的目的。基因敲除技术的优点是位点精确、成功率高，并且有很广泛的应用，可用于微生物、动植物的品种改良、创建生物膜性、疾病机理研究、免疫应用、精准医疗（遗传病的靶向治疗）等。微生物基因敲除常用的方法主要有两种，一种是基于同源重组系统，另一种是利用CRISPR/Cas9基因编辑技术。

基因复制性重组是指将微生物本身没有的一段功能DNA序列插入到微生物基因组中而发生的重组，这种重组不依赖于同源序列的存在。通常用两种方法来表达新基因，一种是用从目标菌中分离出来的自然产生的质粒，加入合适的抗菌抑制标签来表达，如用大肠杆菌作载体；另一种是用已知宿主作载体，如溶纤维丁酸弧菌。

（三）油脂的细胞工厂生产

脂肪酸及其衍生物（脂肪醇、脂肪酸烷基酯和烷烃等）在能源、医药和化妆品等领域具有广泛的应用潜力。由脂肪酸衍生的生物燃料和油脂化合物能够有效地缓解由于化石资源短缺而导致的能源危机。游离脂肪酸是在多种应用中实现的基本油脂化学制品，包括表面活性剂、润滑剂、油漆、塑料和化妆品。目前，脂肪酸及其衍生物主要来源于天然动植物油脂的提取。但是，随着脂肪酸及其衍生物市场需求量的不断增大，从天然动植物提取脂肪酸及其衍生物势必会对动植物的生存、生物多样性以及生态效应造成不可逆转的影响。而构建的微生物细胞工厂成为脂肪酸及其衍生物合成的有效替代方法。

目前，应用于脂肪酸及其衍生物合成的细胞工厂宿主主要有大肠杆菌和酵母细胞，特别是酿酒酵母，是目前除大肠杆菌之外另一种可供选择的宿主。微生物代谢是微生物获得生长和繁殖所需的能量和营养物质的手段，微生物的代谢调控对目标活性物质的合成起到至关重要的作用。构建高效平衡的代谢途径能够抑制副产物或者中间产物的积累，提高目标化合物产量。代谢途径的优化一般是在转录水平和翻译水平上进行代谢途径基因的优化，包括启动子工程、RBSs工程、DNA拷贝数、细胞器的划分和动态启动子调控等。通过对底盘微生物进行遗传改造，重新配置细胞的生化代谢网络，构建高效的细胞工厂，将可再生原料转化为高附加值化合物。目前，代谢工程已经成功应用于多种生物基产品的工业化生产，如青蒿素和1,4-丁二醇等。然而，通过操纵内源基因和引入异源途径改造微生物固有代谢网络，通常会导致代谢途径通量不平衡，引起中间代谢物过量积累，从而抑制胞内代谢活动，降低菌体生理活性和发酵性能。相比传统生产方式，这种新的资源获取策略在资源可持续利用和经济效益等方面均具有很显著的优势，因而作为一种革新模式崭露头角。

思考题

1. 新动物源油脂有什么特点？
2. 请简单介绍脂质的生物合成过程。
3. 脂质生物制造的基因工程主要涉及哪些关键酶？
4. 蛋白质工程主要提高脂肪酶的哪些功能？
5. 脂质的代谢调控有哪些方法？
6. 脂质的合成生物学制造有哪些？

第四章

脂质营养与健康

学习目标

1. 了解脂质分子对生物体和细胞的重要作用。

2. 理解食品脂质的膳食摄入对人体健康的营养功能，深刻认识“健康中国2030”的战略规划。

3. 理解脂质消化吸收路径，基本掌握甘油三酯、磷脂和胆固醇代谢。

4. 了解膳食脂质与慢性疾病的关联，关注国民生命全周期、健康全过程的脂质营养健康，提高自身健康水平，为建设健康中国奠定坚实基础。

脂质是维持有机体生命活动的必需营养素，在人体细胞、组织中发挥重要的结构功能与生理功能。脂质是机体重要的能量来源，也可以作为生物体的屏障，防止机体热量散失及组织器官受损。而磷脂等脂类物质是构成机体内细胞的重要结构组分，同时可为动物机体提供必需脂肪酸和脂溶性维生素。膳食脂质经胃肠道消化之后通过多种方式被机体吸收，从而为机体的生命活动提供能量并参与机体代谢。而脂质代谢与肥胖、糖尿病、冠心病等慢性疾病有着密切关系。本章节内容全面涵盖了脂质营养功能、脂质消化与吸收、脂质代谢以及膳食脂质与疾病调控的基础理论知识。

第一节　脂质营养功能

脂质是人体必需的七大营养素之一，在人体细胞、组织中发挥重要的结构功能与生理功能。本节重点阐述膳食脂质的结构特性和营养功能、主要功能性脂质的营养功能及其膳食来源，以深层次地理解膳食脂质的营养和生理功能。

一、脂质的营养功能

（一）脂质的生理功能

（1）供给和储存能量　脂质的主要生理功能之一是氧化供能和在细胞内储备能量。与碳水化合物（4.1kcal/g）或蛋白质（4.0kcal/g）相比，脂质能够释放的平均能量（9.5kcal/g）是前者两倍多。人空腹时需要能量的50%以上是由体内储存的脂肪氧化提供，如果禁食1~3d，85%的能量来自于脂肪。人体优先以甘油三酯的形式存储脂质作为主要的能量储备。

（2）参与机体组织结构　脂质主要分布于人体血浆（血脂）、内脏（内脏脂肪组织）、皮下（皮下脂肪组织）及血管外周脂肪组织、心外膜脂肪组织等全身各部位，并作为细胞结构的主要组成成分。由脂质组成的脂质双分子层提供了细胞膜的基础结构。此外，脂质可以充当脂溶性化合物的载体，如甘油酯、磷脂是细胞膜（双层）和脂蛋白颗粒（单层）的结构成分。

（3）促进脂溶性维生素的吸收　膳食脂质中含有脂溶性维生素，如维生素 A、维生素 D、维生素 E、维生素 K 等。脂肪是脂溶性维生素的溶剂，可促进脂溶性维生素的吸收。膳食中长期缺乏脂肪，会造成人体脂溶性维生素缺乏。目前，除了脂溶性维生素，研究证明油脂乳液的形式可以加速脂溶性营养素（类胡萝卜素等）的吸收。

（4）参与代谢疾病调控　膳食脂质对健康的影响可以直接归因于脂质分子的不同和伴随物成分，这些分子对中枢神经系统和心血管系统具有深远的影响。例如，大脑的脂质含量约为 60%，而大脑发育需要充分摄入二十二碳六烯酸（DHA）和二十碳五烯酸（EPA），其摄入不足会导致视觉和行为认知功能障碍。在心血管系统中，脂蛋白通过血液将脂质转运到器官和从器官运出，过量的胆固醇和饱和脂肪酸的摄入与动脉粥样硬化和心血管疾病的风险呈正相关。多不饱和脂肪酸的饮食摄入则有助于降低认知能力下降的风险和心血管疾病等代谢疾病的发生。此外，脂质是涉及多种生理功能的生物活性化合物的前体，代谢能量的来源和基因表达的调节剂。

（二）膳食脂质的营养价值评价

膳食脂质的营养学评价一般从脂肪消化率、必需脂肪酸含量、脂溶性维生素含量和脂质的稳定性等方面进行评价。

（1）脂肪消化率　食物脂肪的消化率与其熔点密切相关。熔点低于体温的脂肪消化率可高达 97%~98%，高于体温的脂肪消化率一般约为 90%，熔点高于 50℃ 的脂肪不易消化。含有不饱和脂肪酸和短链脂肪酸越多的脂肪，其熔点也越低，从而越易消化。

（2）必需脂肪酸含量　必需脂肪酸是指人体生命活动所必不可少的几种多不饱和脂肪酸，它们在人体内不能合成，必须由食物来供给。必需脂肪酸有亚油酸、亚麻酸及花生四烯酸三种。植物中不饱和脂肪酸（如亚油酸等）的含量高于动物脂肪，因此其营养价值也高于动物脂肪。但是，椰子油、棕榈油中亚油酸含量很低，不饱和脂肪酸含量也很低。海洋生物中（鱼油、磷虾油等）含有较高的必需脂肪酸。

（3）脂溶性维生素含量　脂溶性维生素含量越高的脂肪一般其营养价值也越高。动物储存的脂肪几乎不含有维生素，其器官脂肪含有少量的维生素，如某些深海鱼类的肝脏脂肪中维生素 A 和维生素 D 含量丰富，乳和蛋中的维生素 A 和维生素 D 也很丰富。植物油中富含维生素 E，特别是谷类种子胚芽油中含量更高。

（4）脂质的稳定性　脂质的稳定性与其脂肪酸组成、油脂伴随物（脂溶性微量成分，如维生素 E）含量相关。脂溶性微量成分（如维生素 E）的含量越高，脂质稳定性越好。脂质的不饱和度越高，脂类稳定性越差，越容易发生氧化酸败。

（三）膳食脂质危害因子

油脂中含有天然毒素（芥酸、环丙烯脂肪酸、雌激素和单萜等）和外源性毒素（油脂生产加工过程中产生的真菌毒素和污染物）等存在潜在毒性的成分，摄入量过大会危害人体健康。

（1）芥酸　芥酸（顺二十二碳-13-烯酸）是存在于菜籽油中的一种脂肪酸，在菜籽油中含量为31%~55%。模式动物实验证明，大量摄入含芥酸高的菜籽油，可致心肌纤维化从而引起心肌病变，引起血管壁增厚和心肌脂肪沉积；引起动物增重迟缓，发育不良。联合国粮农组织及世界卫生组织也已对菜籽油中芥酸的含量作出了限量规定，即菜籽油中芥酸的含量应低于2%。

（2）真菌毒素　真菌毒素是由真菌产生的一类有毒物质。油脂中真菌毒素的来源包括油料作物生长过程中感染的病原真菌，油脂在加工、储存、运输过程中感染的真菌毒素。植物油脂中常见的真菌毒素为黄曲霉毒素、单端孢霉烯族毒素、呕吐毒素、赭曲霉毒素A和玉米赤霉烯酮。

（3）二噁英　二噁英类化合物具有很高的熔点和沸点，易溶于油脂，因此可以在食物链中通过脂质发生转移和富集。纸浆厂、废水厂等排放的污水、废渣中含有二噁英类化合物，污染水体和土壤，进而造成粮食作物污染。垃圾、煤炭、沥青、汽油等含氯有机物的不完全燃烧产生二噁英，污染空气，进而污染粮食作物。二噁英摄入人体内会危害人体健康，引发肝脏中毒、胸腺萎缩等严重疾病，并对体液免疫和细胞免疫产生抑制作用。二噁英对动物还具有致畸性和强致癌性。

（4）多氯联苯　多氯联苯在使用过程中，不慎泄漏、流失、掩埋等或通过废水处理进入土壤、大气和水源造成污染，通过食物链的富集作用污染动植物，进而污染动植物油脂。此外，在油脂储存过程中，储藏罐的密封胶和废纸中也含有多氯联苯，可对食品油脂造成污染。成人发生多氯联苯中毒后，会出现指甲变形、肢体麻木、呕吐、腹泻等症状；婴儿和儿童则生长停滞、智力下降。

二、膳食脂质来源及推荐摄入量

（一）膳食脂质来源

膳食脂质是膳食的三大主要组成部分之一，为人体提供能量、必需脂肪酸及脂溶性维生素并作为载体促进其吸收。人体膳食热量的20%~50%由脂质提供，每克脂质能产生约39.7kJ能量，是碳水化合物和蛋白质的两倍多。膳食脂质的食物来源主要是植物油、坚果类食物、油料作物种子及动物性食物。

动物脂质相对含饱和脂肪酸和单不饱和脂肪酸较多，而多不饱和脂肪酸含量较少，多以甘油三酯与磷脂形式存在。从牲畜如猪、牛、鸡的脂肪组织以及乳制品中可以提取得到室温下为固体的脂肪。蛋类以蛋黄中的脂肪含量为高，约占 30%，胆固醇的含量也高，全蛋中的脂肪含量仅为 10%左右，其组成以单不饱和脂肪酸为多。含磷脂丰富的食品有蛋黄、瘦肉、脑、肝脏、大豆、麦胚、花生以及鱿鱼、海参等水产食品等，其中鱿鱼、海参等海洋来源的食品可以提供富含多不饱和脂肪酸（DHA、EPA 等）的磷脂形式的脂质。含胆固醇丰富的食物是动物的内脏、脑，蟹黄和蛋黄。

日常膳食中的植物脂质主要有大豆油、花生油、菜籽油、芝麻油、玉米油、棉籽油等，主要含不饱和脂肪酸，并且是人体必需脂肪酸的良好来源。植物性食物中的坚果类（如花生、核桃、葵花籽、榛子等）的脂肪含量较高，最高可达 50%以上，是多不饱和脂肪酸的重要来源。

（二）膳食脂质摄入水平

脂质的需求量受饮食习惯、季节和气候的影响，且在体内供给能量的功能可由碳水化合物完成，人体需要的脂肪量并不多，同时膳食脂质的组成与摄入量与多种疾病相关，因此需要严格控制中国居民膳食脂质的组成与摄入量。根据中国居民膳食结构实际情况，参考不同人群脂肪的摄入量，《中国居民膳食指南（2022）》推荐了我国成人膳食脂肪的每日摄入量为 25~30g，反式脂肪酸每日摄入量不超过 2g。其中饱和、单不饱和、多不饱和脂肪酸的比例最早提出为 1：1：1，但目前对脂肪酸组成的比例尚有争论，包括针对 ω-6 与 ω-3 脂肪酸的比例同样存在争议，因此膳食结构中脂肪酸组成比例需要合理研究并做调整。

三、功能性脂质的生理功能

脂质是人体必需的七大营养素之一，其中具备特殊营养和生理功能的脂质称为功能性脂质，对机体营养与健康具有积极的促进作用。根据功能性脂质的结构组成，将其分为功能性简单脂质、功能性复杂脂质以及功能性衍生脂质。

（一）功能性简单脂质的功能

1. 多不饱和脂肪酸的功能

多不饱和脂肪酸广泛存在于植物油中，如：玉米油、花生油、大豆油、橄榄油、菜籽油、亚麻籽油等。多不饱和脂肪酸可以调节人体的各种功能，人体如缺乏多不饱和脂肪酸，将会影响到免疫、心脑血管、生殖、内分泌系统的生理功能，与高脂血症、高血压、血栓病、动脉粥样硬化、风湿病、糖尿病等病相关。不同结构的多不饱和脂肪酸的功能不尽相同。其中，多不饱和脂肪酸主要分为 ω-3 多不饱和脂肪酸、ω-6 多不饱和脂肪酸（表 4-1）。ω-3 多不饱和脂肪酸与 ω-6 多不饱和脂肪酸的功能不同。ω-3 多不饱和脂肪酸中，二十碳五烯酸（EPA）和二十二碳六烯酸（DHA）主要存在于深海鱼油中，α-亚麻酸，十八碳三烯酸（ALA）主要存在于亚麻籽油、紫苏籽油、芥蓝籽油中。α-亚麻酸可以作为 DHA 的前体，进入机体后可转化成 DHA。三种多不饱和脂肪酸均具有防止动脉硬化、活化大脑细胞、促进智力发育、改善抑郁症、抑制炎症的营养功能。

表 4-1 主要多不饱和脂肪酸种类及其功能

分类	名称	结构	营养功能
ω-3 多不饱和脂肪酸	α-亚麻酸（ALA，$C_{18:3}$）		改善动脉硬化、降血压、活化大脑细胞、促进智力发育、改善抑郁症、抑制炎症
	十八碳四烯酸（SDA，$C_{18:4}$）	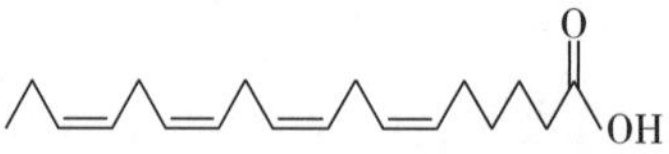	降低体重、改善脂质积累、抑制炎症
	二十碳五烯酸（EPA，$C_{20:5}$）		改善动脉硬化、降血压、改善认知障碍、抑制炎症
	二十二碳六烯酸（DHA，$C_{22:6}$）		改善认知障碍、抑制炎症、促进智力发育
	二十二碳五烯酸（DPA，$C_{22:5}$）	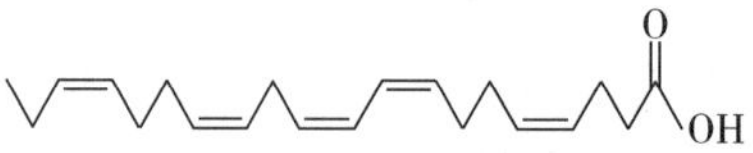	改善高血压、改善高脂血症、防止过度的血小板聚集，抑制血管炎症
ω-6 多不饱和脂肪酸	亚油酸（LA，$C_{18:2}$）		预防癌症、改善心脏健康
	花生四烯酸（ARA，$C_{20:4}$）		调节离子通道、多种受体和酶的功能，产生与炎症和伤口愈合相关的介质
	共轭亚油酸（CLA，$C_{18:2}$）		预防肿瘤增殖、改善心脏健康、抗氧化、抗突变、提高免疫力、提高骨骼密度、促进生长等
	γ-亚麻酸（GLA，$C_{18:3}$）	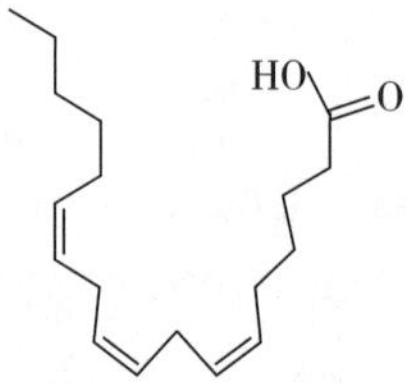	降低炎症、抗心血管疾病、降低血糖、减轻细胞脂质过氧化损害
	二十碳三烯酸（DGLA，$C_{20:3}$）	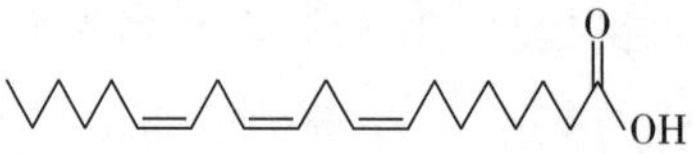	调控免疫系统和炎症反应

适量摄入 ω-6 脂肪酸，如共轭亚油酸（CLA）等脂肪酸，可以达到预防癌症和心

血管疾病的营养功能。但是 ω-6 脂肪酸摄入过高则会干扰 ω-3 脂肪酸对健康的益处，由于 ω-6/ω-3 脂肪酸具有相同的代谢酶系统，会增加血栓，炎症等疾病的患病概率。高水平摄入 ω-6 多不饱和脂肪酸，同时低水平摄入 ω-3 多不饱和脂肪酸，会明显增加患乳腺癌、大肠癌和前列腺癌的危险性。因此，基于 ω-6/ω-3 多不饱和脂肪酸的比例对于维持细胞的稳态和正常生长起到的关键作用，国内外均推荐降低 ω-6 多不饱和脂肪酸的摄入量或控制 ω-6/ω-3 多不饱和脂肪酸的摄入比例。

2. 共轭多不饱和脂肪酸

共轭多不饱和脂肪酸（conjugated fatty acids，CFAs）指的是一类含有共轭双键的多不饱和脂肪酸。共轭多不饱和脂肪酸中研究和报道最为广泛的是共轭亚麻油酸和共轭亚麻酸。其中共轭亚麻油酸主要来源于乳制品、反刍动物肉制品和微生物。大量动物实验和临床研究表明，共轭多不饱和脂肪酸对机体健康具有改善作用，包括但不限于控制体重、抗癌、调控脂质代谢、抗氧化、抗炎，以及改善糖尿病、肥胖等代谢综合征、更年期综合征等。

3. 中碳链甘油三酯

含有 6~12 个碳原子的脂肪酸被定义为中链脂肪酸。中链脂肪酸在日常摄取的食物中是以甘油三酯的形式存在的，也就是中碳链甘油三酯（medium-chain triacylglycerol，MCT）。与长碳链甘油三酯不同的是，中碳链甘油三酯在进入机体后，在到达小肠之前即在舌脂肪酶、胃脂肪酶的作用下完全水解为游离的中链脂肪酸和甘油。游离的中链脂肪酸相对分子质量小，溶解性好，很容易与蛋白质结合通过门静脉直接进入肝脏，不会再酯化为甘油三酯，可直接进入肝细胞的线粒体内进行 β 氧化分解供能，因此，中碳链甘油三酯在体内水解快，吸收更迅速。

基于中碳链甘油三酯迅速供能的特点，中碳链甘油三酯可以满足需要立即提供大量能量的人群（如运动员）的能量补充需要。此外，由于中碳链甘油三酯在体内的代谢途径特殊，在胰腺脂肪酶或胆汁盐缺乏时，中碳链脂肪酸仍能够被吸收，而该情况下长链脂肪酸却不能被吸收。因此，中碳链甘油三酯也可以用作营养制剂，为肠胃衰竭无法正常消化的病人提供能量，为肠道发育不全的早产儿提供能量。中碳链甘油三酯比长碳链甘油三酯供能低，长碳链甘油三酯供能为 37.6 J/g，而中碳链甘油三酯为 34.7 J/g，因此也被用于控制体重。中碳链甘油三酯也能被皮肤吸收，并能迅速氧化和代谢，在体内积累的趋向很小。中碳链甘油三酯具有乳化稳定作用和抗氧化性，可使化妆品更加均匀细腻，提高产品质量和储存期。在防晒剂中，中碳链甘油三酯无油腻感，用后无不适感；在化妆品如口红、唇膏中，中碳链甘油三酯可消除羊毛脂特有的气味，使基质组织细腻、色素分散均匀、表面光泽度提高、改善了涂抹性，因此中碳链甘油三酯可应用在化妆品中。

4. 类花生酸

类花生酸（eicosanoids）又称为类二十烷酸，是二十碳不饱和脂肪酸氧化衍生而成的具有生物活性的一类脂质，普遍存在于人和哺乳动物的体液和组织中，可以调节机体生理和病理过程。类花生酸是由细胞膜磷脂刺激后释放出的花生四烯酸（ARA）合成而来，此外，在类花生酸广泛定义中，十八碳（亚油酸、亚麻酸）以及二十二碳不饱和脂肪酸（二十二碳五烯酸、二十二碳六烯酸）等氧化代谢物也被归于类花生酸。

类花生酸合成源自于二十碳多不饱和脂肪酸的酶促氧化。除红细胞外，所有哺乳动物细胞都能合成类花生酸，具体合成途径分为环状途径和线性途径两类。花生四烯酸从细胞膜中磷脂分子在磷脂酶 A_2 催化作用下释放后，进一步通过环氧合酶（cyclooxygenase，Cox）、脂氧合酶（lipoxygenase，LO）和细胞色素酶 P450（cytochrome P450 enzyme system，CYP450）三种途径分别代谢产生前列腺素（prostaglandin，PG）、凝血噁烷类（thromboxane，TX）、白三烯（leukotriene，LT）和羟基二十碳四烯酸（hydroxy-eicosatetraenoic acid，HETE）。

前列腺素的主要功能是影响平滑肌的收缩，可调节机体系统和器官的生理活动，如神经、内分泌、消化、呼吸、生殖系统和血液、血管、肾等，并对糖、脂肪、蛋白质、水和无机盐的代谢等具有重要作用；凝血噁烷类是一类主要由血小板产生以响应刺激的激动剂；白三烯主要与化学趋化性、炎症和超敏反应有关，主要作为一种促炎性类花生酸。除此之外，花生四烯酸在 12-脂氧合酶和 15-脂氧合酶作用下还可合成脂氧素（lipoxin，LX），是有效的抗炎性类花生酸，可抵消促炎性类花生酸的作用。

（二）功能性复杂脂质的功能

1. 磷脂

磷脂是分子中含有磷酸基及其衍生物的脂类物质，分为甘油磷脂与鞘磷脂（sphingomyelins，SM）。

甘油磷脂是维持生命活动的基本物质，是所有细胞膜和亚细胞膜必不可少的成分，它们可以排列成双层膜。除组装膜外，甘油磷脂还用于组装循环脂蛋白，其主要任务是通过亲水性血液转运亲脂性甘油三酯和胆固醇。人体使用甘油磷脂作为乳化剂，它们与胆固醇和胆汁酸一起在胆囊中形成混合胶束，以促进脂溶性物质的吸收。甘油磷脂作为一类具有生物活性的脂质，具有很多重要的生理功能，例如：甘油磷脂能够降低血液胆固醇，调节血脂，防止动脉粥样硬化。甘油磷脂具有调节代谢、增强体能的作用。甘油磷脂可以保护肝脏，预防脂肪肝的形成。甘油磷脂分子兼备亲水基团和疏水基团，是一种重要的两亲性物质，具有较好的表面活性和生物相容性，这使其在功能性食品、药品和工业等领域有广泛的应用价值以及广阔的发展前景。在食品工业中，甘油磷脂常被作为糖果、速溶饮料、烘焙面食等食品的天然乳化剂、抗氧化剂等。同时甘油磷脂分子中含有胆碱、肌醇等人体必需的物质，可以满足人体多方面的营养需求。在医药领域中，甘油磷脂在一定条件下可与特定结构的药物生成增强药效的复合物，有助于提高药物吸收效率，缓解药物不良反应等。另外，甘油磷脂还可以参与细胞渗透、胆固醇运输等重要的生理过程，形成药物的微囊包封。

鞘磷脂则是生物膜的重要组分，其主要存在于高等动物的脑髓鞘和红细胞膜中。鞘磷脂是以鞘氨醇（sphingosine）为骨架的磷脂，其分子不含甘油。一分子脂肪酸以酰胺键与鞘氨醇的氨基相连构成神经酰胺（ceramide）后，再与磷酸胆碱或磷酸胆胺相连形成鞘磷脂。鞘磷脂与胆固醇一起参与形成脂筏的微结构域，进而参与细胞生物学功能，如信号转导、蛋白转运、膜成分分选等功能。

2. 糖脂

糖脂是糖通过其半缩醛羟基以糖苷键与脂质连接所形成的化合物的总称，含有一个极性的糖基头部基团和脂肪酰基尾部基团。

甘油糖脂主要存在于植物和微生物中，是植物叶绿体类囊体膜、细菌原生质膜的主要组成成分，参与细胞膜的识别活动。甘油糖脂具有抗病毒、抗氧化、抗肿瘤和抗动脉粥样硬化等多种药理学功能。鞘糖脂大多作为细胞膜的组成成分存在于动物组织、海绵和真菌中，在植物界中分布不普遍。鞘糖脂由神经酰胺骨架通过β-糖苷键与一个或多个糖基连接形成，主要包含疏水的脂肪链以及亲水的糖链两部分。神经节苷脂（gangliosides，GGs）是一类具有生物活性的酸性鞘糖脂，由神经酰胺和含有一个或多个唾液酸（sialic acid）残基的寡糖（或单糖）组成。神经节苷脂存在于动物产品（肉、鱼、蛋和乳）中，并形成脊椎动物细胞膜的一部分，在神经元组织中含量更高。神经节苷脂对于记忆形成、稳定神经元回路、突触传递、细胞间信号识别和跨膜信号转导具有重要的意义，母乳和婴儿配方食品中的神经节苷脂是新生儿神经元正常发育必不可少的生物活性物质。

（三）功能性衍生脂质的功能

1. 固醇类

固醇又称甾醇，是广泛存在于生物体内的一种重要的天然活性脂质，按其原料来源分为动物性甾醇、植物性甾醇和菌类甾醇三大类。动物性甾醇以胆固醇为主，植物性甾醇主要为谷甾醇、豆甾醇和菜油甾醇等，而麦角甾醇则属于菌类甾醇。

（1）胆固醇　胆固醇是人体生理所需的物质，在许多膜的结构中起着至关重要的作用，并且是类固醇激素和胆汁酸的合成前体，主要存在于脑、肝脏、肾上腺和肌肉组织等中。人体内约25%的胆固醇位于大脑中，其中约70%的脑胆固醇与髓鞘相关。人体内的胆固醇来源于两条途径。一是直接从含有胆固醇的食物中获取，即外源性胆固醇。膳食胆固醇在体内消化变成游离态胆固醇后再被小肠吸收，然后通过脂蛋白以两种形式运送到肝脏和其他组织中。二是其他胆固醇（约80%）都来自人体自身的合成，为内源性胆固醇，由肝脏利用食物中脂肪和糖类在人体内代谢后的一部分中间产物合成。胆固醇对人体的生长发育和正常代谢有重要的生理意义，除了作为细胞膜的组成成分和类固醇激素的合成原料外，胆固醇还有助于预防佝偻病，其在人体内可形成7-脱氢胆固醇，经紫外线照射后进一步转变成维生素D_3，能调节钙磷代谢等。另一方面，胆固醇形成的胆酸盐可以乳化脂肪，能促进脂肪的消化。此外，高密度脂蛋白胆固醇可保护机体抗御内毒素，减少炎症细胞的分泌，清除沉积于血管内壁上的低密度脂蛋白胆固醇，降低冠心病的风险。胆固醇还有助于血管壁的修复和保持其完整。尽管胆固醇是体内必需的生理成分，但如果血液中胆固醇浓度过高，则可对许多脏器产生危害，特别是可促发动脉粥样硬化、冠心病、脑血管病、胆石症等。

（2）植物甾醇　植物甾醇是天然存在于植物中的一类功能性成分，在植物油、种子、谷物、水果和蔬菜中含量很高，主要包括谷甾醇、豆甾醇和菜油甾醇等，它们的结构类似于胆固醇，只是侧链上有些不同。植物甾醇与胆固醇相似的结构特性，使得植物甾醇具有降低胆固醇含量、保护心血管健康的营养功能。植物甾醇、植物甾醇酯已经作为中国新资源食品并有了相关使用标准，植物甾醇食用量≤2.4g/d，植物甾醇酯食用量≤3.9g/d。

2. 脂溶性维生素

脂溶性维生素是不溶于水而溶于脂肪及非极性有机溶剂（如苯、乙醚及氯仿等）的一类维生素，包括维生素 A、维生素 D、维生素 E、维生素 K 等，已广泛应用于食品、化妆品、保健品、医药等行业。

（1）维生素 A　维生素 A 是一类具有视黄醇活性的化合物的总称，包括视黄醇、视黄醛和视黄酸三种形式。具有维生素 A 原作用的类胡萝卜素也具有生物活性，也属于维生素 A 族。维生素 A 以类胡萝卜素或视黄酯的形式摄入，并代谢为活性化合物，例如全反式视黄酸和 11-顺式视黄醛，前者是维生素 A 生物学作用的主要介质，后者对视力很重要。

维生素 A 的生理功能主要表现在影响干细胞分化、胚胎发育、上皮细胞发育、获得性免疫功能、角膜和结膜发育、骨骼和牙齿的发育等方面。维生素 A 中的视黄醛与蛋白质结合生成视紫红质，有助于在黑暗中维持视觉功能。缺乏维生素 A 会导致夜盲症，因为视紫红质的再生缓慢且不完全。维生素 A 还可以促进眼睛各种组织和结构的分化，以确保正常的视觉功能。除视黄醛外，视黄醇、视黄酸和其他维生素 A 衍生物还参与角膜蛋白质的合成和能量代谢。维生素 A 诱导内皮细胞表皮生长因子受体的表达增强；它促进角膜伤口愈合，并保持正常视力和免疫系统完整性。维生素 A 是维持正常上皮组织的必需物质，通过视黄醇-磷酸甘露糖的形成参与黏膜细胞的合成，然后影响呼吸道、消化道、角膜和生殖泌尿系统的正常分化。维生素 A 的每日摄入量一般是 800μg 视黄醇当量。但摄入过多维生素 A 可能具有毒性，毒性症状包括嗜睡、头痛、呕吐和肌肉疼痛。高剂量维生素 A 会导致畸胎。

（2）维生素 D　维生素 D 在许多营养补品和强化食品中以维生素 D_2 或维生素 D_3 的形式提供。维生素 D_2 由酵母中的麦角固醇经紫外线照射形成，而维生素 D_3 是通过化学转化由胆固醇形成的，或由羊毛脂通过 7-脱氢胆固醇的照射而形成的。维生素 D_2 广泛用于医药、食品和饲料工业，具有良好的市场前景。

维生素 D 可以由皮肤产生或由饮食提供，并在肝脏中转化为 25-羟基维生素 D，这是维生素 D 在机体中正常循环的主要存在形式，并且是维生素 D 其他代谢产物的前体。

维生素 D 的主要功能是促进骨骼钙化，促进肠中磷和钙的吸收以及肠黏膜细胞的分化。维生素 D 可以通过调节免疫细胞的增殖和分化以及细胞因子的分泌来调节免疫力。维生素 D 缺乏会引起佝偻病并降低机体的免疫力。

（3）维生素 E　维生素 E 是所有生育酚和具有维生素 E 活性的衍生物的统称。天然的维生素 E 包括 4 种生育酚（α-生育酚、β-生育酚、γ-生育酚、δ-生育酚）和 4 种生育三烯酚（α-生育三烯酚、β-生育三烯酚、γ-生育三烯酚、δ-生育三烯酚）。其中，α-生育酚的活性最高，而其他生育酚则只有 α-生育酚活性的 0~5%。α-生育酚的吸收主要通过淋巴系统发生在小肠中，通过脂蛋白复合物发生转运，在肠道吸收的过程中不会再次酯化，且不经代谢转化地沉积在肝脏、脂肪等组织中。

维生素 E 最重要的功能是其生物抗氧化作用，是机体中活性氧和脂质氢过氧化物的有效清除剂。维生素 E 还参与动物的磷酸化反应、维生素 C 的合成、维生素 B_{12} 的代谢以及细胞 DNA 合成的调节。同时，维生素 E 可以降低某些重金属和有毒元素的毒性，从而提高机体的免疫力。

维生素 E 在植物种子和果肉中含量丰富，植物可以通过特定代谢途径合成具有生物活性的维生素 E。维生素 E 除了具有抗氧化功能和对非生物胁迫的抗性外，还影响重要的生理过程，例如种子发芽、光合同化产物的运输、植物生长和叶片衰老。

（4）维生素 K　维生素 K 的天然存在形式，包括维生素 K_1、维生素 K_2 和维生素 K_3，其中以维生素 K_1 和维生素 K_2 为主。维生素 K_1 是植物中天然产生的，在绿叶蔬菜中含量最高，而维生素 K_2 是在动物和细菌细胞中合成的。所有的维生素 K 是脂溶性化合物，它们共有一个 2-甲基-1，4-萘醌核心和一个位于 3 位上的具有不同长度和饱和度的聚异戊二烯侧链。维生素 K_2 是治疗和预防钙化动脉、斑块动脉粥样硬化和骨代谢的有效辅助因子，并参与凝血活动，激活与凝血有关的酶活性。

3. 多酚类物质

多酚类物质是由一个或多个芳香环与一个或多个羟基结合而成的一类化合物，其苯环上的羟基极易失去氢电子，故酚类化合物作为良好的电子供体而发挥抗氧化功能。根据结构中芳香环以及与之相连的羟基结构数量，将其分为：①酚酸类化合物，如没食子酸、咖啡酰奎尼酸等；②类黄酮类化合物，如芦丁等；③木酚素及聚合木质素等。

多酚存在于多种水果、蔬菜以及包括茶和咖啡在内的多种植物饮品中。植物多酚具有天然的抗氧化、抗炎、抗菌、抗病毒、抗肿瘤、保护心脑血管、降糖降脂、调控肠道菌群等生物活性，因此被大量应用于制药、食品、日化、畜牧等行业。

第二节　脂质消化与吸收

正常人体所需要的营养物质和水都是经过消化道吸收进入人体。膳食脂质通过胃肠道消化，之后通过多种方式被机体吸收，从而为机体的生命活动提供能量并参与机体代谢。

一、脂质的胃肠道消化

（一）脂质消化过程

食物中的脂质主要包括甘油三酯、少量的磷脂以及胆固醇（酯）等物质，其在体内的吸收需要先经过酶消化作用。根据消化部位的不同，可分为口腔消化、胃消化和小肠消化三个阶段（图 4-1）。

（1）口腔消化　膳食脂质消化开始于产生唾液和进行咀嚼的口腔。由舌头下方冯氏腺（Von Ebner glands）分泌的舌脂肪酶（human linguallipase），在口腔中对脂肪进行水解。舌脂肪酶对中、短链脂肪酸以及 *sn*-3 位脂肪酸的作用特异性更强，其水解产物中以 1,2-甘油二酯和脂肪酸居多。舌脂肪酶主要存在于婴幼儿体内，而在成年人体内含量极低，因此，成年人膳食脂质的口腔消化作用极低。

（2）胃消化　经口腔初步消化的脂质进入胃中，通过胃脂肪酶（human gastric lipase）继续进行水解。胃脂肪酶是一种耐酸性的脂肪酶，由胃黏膜细胞向胃黏液中分泌。与舌脂肪酶相似，胃脂肪酶对中链和短链脂肪酸构成的甘油三酯分子的亲和力更高，能优先水解这一类型的甘油三酯。其特异性水解甘油三酯 *sn*-3 位的酯键，释放出 1,2-甘油二酯和游离脂肪酸。

口腔消化和胃消化统称为前十二指肠消化。在此过程中，舌脂肪酶和胃脂肪酶对油脂的特异性消化作用，对于婴幼儿的营养和能量供应具有重要意义。而在健康的成年人中，前十二指肠消化占总摄入膳食脂质的 10%～30%。

（3）小肠消化　小肠是脂质消化的主要场所。小肠消化过程取决于胰腺分泌的胰液和由肝脏合成并由胆囊分泌的胆汁酸。胰液和胆汁经胰管和胆管分泌到十二指肠，胰液中含有的胰脂肪酶（pancreatic lipase）是水解膳食脂质最主要的脂肪酶。胰脂肪酶最初以酶原的形式从胰腺分泌出来，其必须附着在乳化脂肪微团的水油界面上，才能作用于微团内部的脂肪。胆汁中的胆汁酸盐是强乳化剂，不仅能够乳化脂质形成分散的细小脂肪微滴、增加脂肪酶与脂肪的接触面积，还能激活胰脂肪酶以促进脂肪水解。胰脂肪酶主要作用于甘油三酯 *sn*-1 和 *sn*-3 位的酯键，生成 *sn*-2 甘油一酯和脂肪酸。*sn*-2 位的脂肪酸分子因热力学不稳定性，会发生分子重排（酰基转移）转移至 *sn*-1 或 *sn*-3 位，进一步被水解，最终生成甘油和游离脂肪酸。

除胰脂肪酶外，胰腺分泌的脂质消化酶还有辅脂肪酶（colipase）、磷脂酶 A_2（phospholipase A_2）和胆固醇酯酶（cholesterol esterase）。辅脂肪酶是胰脂肪酶发挥脂质消化作用必不可少的辅助因子，它本身无脂肪酶活性，但具有与胰脂肪酶以及脂质结合的结构域，使胰脂肪酶定位于脂肪微滴的水油界面上，促进脂质消化；磷脂酶 A_2 作用于磷脂 2 位酯键，水解磷脂生成溶血磷脂和脂肪酸；胆固醇酯酶促进胆固醇酯水解生成游离胆固醇及脂肪酸。

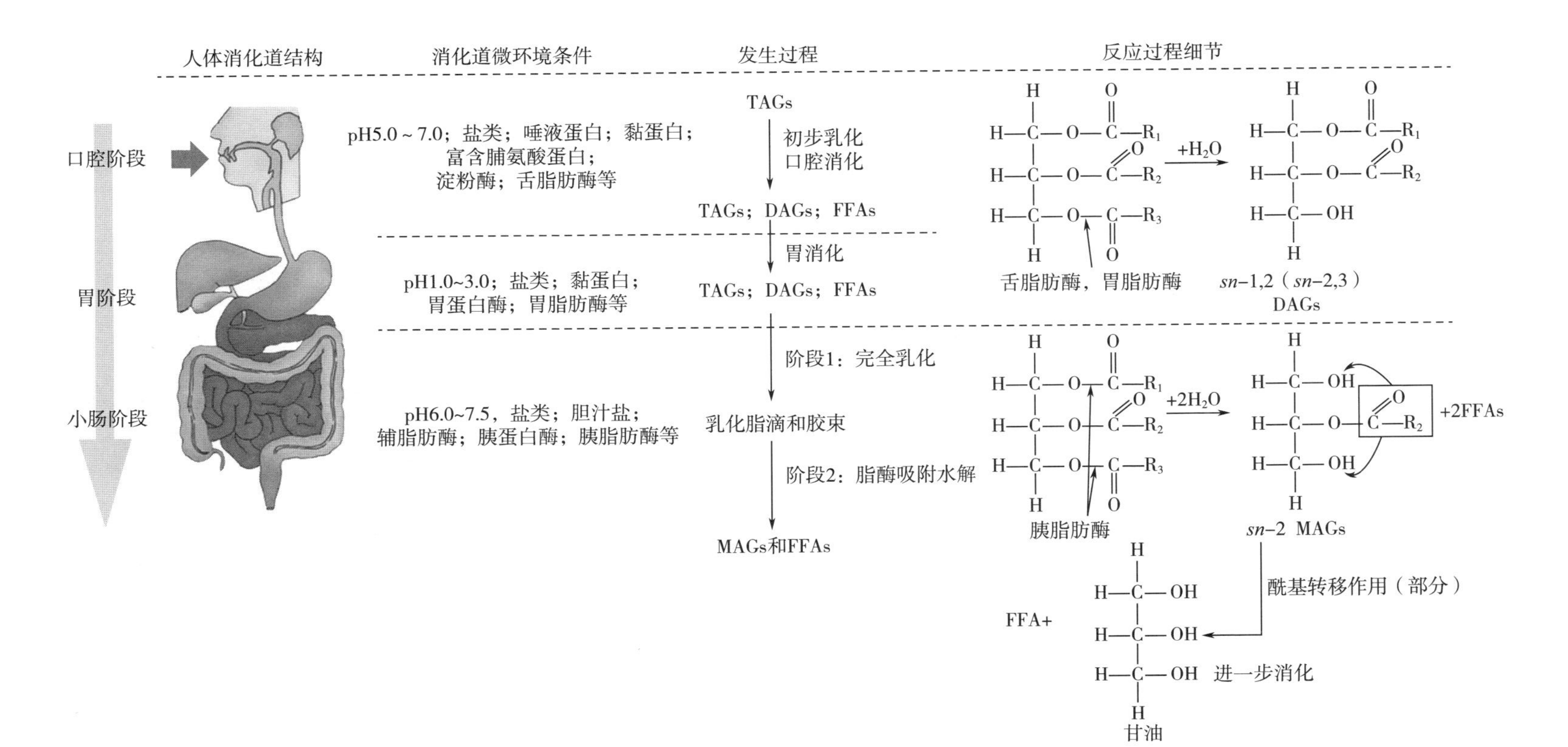

图4-1　人体消化道结构与膳食脂质在消化道中的主要消化过程

膳食脂质的消化产物包括脂肪酸、甘油、胆固醇及溶血磷脂等，其中甘油和中、短链脂肪酸被小肠黏膜细胞吸收后，通过门静脉进入血液。而长链脂肪酸及其他脂类消化产物会在小肠黏膜细胞中重新合成甘油三酯、磷脂、胆固醇等，继而形成乳糜微粒，再通过淋巴最终进入血液，被其他细胞利用。

（二）影响脂质消化的因素

脂肪的消化受到多种因素的影响。在正常情况下，膳食脂质在进食 12h 后几乎完全被消化。甘油三酯中脂肪酸的位置和碳链长度是影响脂质在体内消化的主要因素。胰脂肪酶通常作用于甘油三酯 *sn*-1 和 *sn*-3 位，而不易水解 *sn*-2 位的脂肪酸；短链脂肪酸型甘油三酯的消化速率大于长链型；饱和型甘油三酯的消化速率高于不饱和型。脂肪-水界面的性质和组成也对脂质的消化过程产生重要影响。通常来讲，固体脂肪含量越多，脂质消化的速率越低。口腔和胃中的初始液滴大小可能会影响脂肪的水解速度，较小粒径的初始液滴将导致十二指肠中的乳状液粒径更小，使得脂肪水解更彻底。

二、脂质的吸收

（一）脂质吸收过程

膳食脂质的吸收伴随消化在小肠中同步进行的，其主要发生在十二指肠下段及空肠上段。小肠上皮细胞对不同的脂质消化产物如短链脂肪酸（SCFA）、中链脂肪酸（MCFA）、长链脂肪酸（LCFA）和甘油一酯（MAG）等的吸收方式不同，其吸收方式可主要归纳为两种：扩散吸收和转运酶类介导吸收（图 4-2）。

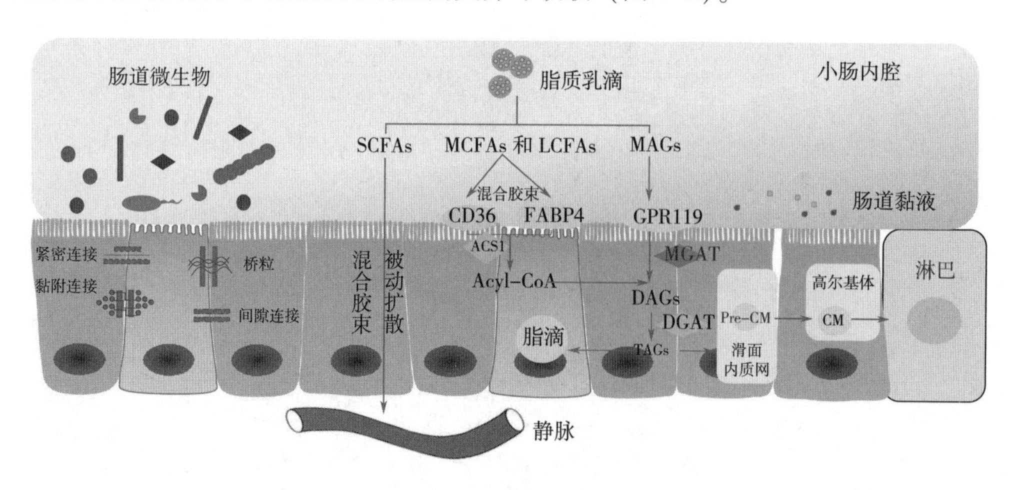

图 4-2　膳食脂质在肠道中的主要吸收过程

1. 扩散吸收

当小肠内腔的游离脂肪酸浓度远高于小肠上皮细胞中的浓度时，脂质消化产物主要通过被动扩散的方式被吸收。短链脂肪酸通过被动扩散的方式直接穿过细胞膜，然后被吸收到肠系膜静脉血中，最后通过门静脉进入血液循环。

2. 转运酶类介导吸收

当小肠腔内游离脂肪酸的浓度较低时，主要发生由转运酶类介导的吸收方式。有多种转运酶类参与消化产物的吸收转运，其中主要酶类包括分化簇 36（CD36）和脂肪酸跨膜转运载体蛋白（FATPs）。中链脂肪酸和长链脂肪酸主要通过 FATP4 运输至小肠上皮细胞内，而且 CD36 和膜脂肪酸结合蛋白（FABPpm）也能在小肠上皮细胞表面接收中链脂肪酸和长链脂肪酸，转运至细胞内，增加局部脂肪酸浓度，这将有助于进一步提高 CD36 在小肠上皮细胞顶膜转运脂肪酸的效率。进入细胞后，脂肪酸与细胞质 FABP（FABPc）结合，转运参与其他代谢过程。MAG 可能是通过膜蛋白介导的转运，进入至小肠上皮细胞，但详细过程仍然不明确。

脂质被吸收后，脂肪酸在脂酰辅酶 A（CoA）合成酶的催化下，首先被活化为脂酰 CoA。其再在滑面内质网脂酰 CoA 转移酶的催化作用下，转移至 2-甘油一酯的羟基上，重新合成为甘油三酯。在小肠黏膜细胞中，以甘油一酯为起始物，与脂酰 CoA 共同在脂酰转移酶作用下酯化生成甘油三酯的过程，称为甘油一酯途径。同样，脂酰 CoA 在多种转酰基酶作用下，将溶血磷脂和胆固醇重新酯化生成相应的磷脂和胆固醇酯。

在小肠黏膜细胞中，新合成的甘油三酯、磷脂、胆固醇酯及少量胆固醇，一部分转移到细胞质中参与细胞质脂滴（lipid droplet）的合成，用于存储能量；一部分在滑面内质网上进行进一步加工，形成初生乳糜微粒（Pre-CM）。Pre-CM 在高尔基体上进一步修饰，与细胞内合成的 Apo-B48、ApoA、ApoC 等载脂蛋白（apolipoprotein，Apo）融合，形成成熟的乳糜微粒（CM），而后经由淋巴系统进入血液，被运输至全身组织，参与不同的生命代谢过程，或者用于能量存储。

（二）影响脂质吸收的因素

1. 脂肪酸链长与饱和度

由不同脂肪酸组成的膳食甘油三酯，经胃肠消化后释放出不同链长及饱和度的游离脂肪酸，进而会影响其后续在肠上皮细胞中的吸收。短、中和长链脂肪酸的吸收方式存在差异，富含短链脂肪酸和中链脂肪酸的膳食脂质比富含长链脂肪酸的膳食脂质更容易被吸收。脂肪酸的组成也是影响脂蛋白分泌和组成的重要决定因素，不同类型的脂肪酸对于肠上皮细胞中甘油三酯分泌的影响不同。

2. 甘油三酯结构

脂肪酸在甘油三酯分子中的位置异构，决定了其是以游离脂肪酸的形式，还是以 *sn*-2 甘油一酯的形式被吸收。由于在小肠上皮细胞中，*sn*-2 甘油一酯和脂肪酸需要再酯化形成甘油三酯然后参与代谢，这将影响血液中乳糜微粒的组成。膳食脂质被胰脂肪酶消化后，小肠上皮细胞对消化产物吸收不同，从根本上讲，甘油三酯结构对吸收的影响也大部分归因于胰脂肪酶的特异性水解作用。

第三节　脂质代谢

一、甘油三酯代谢

甘油三酯是机体存储能量的重要形式。膳食来源以及由碳水化合物和蛋白质转变而来的甘油三酯主要在脂肪组织中储存，常分布于皮下结缔组织、肠系膜、腹腔大网膜和内脏周围等脂肪组织处，以供饥饿或禁食时的能量需求。甘油三酯代谢包括甘油三酯在小肠内的消化、吸收，通过脂蛋白转运至淋巴系统进入血液循环，经过肝脏转化，储存于脂肪组织，需要时被组织利用。甘油三酯代谢通常可分为两类：分解代谢和合成代谢。

（一）甘油三酯的分解代谢

1. 脂肪动员

储存于脂肪组织中的甘油三酯在被一系列脂肪酶逐步水解后，以游离脂肪酸和甘油的形式，通过血液循环运输到其他组织被氧化利用的过程称为脂肪动员（fat mobilization）。脂肪动员的第一步是将储存于脂肪细胞中的甘油三酯，在甘油三酯脂肪酶的催化下，水解成甘油二酯及脂肪酸。在这一过程起决定性作用的是甘油三酯脂肪酶，它是脂肪动员的限速酶，其活性受多种激素调节，称为激素敏感性甘油三酯脂肪酶（hormone sensitive triglyceride lipase，HSL）。

当禁食、饥饿或交感神经兴奋时，肾上腺素、去甲肾上腺素、胰高血糖素、肾上腺皮质激素等分泌增加，并与脂肪细胞膜受体作用，激活腺苷酸环化酶，使腺苷酸环化成 cAMP，细胞内 cAMP 水平升高，进而激活 cAMP 依赖蛋白激酶，从而将 HSL 磷酸化而活化，促进甘油三酯水解。这些能够激活脂肪酶、促进脂肪动员的激素称为脂解激素（lipolytic hormones）。胰岛素、前列腺素等与上述激素的作用相反。当饱食或静息状态时，迷走神经兴奋，胰岛素分泌增加。胰岛素、前列腺素 E_2 等可降低 HSL 活性，抑制脂肪动员，这类激素称为抗脂解激素。脂解激素和抗脂解激素的协同作用使体内脂肪的水解速度得到有效调节。

甘油三酯经过 HSL 催化水解后，生成的甘油二酯进一步被甘油二酯脂肪酶水解为甘油一酯和脂肪酸，最终经甘油一酯脂肪酶作用而生成 1 分子甘油和 3 分子游离脂肪酸。除脑、神经组织及红细胞等不能直接利用脂肪酸外，机体内脂肪动员所产生的游离脂肪酸进入血液循环后，与血浆清蛋白相结合（每分子清蛋白可结合10分子游离脂肪酸），从而被运送至全身，经脂肪氧化或脂肪合成途径进行氧化供能或合成新的甘油三酯或磷脂、胆固醇等（图4-3）。

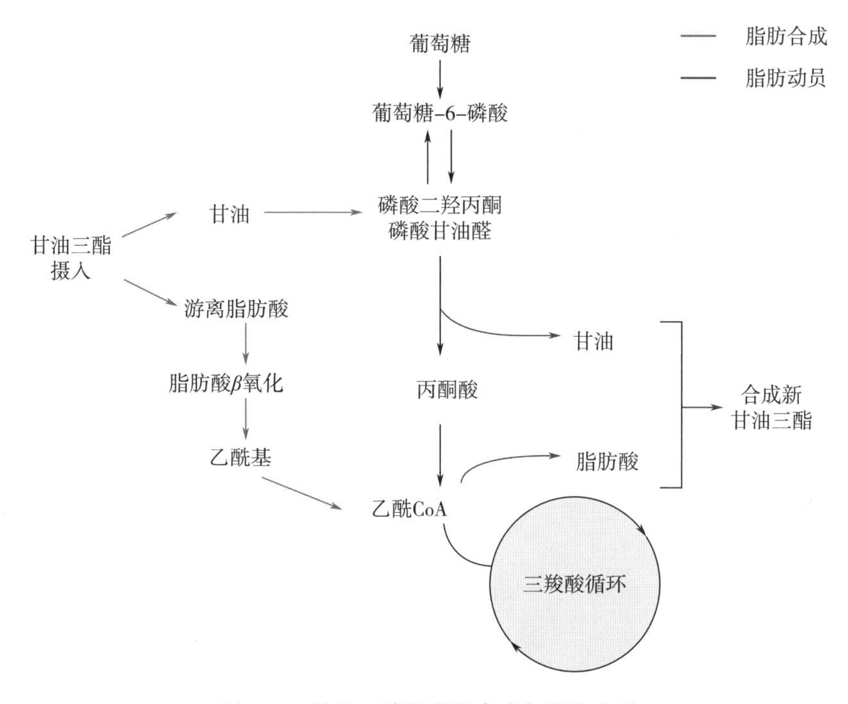

图4-3　甘油三酯的脂肪合成与脂肪动员

2. 甘油代谢

脂肪细胞中没有甘油激酶（glycerokinase），所以不能利用脂肪动员产生的甘油，甘油只有通过血液循环运输至富含甘油激酶的肝脏、肾脏、小肠等组织中被加以利用。肝脏中的甘油激酶活性最高，所以甘油主要被肝脏摄取利用。

甘油在甘油激酶与ATP的作用下，生成3-磷酸甘油（α-磷酸甘油），后者经3-磷酸甘油脱氢酶催化生成磷酸二羟丙酮。作为糖酵解过程的中间产物，磷酸二羟丙酮经糖酵解途径转变为丙酮酸，后者氧化脱羧转变为乙酰CoA；乙酰CoA进入三羧酸（TCA）循环，最终被氧化分解成CO_2和H_2O，并释放出能量。此外，少量的磷酸二羟丙酮也可在肝脏中经糖异生途径生成1-磷酸葡萄糖，合成糖原或葡萄糖。

3. 脂肪酸氧化

（1）偶数碳原子饱和脂肪酸氧化　在甘油三酯代谢的介绍中，甘油三酯最终被水解生成甘油和脂肪酸，脂肪酸被运输至全身而被利用。除脑外，脂肪酸是大多数组织氧化供能的主要物质，其中以肝脏、心肌和骨骼肌最为活跃。脂肪酸氧化可概括为以下三个阶段。

①脂肪酸活化：催化脂肪酸氧化的酶系存在于肝脏等组织的线粒体基质内，因而

β-氧化的场所位于线粒体中。但游离脂肪酸和长链的脂酰 CoA 不能直接穿透线粒体内膜，所以脂肪酸必须先活化，再通过特殊的运送机制转运进入线粒体。

脂肪酸活化在胞液中进行，在内质网及线粒体外膜上的脂酰 CoA 合成酶（acyl-CoA synthetase，CoA-SH）和 Mg^{2+} 的参与下，ATP 提供能量，催化脂肪酸生成其活性形式——脂酰 CoA。活化 1 分子脂肪酸需消耗 2 个高能磷酸键，该反应为脂肪酸分解中唯一耗能的反应。脂肪酸活化生成的脂酰 CoA 分子是一种高能化合物（含有高能硫酯键），水溶性强，从而提高了其代谢活性。反应生成的焦磷酸（PPi）立即被细胞内的焦磷酸酶水解，阻止逆向反应的进行。

②脂酰 CoA 进入线粒体：肉碱（carnitine，或称 L-β-羟-γ-三甲氨基丁酸）是脂酰 CoA 进入线粒体的转运载体。肉碱脂酰转移酶Ⅰ（carnitine acyltransferase Ⅰ）和肉碱脂酰转移酶Ⅱ（carnitine acyltransferase Ⅱ）分别存在于线粒体内膜的外侧面和内侧面，前者催化长链脂酰 CoA 与肉碱合成脂酰肉碱（acylcarnitine）。脂酰肉碱在线粒体内膜的肉碱-脂酰肉碱转位酶（carnitine-acylcarnitine translocase）作用下，穿过线粒体内膜转入线粒体基质内，同时将等分子肉碱转运出线粒体。在肉碱脂酰转移酶Ⅱ的催化下，进入线粒体的脂酰肉碱转变为脂酰 CoA 并释放出肉碱，而肉碱再被肉碱-脂酰肉碱转位酶转运出线粒体（图 4-4）。

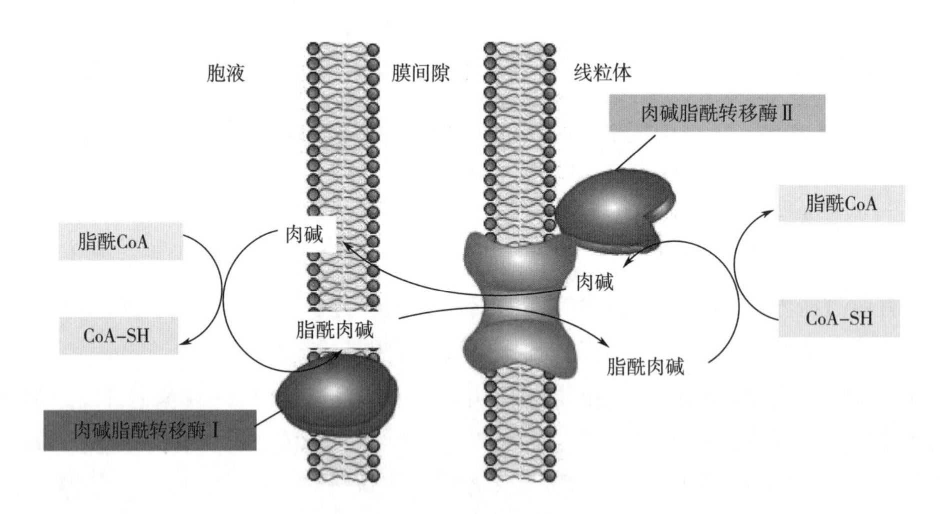

图 4-4 脂酰 CoA 进入线粒体示意图

此过程是脂肪酸 β-氧化的限速步骤，而肉碱脂酰转移酶Ⅰ是限速酶。机体在饥饿、低糖高脂膳食或糖尿病状态时，糖供应不足或糖利用受阻，需要脂肪酸分解供能，此时肉碱脂酰转移酶Ⅰ活性增强，加速脂肪酸氧化。反之，饱食状态下，脂肪酸合成增强，抑制肉碱脂酰转移酶Ⅰ活性，进而限制脂肪酸氧化。

③脂酰 CoA 氧化分解：进入线粒体基质的脂酰 CoA 在酶系的作用下，从脂酰基 β-碳原子开始，依次进行脱氢、加水、再脱氢和硫解 4 步连续反应，生成 1 分子乙酰 CoA 和 1 分子比原来少 2 个碳原子的脂酰 CoA（图 4-5）。由于脂肪酸氧化分解是从羧基端

β-碳原子开始的，故称为β-氧化。具体过程如下。

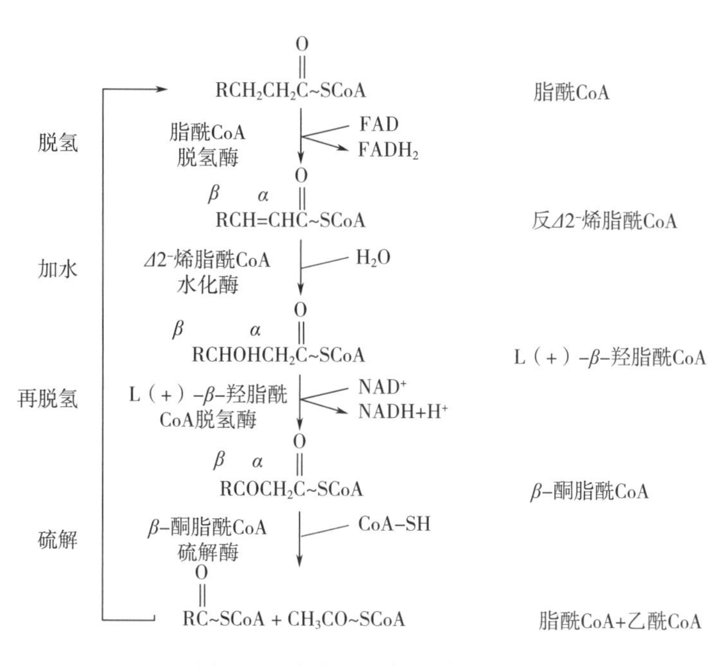

图 4-5　脂酰 CoA 氧化分解过程

脱氢：在脂酰 CoA 脱氢酶催化下，脂酰 CoA 的 α-碳原子、β-碳原子各脱下一个氢原子，生成反 Δ2 烯脂酰 CoA。此反应中的脱氢酶是以黄素腺嘌呤二核苷酸（FAD）为辅基，并作为受氢体，接受脱下来的 2 个氢原子生成 $FADH_2$，经琥珀酸呼吸链传递氧化生成 H_2O，释放能量产生 1.5 分子 ATP。

加水：在 Δ2 烯脂酰 CoA 水化酶催化下，反 Δ2 烯脂酰 CoA 加水生成 L（+）-β-羟脂酰 CoA。

再脱氢：在 L（+）-β-羟脂酰 CoA 脱氢酶催化下，L（+）-β-羟脂酰 CoA 脱下的 2H，生成β-酮脂酰 CoA，辅酶 NAD^+接受 2H 而被还原为 $NADH+H^+$，后者经 NADH 呼吸链传递氧化生成 H_2O，释放能量产生 2.5 分子 ATP。

硫解：在β-酮脂酰 CoA 硫解酶催化下，β-酮脂酰 CoA 和 1 分子 CoA-SH 作用，使碳链在 α、β 位之间断裂，生成 1 分子乙酰 CoA 和少 2 个碳原子的脂酰 CoA。

通过一次β-氧化，可产生 1 分子乙酰 CoA、1 分子 $FADH_2$、1 分子 $NADH+H^+$和比β-氧化前少 2 个碳原子的脂酰 CoA。而新生成的比原来少 2 个碳原子的脂酰 CoA，再重复上述一系列过程，直到含偶数碳的脂肪酸完全分解为乙酰 CoA 为止。而乙酰 CoA 进入三羧酸循环被彻底氧化生成 H_2O 和 CO_2。

以软脂酸的氧化为例，经 7 次β-氧化，可生成 8 分子乙酰 CoA、7 分子 $NADH+H^+$、7 分子 $FADH_2$。因此在β-氧化阶段生成（1.5+2.5）×7=28 分子 ATP，在三羧酸循环阶段生成 10×8=80 分子 ATP。由于脂肪酸活化时消耗了相当于 2 分子 ATP。故 1 分子软脂酸完全氧化分解净生成 28+80-2=106 分子 ATP。由此可见，脂肪酸是体内重要的能源物质。

（2）其他脂肪酸的氧化方式

①不饱和脂肪酸β-氧化：不饱和脂肪酸的β-氧化同样在线粒体进行。与饱和脂肪酸β-氧化产生的反式Δ2烯脂酰CoA不同，天然不饱和脂肪酸中的双键为顺式，不饱和脂肪酸β-氧化产生的顺式Δ3烯脂酰CoA不能继续β-氧化，需转变构型（图4-6）。

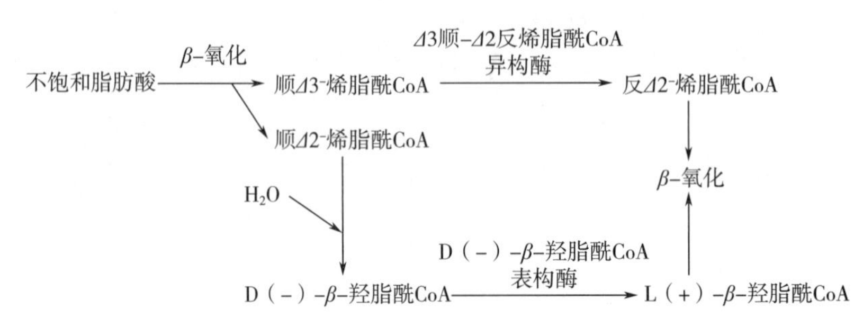

图4-6 不饱和脂肪酸氧化

在线粒体特异Δ3顺-Δ2反烯脂酰CoA异构酶催化作用下，顺式Δ3烯脂酰CoA转变为β-氧化酶系能识别的Δ2反式构型，继续β-氧化。顺式Δ2烯脂酰CoA虽然也能水化，但形成的D（-）-β-羟脂酰CoA无法被线粒体β-氧化酶系识别。在D（-）-β-羟脂酰CoA表异构酶（又称差向异构酶）催化下，转变为β-氧化酶系能识别的L（+）-β-羟脂酰CoA，在β-羟脂酰CoA脱氢酶的催化下继续进行β-氧化。

②超长链脂肪酸氧化：超过18个碳原子的脂酰CoA难以进入线粒体进行β-氧化，需先在过氧化酶体中氧化，不过其内存在脂肪酸β-氧化的同工酶系，能将超长链脂肪酸（如C_{20}、C_{22}）氧化成较短链脂肪酸。动物组织中有25%~50%的脂肪酸是在过氧化物酶体中氧化的。

③奇数碳原子脂肪酸氧化：机体内含有少量奇数碳原子脂肪酸，经β-氧化生成丙酰CoA；支链氨基酸和胆固醇侧链氧化分解亦可产生丙酰CoA。丙酰CoA彻底氧化需经β-羧化酶及异构酶的作用，并转变为琥珀酰CoA，进入三羧酸循环，继续进行代谢。

4. 酮体代谢

作为脂肪酸在肝脏中正常分解代谢所生成的特殊中间产物，酮体（acetone body）包含有乙酰乙酸（约占30%）、β-羟丁酸（约占70%）和极少量的丙酮。由于机体主要由糖类氧化供能，因此正常人血液中酮体含量极少。而在某些特殊生理状态下（饥饿、禁食或糖尿病等），糖源不足或糖代谢发生障碍，导致供能不足，由脂肪提供能量。若肝脏中酮体合成量超过肝外组织利用酮体的能力，两者失衡，血液中酮体浓度过高，导致酮血症和酮尿症。乙酰乙酸和β-羟丁酸属于酸性物质，因此酮体在体内大量堆积还会引起酸中毒。

（1）酮体生成 以乙酰CoA为原料，在线粒体经过缩合、裂解后生成酮体。首先在线粒体以脂肪酸β-氧化生成的乙酰 CoA 为原料，在硫解酶催化作用下，合成 1 分子乙酰乙酰 CoA。在羟基甲基戊二酸单酰 CoA 合成酶（HMG-CoA synthase）催化作用下，乙酰乙酰 CoA 与乙酰 CoA 生成羟基甲基戊二酸单酰 CoA（HMG-CoA），伴随着 1 分子乙酰 CoA 的释放。HMG-CoA 合成酶是酮体合成关键酶。在 HMG-CoA 裂合酶（HMG-CoA lyase）作用下，HMG-CoA 裂解生成乙酰乙酸和乙酰 CoA。在β-羟丁酸脱氢酶催化作用下，由 NADH 供氢，乙酰乙酸还原成β-羟丁酸。此外，还有少量乙酰乙酸脱羧生成丙酮。

（2）酮体的利用　肝脏中缺乏利用酮体的酶系，因此肝脏中酮体不能进一步氧化，需经血液运输至含有高活性酮体利用酶的肝外组织中，酮体在酶作用下重新裂解成乙酰 CoA，并通过三羧酸循环彻底氧化。

乙酰乙酸活化：肝外组织中的乙酰乙酸被利用需要先活化，活化包含两条途径：在心、肾、脑及骨骼肌线粒体中，乙酰乙酸可由琥珀酰 CoA 转硫酶催化，活化成乙酰乙酰 CoA；在肾、心和脑线粒体中，乙酰乙酸可由乙酰乙酸硫激酶催化，直接活化生成乙酰乙酰 CoA。

乙酰乙酰 CoA 硫解生成乙酰 CoA：在乙酰乙酰 CoA 硫解酶催化作用下，乙酰乙酰 CoA 被裂解生成乙酰 CoA，后者继续进行氧化代谢。

$$CH_3COCH_2CoA\sim SCoA \xrightarrow[\text{CoA-SH}]{\text{乙酰乙酰 CoA 硫解酶}} 2CH_3CO\sim SCoA$$

β-羟丁酸的利用：在β-羟丁酸脱氢酶催化作用下，β-羟丁酸脱氢生成乙酰乙酸，而后按照上述乙酰乙酸的利用途径，最终被转变成乙酰 CoA 被氧化（图 4-7）。极少量的丙酮可在一系列酶作用下转变为丙酮酸或乳酸。

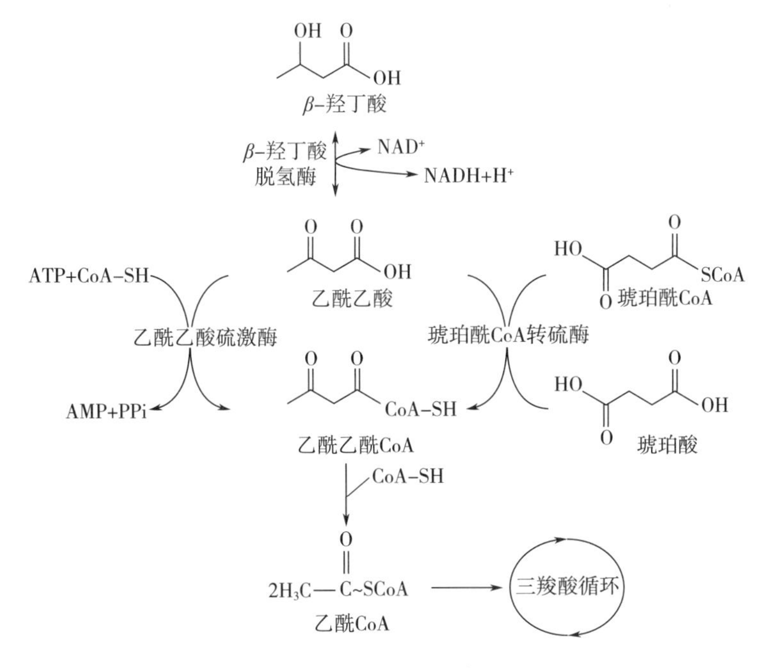

图 4-7　β-羟丁酸的利用途径

（3）酮体代谢的意义　酮体分子小、易溶于水，可通过血脑屏障、肌组织的毛细血管壁，容易被运输到肝外组织，而且酮体穿过线粒体内膜以及在血液中转运并不需要载体。相比于脂肪酸活化，酮体活化反应简单，更易被利用，这是因为乙酰乙酸活化后只需 1 步反应就可以生成 2 分子乙酰 CoA，β-羟丁酸的利用仅比乙酰乙酸多 1 步氧化反应。长期饥饿时，糖供应缺乏，脂肪动员加强，酮体生成增加，替代葡萄糖提供能量，占脑能量来源的 25%～75%。正常情况下，血液中仅含有少量酮体（0.03～0.5mmol/L，0.3～5mg/dL）。严重糖尿病患者血液中酮体含量可高出正常人数十倍，导致酮症酸中毒。血液中酮体超过肾阈值，便可随尿排出，引起酮尿，而且血液中丙酮含量也增加，借由呼吸道排出。

（二）脂肪酸合成代谢

甘油三酯合成的主要场所是脂肪组织和肝脏，肾、脑、肺、乳腺等组织也能合成，合成原料是磷酸甘油和脂肪酸。

1. 脂肪酸生物合成过程

饱和脂肪酸的生物合成部位主要是细胞液，合成的直接原料是乙酰 CoA。凡是在体内能分解成乙酰 CoA 的物质都能合成脂肪酸，其中葡萄糖是乙酰 CoA 最主要的来源。在线粒体内生成的乙酰 CoA，需经过柠檬酸-丙酮酸循环通过线粒体膜完成转移。乙酰 CoA 与草酰乙酸结合生成柠檬酸，后者通过线粒体内膜的柠檬酸载体转运至胞液。在 ATP 柠檬酸裂合酶作用下，柠檬酸脱去 2 个碳原子变成草酰乙酸，并释放出乙酰基。草酰乙酸脱氢后转变为苹果酸，经载体转运进入线粒体后再氧化成为草酰乙酸，与乙酰 CoA 缩合生成柠檬酸，继续重复上述过程，使线粒体中乙酰 CoA 不断进入胞液，从而合成脂肪酸。在乙酰 CoA 羧化酶催化下，乙酰 CoA 在胞液中首先生成丙二酰 CoA，其辅基为生物素，在反应过程中起携带和转移羧基的作用。乙酰 CoA 羧化酶催化的反应是脂肪酸合成过程中的限速步骤。在变构效应剂的作用下，乙酰 CoA 羧化酶的无活性单体与有活性多聚体（有活性多聚体通常由 10～20 个单体线状排列构成）间可以相互转变。

2. 饱和脂肪酸合成

在脂肪酸合成酶的催化下，以 NADPH 和 H^+ 为供氢体，1 分子乙酰 CoA 和 7 分子丙二酰 CoA 经过缩合、还原、脱水、再还原等步骤，每次延长两个碳原子，最终合成十六碳的饱和脂肪酸——软脂酸。哺乳动物的脂肪酸合成酶是由一个基因编码、一条多肽链构成的多功能酶，分别为丙二酰单酰转移酶、β-酮脂酰合成酶、β-酮脂酰还原酶、α，β-烯脂酰水化酶、α，β-烯脂酰还原酶、乙酰 CoA 脂酰转移酶和硫酯酶七种。酶单体无活性，所以脂肪酸合成酶通常以二聚体形式存在，每个亚基均有一个酰基载体蛋白（ACP）结构域，其辅基为 4′-磷酸泛酰氨基乙硫醇，作为脂肪酸合成中脂酰基的载体。

更长链脂肪酸（16 碳以上）的合成依赖于对软脂酸的加工，在线粒体和内质网中进行，每次可延长 2 个碳原子。线粒体脂肪酸延长途径过程如下，以乙酰 CoA 为两碳单位供体，经脂肪酸延长酶体系催化，与软脂酰 CoA 缩合生成β-酮硬脂酰 CoA，再由 NADPH 供氢，还原为β-羟硬脂酰 CoA，然后脱水生成α，β-烯硬脂酰 CoA，最后还原为硬脂酰 CoA。反应过程与β-氧化逆反应类似，但它们反应的组织、细胞定位、转移载体、酰基载体、限速酶、激活剂、抑制剂、供氢体和受氢体以及反应底物与产物均不相同。每轮循环延长 2 个碳原子，反复进行可使碳链延长 24 碳或 26 碳，但以 18 碳硬脂酸为主。内质网脂肪酸延长途径过程：以丙二酸单酰 CoA 为两碳单位供体，NADPH 供氢，经脂肪酸延长酶体系催化，每进行缩合、加氢、脱水及再加氢等一轮反应，延长 2 个碳原子，反复进行可使碳链延长 24 碳或 26 碳，但以 18 碳硬脂酸为主。该过程与软脂酸合成相似，但脂酰基不是以 ACP 为载体，而是连接在 CoA-SH 上进行。

3. 不饱和脂肪酸合成

植物因含有 C_9、C_{12} 及 C_{15} 去饱和酶，能合成 C_9 以上多不饱和脂肪酸。但人体只含 C_4、C_5、C_8 及 C_9 去饱和酶，缺乏 C_9 以上去饱和酶，只能合成软油酸和油酸等单不饱和脂肪酸，不能合成亚油酸、α-亚麻酸等多不饱和脂肪酸。因此，机体所需的多不饱和脂肪酸必须从食物（主要是从植物油）中摄取，称为必需脂肪酸。

4. 脂肪酸合成的调控

脂肪酸合成的限速步骤源自于乙酰 CoA 羧化酶，此酶活性受很多因素影响，进而影响脂肪酸合成速度。柠檬酸与异柠檬酸可促进乙酰 CoA 羧化酶的单体聚合形成多聚体，增强乙酰 CoA 羧化酶的酶活性；长链脂肪酸可加速多聚体的解聚，抑制酶活性。乙酰 CoA 羧化酶依赖 cAMP 磷酸化调节酶活性，此酶经磷酸化后活性丧失，如胰高血糖素及肾上腺素等能促进这种磷酸化作用，抑制脂肪酸合成；胰岛素能促进酶的去磷酸化作用，增强乙酰 CoA 羧化酶活性，加速脂肪酸合成。在高脂膳食或饥饿时，脂肪动员加强，细胞内软脂酰 CoA 增多，可反馈抑制乙酰 CoA 羧化酶，从而抑制脂肪酸合成。脂肪酸合成过程中其他酶，如脂肪酸合成酶、柠檬酸裂合酶等也可以调节脂肪酸合成。糖类摄取、糖代谢加强时，糖氧化及磷酸戊糖循环提供的乙酰 CoA 及 NADPH 增多，有利于脂肪酸合成。

（三）甘油三酯合成

肝脏、脂肪组织及小肠是人体合成甘油三酯的主要场所，合成所需的甘油及脂肪酸主要由糖代谢中间产物提供，也可利用膳食脂质消化吸收的产物合成。合成途径如下。

1. 甘油一酯途径

甘油一酯途径是小肠黏膜细胞合成甘油三酯的途径，主要利用脂肪消化吸收产物，由甘油一酯和脂肪酸合成甘油三酯。常把小肠黏膜细胞合成的甘油三酯称为外源性甘油三酯，而肝脏合成的甘油三酯称为内源性甘油三酯。

2. 甘油二酯途径

甘油二酯途径是肝脏细胞和脂肪细胞合成甘油三酯的途径（图 4-8）。在细胞内质网的甘油-3-磷酸酰基转移酶（GPAT）和 1-酰基甘油-3-磷酸酰基转移酶（AGPAT）的作用下，1 分子 3-磷酸甘油和 2 分子脂酰 CoA 合成磷脂酸，后者在磷脂酸磷酸酶（PAP）的作用下脱去磷酸，生成甘油二酯，然后在甘油二酯酰基转移酶（DGAT1 与 DGAT2）的催化作用下再与 1 分子脂酰 CoA 合成甘油三酯。

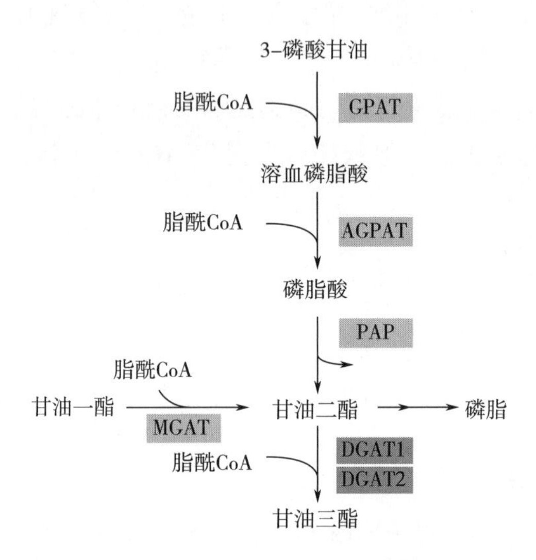

图 4-8　甘油三酯的合成示意图

二、磷脂代谢

（一）甘油磷脂代谢

1. 甘油磷脂合成

甘油磷脂合成酶系存在于各组织细胞内质网内，其在肝、肾及肠等器官内活性最强。甘油磷脂由 1 分子甘油与 2 分子脂肪酸和 1 分子磷酸组成，*sn*-2 位上常连的脂肪酸是花生四烯酸，由于与磷酸相连的取代基团不同，又可分为磷脂酰胆碱（卵磷脂）、磷脂酰乙醇胺（脑磷脂）、二磷脂酰甘油（心磷脂）等。

合成甘油磷脂的基本原料——甘油和脂肪酸主要由糖代谢转化而来，*sn*-2 位为必需脂肪酸的甘油只能从食物（植物油）摄取；磷脂酰丝氨酸的原料——丝氨酸，脱羧后生成乙醇胺又是合成磷脂酰乙醇胺的原料，而乙醇胺从 S-腺苷甲硫氨酸获得 3 个甲基生成胆碱。除基本原料外，甘油磷脂合成还需 ATP 供能，胞嘧啶核苷三磷酸（CTP）参与乙醇胺、胆碱、甘油二酯活化，形成 CDP-乙醇胺、CDP-胆碱、CDP-甘油二酯等重要的活性中间产物（图 4-9）。

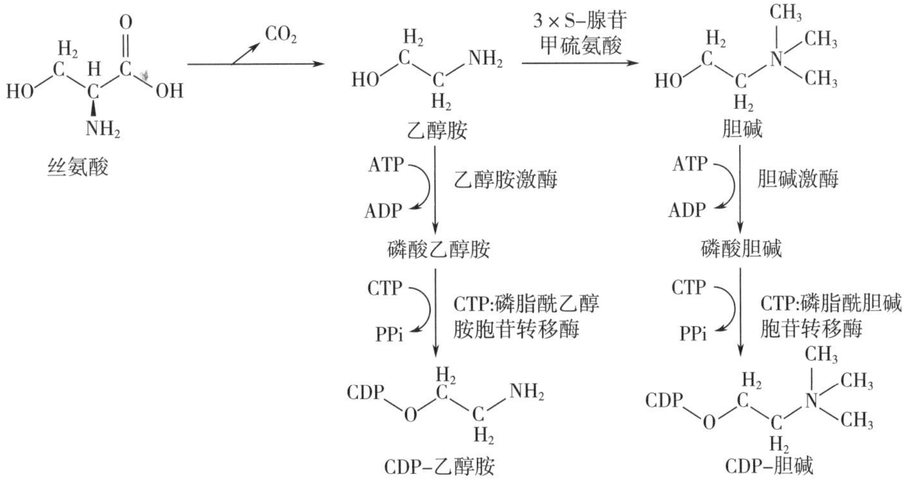

图 4-9 CDP-乙醇胺与 CDP-胆碱的合成

（1）甘油二酯途径 磷脂酰胆碱（PC）和磷脂酰乙醇胺（PE）这两类磷脂在体内含量最多，占磷脂总量 75%以上。这两类磷脂通过甘油二酯途径合成，由胆碱和乙醇胺被活化成 CDP-胆碱和 CDP-乙醇胺，分别与甘油二酯缩合，生成磷脂酰胆碱和磷脂酰乙醇胺（图 4-10）。

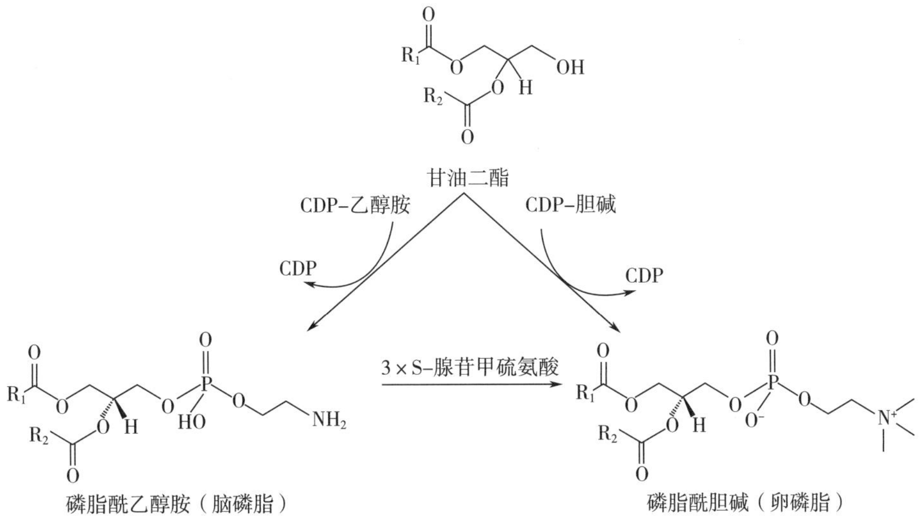

图 4-10 甘油磷脂合成的甘油二酯途径

（2）CDP-甘油二酯途径 CDP-甘油二酯途径是磷脂酰肌醇、磷脂酰丝氨酸及心磷脂的合成途径。以 CDP-甘油二酯为中间物，与丝氨酸、肌醇或磷脂酰甘油缩合，生成磷脂酰肌醇、磷脂酰丝氨酸及心磷脂（图 4-11）。

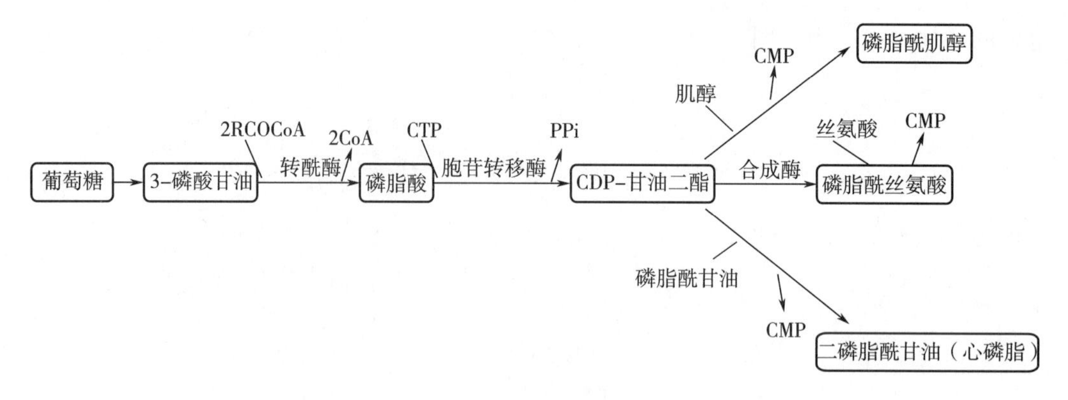

图 4-11　甘油磷脂合成的 CDP-甘油二酯途径

2. 甘油磷脂分解

甘油磷脂水解主要是甘油磷脂经体内磷脂酶催化的水解过程。生物体内存在多种降解甘油磷脂的磷脂酶，包括磷脂酶 A_1、A_2、B_1、B_2、C 及 D，可分别作用于甘油磷脂分子中不同的酯键（图 4-12）。其中磷脂酶 A_1 或 A_2 能使甘油磷脂分子中第 1 或第 2 位酯键水解，产物为溶血磷脂及不饱和脂肪酸，Ca^{2+} 为此酶的激活剂。

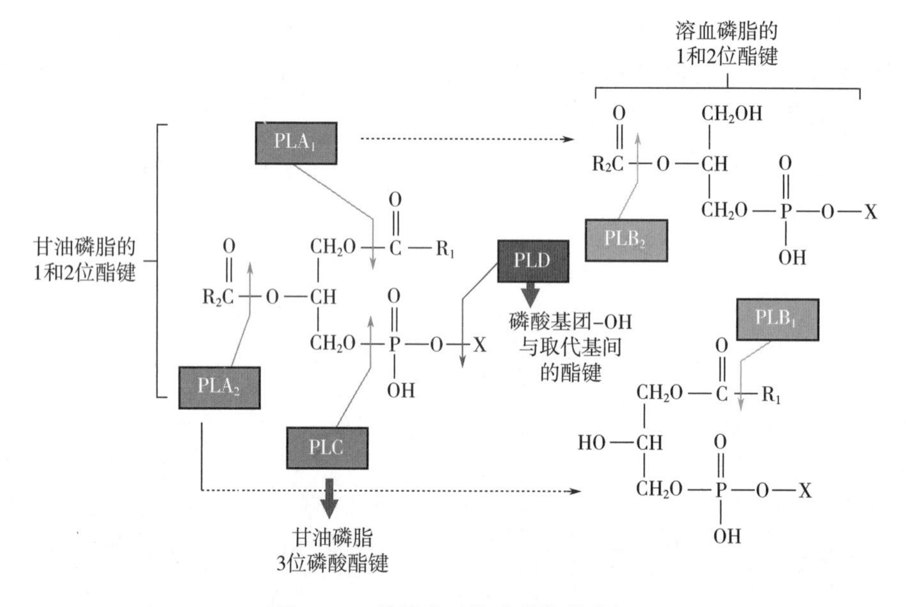

图 4-12　磷脂酶对甘油磷脂的水解

（二）鞘磷脂代谢

1. 鞘磷脂合成

鞘磷脂存在于大多数哺乳动物细胞的质膜内，其组成的特点是含有鞘氨醇或二氢鞘氨醇而不含甘油。人体全身各组织均可合成鞘磷脂，以脑组织最为活跃。含量最多的鞘磷脂是神经鞘磷脂，它是生物膜及神经髓鞘的重要成分，由鞘氨醇、脂肪酸及磷酸胆碱构成。鞘氨醇合成的原料为软脂酰 CoA、丝氨酸和胆碱，还需磷酸吡哆醛、NADPH 及 FAD 等辅酶参加。

软脂酰 CoA 与丝氨酸在磷酸吡哆醛以及合成酶参与下，缩合并脱羧生成 3-酮基二氢鞘氨醇，后者由 NADPH 供氢，还原酶催化，加氢生成二氢鞘氨醇，然后在脱氢酶催化下，脱氢生成鞘氨醇。鞘氨醇在脂酰转移酶催化下，其氨基与脂酰 CoA 进行酰胺缩合，生成神经酰胺（*N*-脂酰鞘氨醇、鞘磷脂和鞘糖脂合成的共同前体），最后由 CDP-胆碱提供磷酸胆碱，生成神经鞘磷脂。

2. 鞘磷脂分解

分解鞘磷脂的酶类和部位如图 4-13 所示。分解鞘磷脂的鞘磷脂酶存在于脑、肝、脾、肾等细胞的溶酶体中，属磷脂酶 C 类，作用于磷酸酯键，产生磷酸胆碱及神经酰胺。若先天性缺乏此酶时，鞘磷脂不能降解，会在单核巨噬细胞系统内积存，引起鞘磷脂沉积症如肝、脾肿大，以及神经障碍如痴呆等。而在神经酰胺酶的作用下，神经酰胺又可分解为鞘氨醇和脂酰 CoA。

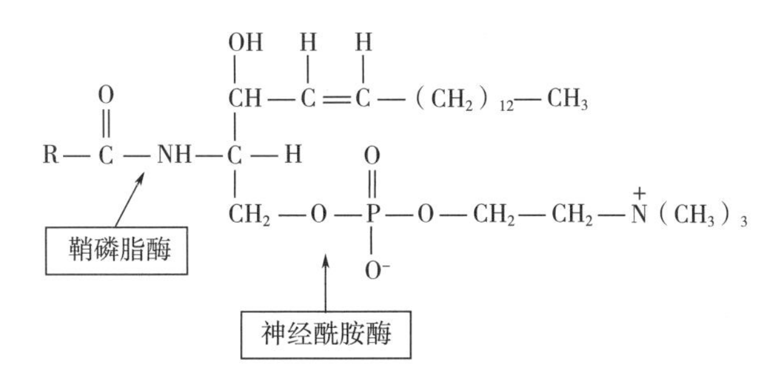

图 4-13 分解鞘磷脂的酶类和部位

三、胆固醇代谢

（一）胆固醇合成

胆固醇广泛分布于机体各组织，约 1/4 分布在脑及神经组织中，约占脑组织总质量的 2%；肾上腺、卵巢等类固醇激素分泌腺中胆固醇含量达 1%～5%；在肝、肾、肠等内脏及皮肤、脂肪组织中，每 100g 组织含 200～500mg 胆固醇，肝脏中居多。

胆固醇主要以游离胆固醇和胆固醇酯两种形式存在，除从食物中摄取外，胆固醇主要由体内合成。肝脏是合成胆固醇的主要场所，占全身合成总量的 3/4 以上，肠、皮肤、肾上腺皮质、性腺以及动脉血管壁等组织也能合成少量胆固醇。胆固醇合成主要在细胞液及光面内质网膜上，合成胆固醇的直接原料是乙酰 CoA，来自线粒体的糖氧化及脂肪酸的 β-氧化。

1. 胆固醇合成途径

胆固醇合成过程复杂，包含近 30 步酶促反应，大致分为三个阶段：甲羟戊酸合成途径、鲨烯合成途径、胆固醇合成途径。

（1）甲羟戊酸的合成　在细胞液中，2 分子乙酰 CoA 经硫解酶催化缩合成乙酰乙酰 CoA，后者在 HMG-CoA 裂合酶作用下，与另 1 分子乙酰 CoA 缩合成羟基甲基戊二酸单酰 CoA（HMG-CoA），再经 HMG-CoA 还原酶催化，由 NADPH 供氢还原为甲羟戊酸。HMG-CoA 还原步骤是合成胆固醇的限速反应，HMG-CoA 是合成胆固醇和酮体的重要中间产物，其位于细胞液中用于合成胆固醇，而位于肝线粒体中则用于合成酮体。

（2）鲨烯的合成　甲羟戊酸（6 碳）在酶的催化下，由 ATP 供能，经过 3 次磷酸化生成焦磷酸甲羟戊酸，后者脱羧生成活泼的异戊烯焦磷酸（5 碳，IPP）和二甲基丙烯焦磷酸（5 碳，DPP），两者进一步缩合生成 15 碳的焦磷酸法尼酯（FPP）。2 分子 FPP 在内质网鲨烯合酶的作用下，再缩合、还原成 30 碳多烯烃-鲨烯。

（3）胆固醇的合成　鲨烯经内质网单加氧酶、环化酶等催化，环化成羊毛固醇，再经氧化、脱羧、还原等反应，脱去 3 个甲基生成 27 碳胆固醇（图 4-14）。

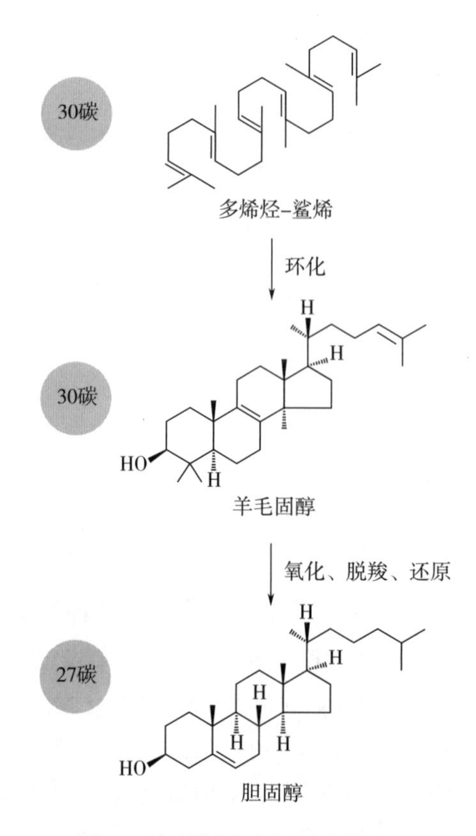

图 4-14　鲨烯合成胆固醇的过程

2. 胆固醇合成的调节

各种因素对胆固醇合成的调节，主要是通过影响 HMG-CoA 还原酶的活性和合成量实现，多种因素的影响都会造成胆固醇合成量的改变。

（1）饥饿与饱食　饮食饥饿可使 HMG-CoA 还原酶合成量减少，活性降低，从而抑制肝脏内胆固醇合成；进食高糖、高饱和脂肪后，肝脏内 HMG-CoA 还原酶活性增加，胆固醇合成增加。

（2）胆固醇含量　摄入体内的胆固醇可通过抑制肝细胞 HMG-CoA 还原酶的合成，抑制肝脏内胆固醇的合成；摄入胆固醇减少时，肝脏内胆固醇合成增加。

（3）激素　胰岛素、甲状腺素、胰高血糖素、氢化可的松（皮质醇）、甲状腺素等激素均对胆固醇合成具有调节作用。胰高血糖素、糖皮质激素能够抑制并降低 HMG-CoA 还原酶活性，使胆固醇合成减少。胰岛素及甲状腺素能诱导肝 HMG-CoA 还原酶的合成，使胆固醇合成增加，甲状腺素还能促进胆固醇在肝中转变为胆汁酸，且后者作用大于前者，这是甲亢患者血清胆固醇含量升高的原因。此外，7β-羟胆固醇和 25-羟胆固醇等胆固醇的代谢产物对 HMG-CoA 还原酶有较强的抑制作用。

（4）HMG-CoA 还原酶抑制剂　他汀类药物如洛伐他汀、美伐他汀、氟伐他汀及辛伐他汀等可抑制胆固醇合成关键酶 HMG-CoA 还原酶活性，从而减少内源性胆固醇合成。

（二）胆固醇分解

胆固醇的环戊烷多氢菲（固醇基本结构）母核在体内不能被氧化分解成 CO_2 和 H_2O，只能是母核的氢化和侧链的氧化，转变成其他的生理活性物质如胆汁酸、维生素等（图 4-15），参与代谢及调节，或排出体外。

1. 转化为胆汁酸

胆固醇在肝脏中转化成胆汁酸是胆固醇在体内代谢的主要去路。正常人每天合成 1~1.5g 胆固醇，其中 0.4~0.6g 转化为胆汁酸，排入肠道用于脂肪的消化和脂溶性维生素的吸收。

2. 转变为类固醇激素

胆固醇是肾上腺皮质、睾丸、卵巢等内分泌腺合成及分泌类固醇激素的原料。胆固醇在肾上腺皮质内、肾上腺皮质球状带、束状带及网状带细胞中转变成醛固酮、氢化可的松及雄激素等。睾丸间质细胞可将胆固醇合成睾酮，卵巢的卵泡内膜细胞可以将胆固醇合成雌二醇，卵巢的黄体及胎盘可将胆固醇合成孕酮。

3. 转化为维生素 D_3

在肝、小肠黏膜及皮下组织中，胆固醇在脱氢酶作用下被氧化为 7-脱氢胆固醇，经血液运输到皮肤，经紫外线照射形成维生素 D_3，有助于促进钙、磷吸收及成骨作用。

4. 胆固醇排泄

排入肠道的胆固醇，同食物一起被吸收；未被肠道吸收的胆固醇，大部分在肠道细菌的作用下，转变为粪固醇而排出体外。

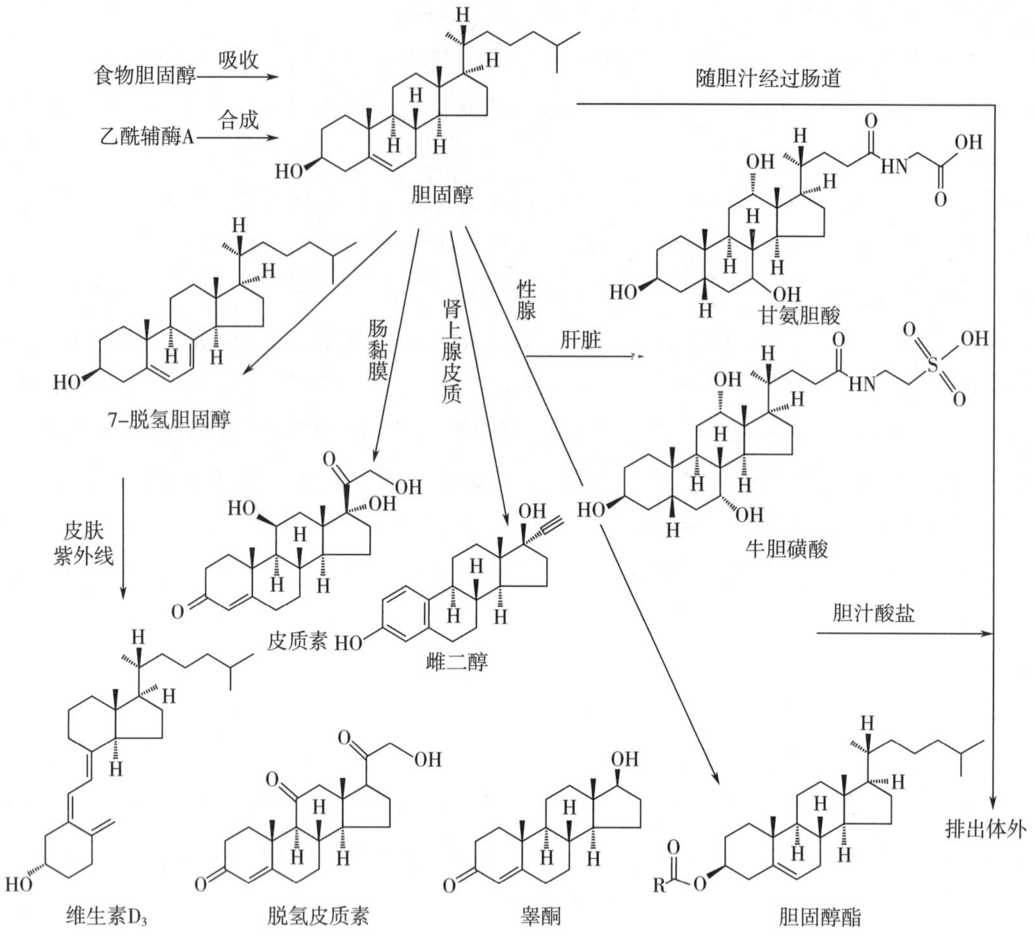

图 4-15 胆固醇的分解

5. 胆固醇酯化

在肝、肾上腺皮质和小肠等组织中，胆固醇与脂酰 CoA 在脂酰 CoA 胆固醇酰基转移酶（ACAT）作用下，生成胆固醇酯；在血浆中，胆固醇在卵磷脂胆固醇脂酰转移酶（LCAT）作用下，接受卵磷脂分子中的脂酰基生成胆固醇酯。

第四节 膳食脂质与疾病调控

随着生活水平的不断提高，人们对食物的追求不再仅满足于色香味俱全，开始关注食品本身的营养特性和功能特性。脂质作为人体需要的重要营养素之一，在供给人体能量和构成组织结构方面起着重要作用。膳食脂质摄入不足，会导致能量供应的不足以及必需脂肪酸、脂溶性维生素等营养素的缺乏；而脂质摄入过高或摄入脂肪酸组成的失衡，则可能引发肥胖、糖尿病、心脑血管病等慢性疾病的发生。过去的二十年里，肥胖、2 型糖尿病、心血管疾病以及癌症在发达国家和发展中国家的患病率急剧增加。由高热量饮食引起的血脂异常是以上代谢疾病发病机制的主要因素，因此，了解脂质摄入及代谢失调与疾病的内在关系，功能脂质摄入对机体功能的调控对人类的营养健康维持和疾病预防有重要意义。

一、膳食脂质与肥胖

1. 肥胖的成因与现状

肥胖指明显的超重与脂肪层过厚，体内脂肪（尤其是甘油三酯）积聚过多而导致的一种病理状态。国际上通常用世界卫生组织（WHO）制定的 BMI（body mass index）体重指数作为界限指标，即体重指数在 25.0~29.9 为超重，大于等于 30 为肥胖。目前认为，在对肥胖病人进行评估时，不能简单地以 BMI 来判断，还需要参考腰围、内脏脂肪率等指标。肥胖的起因是多因素的，遗传、环境、饮食都可作为肥胖的风险因子。其中，饮食摄入失衡条件下，当摄入的能量超过支出的能量，多余的能量会以脂质的形式（特别是甘油三酯）储存在脂肪、肝脏、肌肉等组织中。脂肪组织作为一种内分泌器官，其分泌的瘦素和脂联素可以调控脂质的代谢。营养过剩条件下，脂肪组织脂肪因子的分泌失调也是引起肥胖的一个重要因素。

肥胖是一种体内能量代谢失衡导致脂肪累积过多的代谢性疾病，已经成为全球最严重的代谢性疾病之一。《中国居民营养与慢性病状况报告（2020 年）》数据显示，中国成人（≥18 岁）的超重比例为 34.3%，肥胖的比例为 16.4%；6~17 岁儿童青少年中，超重比例为 11.1%，肥胖比例为 7.9%；6 岁以下儿童超重率为 6.8%，肥胖率为 3.6%。肥胖与 2 型糖尿病、心血管疾病，甚至癌症都密切相关，而且可以引起其他健康问题，比如肝脏脂肪变性、炎症等。

2. 膳食脂质与肥胖调控

目前已经证明膳食脂肪的过多摄入或组成不平衡是导致肥胖的主要成因之一。膳食的热量密度在促进体重增加中起主要作用，膳食脂肪的摄入过多会明显升高肥胖超重的概率，其机理包括葡萄糖和胰岛素稳态调节受损、副交感神经活动增加、中枢胰岛素敏感性和瘦素降低等。相反，膳食中脂肪含量的适量降低可以改善胰岛素敏感性并减少肥胖症的发展。

摄入脂肪酸组成的不同对肥胖机体的调节功能不同。其中，不饱和脂肪酸比饱和脂肪酸更加抑制脂肪的生成，与 ω-6 多不饱和脂肪酸相比，ω-3 多不饱和脂肪酸可以显著抑制脂肪的生成。棕色脂肪组织线粒体中脂肪酸的氧化可以为棕色脂肪产热提供能量，相比于饱和脂肪酸，多不饱和脂肪酸或单不饱和脂肪酸可以诱导更多的脂肪氧化，激活棕色脂肪 UCP1 产热基因的表达，进而增加能量的释放。此外，共轭亚麻油酸也通过减少脂肪生成、增加脂质代谢、脂肪酸氧化以及脂肪细胞的米色化或棕色化，增加能量代谢，降低人体胆固醇、甘油三酯和低密度脂蛋白胆固醇含量，发挥抗肥胖的作用，被视为一种天然减肥产品，并应用在多种减肥产品中。

中碳链甘油三酯的饮食摄入可以改善肥胖，其作用机制为以下三个方面。首先在能量供应方面，长碳链甘油三酯供能为37.6J/g，而中碳链甘油三酯为34.7J/g，中碳链甘油三酯比长碳链甘油三酯供能低。其次，中碳链甘油三酯的代谢途径与长碳链甘油三酯不同。长碳链甘油三酯在小肠内被水解，并重新酯化成甘油三酯，再与蛋白质、磷脂等结合，一起形成乳糜微粒，通过肠壁被吸收后，再经过淋巴系统进入血液循环系统，少部分用作能量代谢，大部分形成脂肪组织储存于体内。而中碳链甘油三酯在消化后通过门静脉直接运输至肝脏，在肝脏内迅速地被分解，产生能量，其消化吸收速度是普通长链脂肪酸的4倍，代谢速度是其10倍。中碳链甘油三酯从肠内水解吸收到血液只需30min，2.5h可达到高峰；相反，长碳链甘油三酯则需5h达到高峰。最后，中碳链甘油三酯的饮食可以通过激活棕色脂肪的生热，从而增加能量支出和脂肪氧化，并控制食量和食欲，最终减轻体重。

富含ω-3多不饱和脂肪酸的磷脂摄入可以用于肥胖相关疾病的预防或改善。大豆磷脂、海参磷脂等磷脂的摄入显著减少肝脏中的脂肪积累并改善肝脏组织的脂肪变性。磷虾油可以通过激活过氧化物酶体增殖物激活受体PPARα调控的脂肪酸β-氧化并促进脂肪分解等机制，来改善超重患者血清甘油三酯、胆固醇水平等指标。富含ω-3多不饱和脂肪酸的磷脂一般从海洋生物如鱼和磷虾油等来源获得。

二、膳食脂质与糖尿病

1. 糖尿病的成因与现状

糖尿病是一种以血糖水平高为特征，由于胰岛素分泌或胰岛素作用的完全或相对不足引起的碳水化合物、蛋白质和脂肪代谢的紊乱疾病。糖尿病可根据发病原因分为1型糖尿病（type 1 diabetes，T1D）和2型糖尿病（type 2 diabetes，T2D）。1型糖尿病即胰岛素依赖性糖尿病，常见于青少年和儿童，占糖尿病患者总数的5%~10%，且在全球呈显著上升的趋势，症状多表现为烦渴、多尿、体重减轻，并发症包括酮症酸中毒。2型糖尿病又称为非胰岛素依赖性糖尿病，占糖尿病患病率的90%以上，T2D是一种多基因遗传性疾病，2型糖尿病患者并不依赖于外源性胰岛素。

1型糖尿病是一种自身免疫性疾病，是以遗传性为基础，在某些环境因素（微生物、化学物质、食物成分）的作用下，多由T淋巴细胞介导，胰岛B细胞被攻击形成永久性破坏，引发炎症，导致胰岛素的合成和分泌绝对不足而发生糖代谢紊乱，需要外源胰岛素治疗，目前还没有确定的药物能够预防这种疾病。T1D发生机制涉及的免疫反应的过程比较复杂，现代研究表明免疫系统起着主要作用，胰岛内自身抗原、免疫细胞中$CD4^+$淋巴细胞、B淋巴细胞、自然杀伤细胞、树突状细胞等共同参与了胰岛B细胞的损伤而致病。

2型糖尿病是由于葡萄糖和脂质体内平衡受损导致的胰岛素抵抗和/或胰岛素分泌

异常和葡萄糖生成的增加。该疾病的三个明显特征是外周胰岛素抵抗、肝脏胰岛素抵抗和胰腺 B 细胞功能障碍。当胰岛 B 细胞功能受损时，胰岛素分泌不足，导致肝脏葡萄糖的过量生产以及外围组织对葡萄糖的利用不足。2 型糖尿病发病风险因子包括遗传、环境、不良生活方式和膳食因素。与先天性的胰岛素分泌不足所致的 1 型糖尿病不同，胰岛素抵抗被认为是导致 2 型糖尿病发生发展的主要原因。传统上从以糖为中心的角度来定义糖尿病，现在开始从脂肪的角度来研究。即除了高血糖外，糖尿病会诱导产生循环血浆游离脂肪酸、甘油酯和组织中脂质沉积的增加，发生脂质代谢的失调。

糖尿病是一类严重危害人类生命健康的疾病，是全世界最常见的非传染性疾病之一。《中国居民营养与慢性病状况报告（2020 年）》数据显示，中国成人（≥18 岁）的糖尿病患病率为 11.9%，我国总糖尿病患者人数已经位居全球第一，因此，糖尿病的膳食预防非常重要。

2. 膳食脂质与糖尿病调控

大量证据表明，高脂肪含量膳食摄入除了会导致肥胖、慢性炎症外，也会引起胰岛素抵抗和糖脂代谢紊乱。高膳食脂肪含量会增加膳食的能量密度和总能量摄入，损害能量平衡，导致肥胖的发展以及血浆游离脂肪酸等脂质代谢的变化，继而损伤胰岛素敏感性并介导胰岛素抵抗和糖尿病的发展。流行病学研究表明，高脂肪膳食诱导的糖尿病的发作可能继发于体重或机体组成的变化，这是由于当机体调整 BMI 或体重时，总脂肪摄入量与糖尿病风险之间的关系开始消失。因此，脂质膳食摄入总量的适当控制对糖尿病预防是有好处的。

除了膳食脂肪的总摄入量，膳食脂肪的质量也很重要。例如，高摄入量的反式脂肪酸、饱和脂肪酸也与 2 型糖尿病的发病风险增加有关。反式脂肪酸可以介导机体脂质代谢的改变、促炎细胞因子的增加、脂肪因子分泌减少和血浆游离脂肪酸增加，最终导致严重的胰岛素抵抗并介导糖尿病的发病风险增加。动物模型和临床研究表明，膳食中用高不饱和度的脂肪酸替代饱和脂肪酸，可显著改善高脂膳食引起的胰岛素功能损伤，改善胰岛素敏感性，其中 ω-3 多不饱和脂肪酸（DHA、EPA 等）可以对膳食诱导的胰岛素抵抗产生较好的改善效果。目前认为膳食中由脂肪提供的能量不超过膳食总能量的 30%。饱和脂肪酸摄入量不应超过膳食总能量的 7%，膳食结构中应保证不摄入反式脂肪酸并适当增加 ω-3 多不饱和脂肪酸的摄入。ω-3 多不饱和脂肪酸对糖尿病的改善具有多重作用机制。首先，部分不饱和脂肪酸可作为过氧化物酶体增殖物激活受体（包括 PPARα，PPARγ 等亚型）的天然配体，该受体家族在调节机体糖脂代谢稳态上发挥着重要作用。此外，部分 ω-3 多不饱和长链脂肪酸（DHA 和 EPA）也可以作为 GPR120 等 G 蛋白偶联受体的内源性配体，这些受体在调控抗炎及胰岛素抵抗中发挥着重要的作用。

特殊结构的功能磷脂也具有预防和改善糖尿病的作用。二月桂酰磷脂酰胆碱是大豆磷脂中的主要成分之一，作为 LRH-1（肝受体同源物-1）的配体，二月桂酰磷脂酰胆碱的膳食摄入可以通过调节胆汁酸代谢和葡萄糖稳态来达到降糖的效果。此外，富含 ω-3 多不饱和脂肪酸的磷脂摄入也是改善糖尿病的膳食方式。例如富含 DHA、EPA 的海洋来源的磷脂有助于葡萄糖稳态的调控。人体临床试验证明，2 型糖尿病患者食用磷虾油或磷虾粉后，受试者的空腹血糖水平显著下降，增加血液中肠促胰岛素 GLP-1 水平并降低胰岛素抵抗。

关于膳食胆固醇对糖尿病发病率影响的研究比较有限。少量流行病学研究指出男性和女性的胆固醇摄入量与糖尿病之间存在正相关，较高的胆固醇摄入量与妊娠糖尿病风险存在正相关，但这些相关性可能取决于摄入量。因此，胆固醇水平调节全身胰岛素敏感性或葡萄糖稳态和糖尿病风险的机制尚不完全清楚。

三、膳食脂质与心血管疾病

1. 心血管疾病的成因与现状

心血管疾病是一组心脏和血管疾患的总称，包括高血压、冠心病、脑血管疾病、周围血管疾病、心力衰竭、风湿性心脏病、先天性心脏病和心肌病等疾病。其中，高血压是心血管疾病中发病率最高的疾患，而冠心病则是心血管疾病死亡的主要原因。

高血压是指以体循环动脉血压（收缩压和/或舒张压）增高为主要特征（收缩压≥140mmHg，舒张压≥90mmHg），特别是以舒张压持续过高为特征的心血管疾病，可伴有心、脑、肾等器官的功能或器质性损害的临床综合征。而冠心病则是冠状动脉粥样硬化导致血管腔狭窄或阻塞，造成心肌缺血、缺氧或坏死而引起的心脏病，是当前国内外危害最大的心脏病。动脉硬化和血栓形成是心血管疾病存在的一个共同病理改变。

心血管疾病的危险因素有许多，除了年龄、性别、遗传等不可更改的因素外，生理因素（高血压、高血脂、高胆固醇水平，糖尿病、肥胖）、膳食结构不合理（高盐膳食、坚果类摄入不足、全谷物摄入不足、水果摄入不足和纤维摄入不足、加工肉制品和含糖饮料摄入过量、豆类摄入不足等）、生活方式不合理（运动量不足、睡眠障碍、吸烟等）、环境因素（空气污染物等）均是诱发心血管疾病的风险因素。其中，高血压可引起内皮损伤或功能障碍，造成血管张力增高、脂蛋白渗入内膜、单核细胞黏附并迁入内膜、血小板黏附及中膜平滑肌细胞迁入内膜等一系列变化，诱发动脉粥样硬化；血脂增高则导致血管壁通透性升高，血浆脂蛋白得以进入内膜，并导致巨噬细胞的清除反应和血管平滑肌细胞增生，形成纤维斑块；高胆固醇水平则导致富含胆固醇的低密度脂蛋白（LDL）颗粒进入动脉血管内皮下并被氧化，被巨噬细胞吞噬后形成泡沫细胞，促进炎症发生并诱发动脉粥样硬化斑块的形成。

心血管疾病作为一种慢性非传染性疾病，已经成为了人类的头号致死性疾病。2018 年我国心血管疾病病患人数为 2.9 亿，死亡率居首位，占居民疾病死亡构成的40%以上。《中国心血管健康与疾病报告（2021 年）》显示，我国心血管病患病率处于持续上升态势，目前患病人数约3.3亿，其中脑卒中1300万，冠心病1139万，肺源性心脏病500万，心力衰竭890万，心房颤动487万，风湿性心脏病250万，先天性心脏病200万，下肢动脉疾病4530万，高血压2.45亿。《中国居民营养与慢性病状况报告（2020年）》数据显示，中国≥18岁居民高血压患病率为27.9%，青年人群（18~34岁）高血压患病率为5.1%，≥75岁居民为59.8%，心血管病发病情况日益严峻。

2. 膳食脂质与心血管疾病调控

膳食脂质摄入能够直接影响血液中的脂质和脂蛋白的组成及其代谢，是影响心血管疾病发生和发展的重要因素。大量证据证明，膳食结构中膳食脂质的组成和摄入量的改变，可以通过调控胆固醇代谢、低密度脂蛋白胆固醇的氧化、凝血等因素，达到降低心血管疾病发病率和死亡率的目标。

膳食脂肪酸显著影响血清中甘油三酯和胆固醇的含量。饱和脂肪酸通常被认为可提高血胆固醇水平，增加心血管疾病的患病风险。适量摄入中链饱和脂肪酸并不显著影响血脂水平，而大量摄入中链脂肪酸可提高血清甘油三酯浓度以及LDL胆固醇含量。膳食中添加亚油酸和二十碳五烯酸等多不饱和脂肪酸可以降低血脂水平和胆固醇水平，并改善心血管疾病。EPA可以通过改善动脉可塑性和血管功能在血管内皮层起作用，来降低血压，同时对血管平滑肌细胞的生长和增殖、生长因子的信号传导途径具有抑制作用，被证明可以减缓动脉粥状硬化症状。反式脂肪酸也是影响心血管疾病的另一类脂肪酸。反式脂肪酸主要存在于植物氢化油中，膳食摄入反式脂肪酸会增加机体低密度脂蛋白的水平，同时还会降低高密度脂蛋白胆固醇的水平。膳食脂质也可以影响血栓的形成，其中通过减少饱和脂肪酸的摄入量以及不饱和脂肪酸替代饱和脂肪酸，可以达到抑制血栓形成的目的。例如，EPA的膳食摄入具有抗血栓形成的特性，其通过抑制血栓烷的合成来防止血栓形成。因此，降低饱和脂肪酸和反式脂肪酸摄入量、提高多不饱和脂肪酸摄入量均有助于降低心血管疾病的风险。此外，维生素K_2也是治疗和预防钙化动脉、斑块动脉粥样硬化的有效辅助因子。

膳食磷脂在调节血脂和心血管风险中同样具有改善作用。膳食补充大豆磷脂、多烯磷脂酰胆碱、磷虾油等磷脂后，患有原发性高脂血症、冠状动脉疾病和高胆固醇血症患者的总胆固醇、低密度脂蛋白胆固醇和甘油三酯水平显著降低，其高密度脂蛋白胆固醇显著增加。膳食磷脂对心血管疾病的改善机制在于对胆固醇代谢、胆汁酸代谢、机体炎症的调控，继而降低动脉硬化的风险。鞘磷脂是一种鞘氨醇磷脂，是牛乳磷脂和氢化蛋黄磷脂的主要成分，可以通过减慢管腔脂肪分解、胶束增溶和胶束脂质转移到肠细胞的速度，达到对胆固醇水平的调控和心血管疾病的改善。但是磷脂酰胆碱中富含胆碱，在肠道微生物的作用之下，会被三甲胺裂解酶代谢成为三甲胺，三甲胺在肝脏会被氧化成为氧化三甲胺。血清中氧化三甲胺的水平增高与心血管疾病的发生呈正相关。因此，在肠道微生物中三甲胺裂解酶水平较高时，磷脂酰胆碱的过量摄入会增加氧化三甲胺的水平，从而增加患心血管疾病的风险。

血液中高含量的胆固醇会增加患心血管疾病的风险。胆固醇分子在血管中的扩张会导致血管壁的破裂、阻塞血液的流动，进而导致心脏病以及脑卒中等疾病的发生。血液胆固醇有两种来源，即外源性膳食胆固醇和内源性从头合成胆固醇，并且存在平衡和负反馈来维持胆固醇稳态。尽管目前科学证据和实验数据并未证实膳食中的胆固醇会增加血液中的胆固醇，进而增加患心血管疾病的风险。但是，维持胆固醇在机体内的稳态是维持心血管健康的重要因素。植物甾醇作为天然存在于植物中的一类固醇类脂质分子，在心血管疾病预防中起重要作用。植物甾醇的强疏水性，导致其对脂肪消化胶束具有更强的亲和力，因此植物甾醇可以从胶束中置换肠道胆固醇，从而减少肠道胆固醇吸收。植物甾醇补充剂已被证明可以降低总胆固醇和低密度脂蛋白胆固醇含量。此外，植物甾醇可以通过脂质代谢、改善炎症反应、抑制氧化应激，来预防心血管疾病。

四、膳食脂质与癌症

1. 癌症的成因与现状

癌症是由于机体细胞失去正常调控，过度增殖而引起的疾病。世界卫生组织定义癌症的主要特征是异常细胞迅速产生，其生长超过正常界限，并因此而能够侵袭体内的临近部位并向其他器官蔓延，是威胁人类机体健康的主要疾病之一。肿瘤可分为良性肿瘤与恶性肿瘤，前者是一群仅局限于原有位置、不侵染周围其他组织的肿瘤细胞，后者是一群不局限于原有位置、有转移能力的肿瘤细胞。癌症的发生是在细胞周期调控异常的情况下，细胞增殖分化成肿瘤，并形成可迁移到其他组织的恶性肿瘤。与正常细胞不同，癌细胞的特点是细胞无限制的增殖和生成，形态上趋于一致，表现出某些未分化细胞的特征，丧失正常的接触抑制能力，并在体内出现浸染性的转移。细胞癌变的分子基础是基因突变，而细胞内基因突变与环境因素密切相关，包括生物因素（致癌 RNA 病毒和 DNA 病毒）、化学因素（化学致癌物如亚硝酸盐、烷化剂、黄曲霉毒素、尼古丁）和物理因素（核辐射、宇宙辐射、电磁辐射等）。

癌症是除心血管疾病之外，死亡率最高的慢性疾病。中国是全球癌症负担最大的国家，而且癌症负担仍在增加。国家癌症中心（2019 年）数据显示，2015 年全国恶性肿瘤发病约 392.9 万人，死亡约 233.8 万人。

2. 膳食脂质与癌症调控

高脂肪膳食通常被认为对健康有害，营养过剩会改变肠道微生物群，从而导致促炎途径的激活、肠道通透性增加和全身炎症，部分慢性炎症可以通过影响免疫系统，进而促进肿瘤的发生和发展。模式动物实验表明，高脂肪膳食可以加速致癌物质诱发癌症，增加癌症的发生率。

但是膳食脂肪对癌症的影响比较复杂，需要关注脂肪酸组成的差异（饱和脂肪酸与不饱和脂肪酸）以及脂质分子的特异性。高脂质和饱和脂肪酸的摄入存在加重肺癌等癌症的风险，尤其是在吸烟人群中，高饱和脂肪酸摄入增加了鳞状细胞癌和小细胞癌的风险。流行性病学研究表明，乳腺癌、结肠癌、子宫内膜癌、前列腺癌、卵巢癌、皮肤癌、肺癌均与饱和脂肪酸摄入量呈正相关，高胆固醇摄入与肝癌、结直肠癌、肺癌、白血病、脑肿瘤发生呈正相关。因此，多数多不饱和脂肪酸具有抗癌的功能。例如二高-γ-亚麻酸（DGLA）等多不饱和脂肪酸可以特异性诱导铁死亡，通过铁死亡的方式杀死癌细胞，从而达到抗癌效果。但是多不饱和脂肪酸组成中，ω-3 和 ω-6 系多不饱和脂肪酸比例的失调也可能导致细胞的恶性增殖。如花生四烯酸（一种 ω-6 多不饱和脂肪酸）可转化生成前列腺素、血栓烷、白三烯和脂氧素等，并作用于炎症、过敏和免疫反应，作为花生四烯酸级联信号通路来介导肿瘤细胞-内皮细胞的信号转导过程来影响细胞代谢和生长，尤其是合成的白三烯和脂氧素关键酶（5-脂氧合酶）可以在多种癌细胞中表达，可诱导肺癌细胞的增殖。共轭亚麻油酸同样具有抗肿瘤的作用，其抗癌作用归因于其抗血管生成特性和延缓前列腺素合成的能力，抑制前列腺癌症细胞的生长，因此也被用作预防和治疗癌症的手段。虽然膳食脂质的脂肪酸组成与摄入量对肺癌、乳腺癌、结肠癌等癌症的发生与发展存在内在联系，但是其机制尚未明确。

磷脂及其在磷脂酶 A_1、磷脂酶 A_2、磷脂酶 D 作用下的代谢产物，如类二十烷酸和溶血磷脂酸等，都是重要的活性脂质介质，广泛参与癌症的生理病理过程，如细胞增殖、存活、凋亡、细胞骨架构建、炎症反应和癌变等。此外，由于调节脂筏的组成和密度会改变癌细胞的活力和转移行为，因此食用特定磷脂在肿瘤和转移抑制中同样具有有益作用。大豆、蛋黄以及海洋来源的磷脂可以通过改变细胞膜结构和组成变化等抑制化学诱导的结肠癌的发展。鞘磷脂通过产生鞘氨醇、磷酸鞘氨醇等鞘脂代谢物，对结肠癌的形成具有显著的预防作用。

长期高胆固醇水平、高胆固醇血症与患乳腺癌等癌症的风险增加有关。他汀类药物（最常用的降低低密度脂蛋白胆固醇的药物）对控制乳腺癌等癌症疾病发生具有显著作用。机体高胆固醇水平可以使得肿瘤发生和转移能力增强，其原因在于 27-羟基胆甾醇（胆固醇代谢物）可作用于特异性免疫细胞并选择性使细胞表现出细胞摄取或脂质生物合成增加，帮助乳腺癌传播到身体的其他部位。此外，高胆固醇水平可以增加癌细胞对铁死亡的抵抗力，增加肿瘤的致瘤性和转移能力。另一类固醇类物质——植物甾醇，则对癌症具有保护作用，降低患癌症的风险，减缓肿瘤的生长和扩散，其机制在于植物甾醇能改变胆甾醇和胆汁酸的机体代谢并具备一定的激素功能和抗炎功能。

思考题

1. 简述必需脂肪酸的定义、种类及其在体内的生理功能。
2. 以烹调油为例，阐述脂质的消化吸收过程。
3. 试述甘油三酯的脂肪合成与脂肪动员过程。
4. 举例说明脂质摄入对健康造成的不良影响并解释原因。

第五章

脂质分析与检测

学习目标

1. 通过以上章节对油脂物化特性的了解，理解并明晰脂质分析与检测相关的基础知识与概念。

2. 运用脂质分析与检测的重要方法，通过理性认识、原理解释、举例、推断，针对不同情况能够熟练使用合适的方法解决有关油脂检测问题。

脂质作为食品的核心组成部分，具有不可替代的地位，而脂质的分析与检测对于保障食品安全、促进食品行业健康发展等方面具有举足轻重的作用。这是一门理论性与实践性相互结合，且应用性较强的课程，其思想政治教育在专业课程中的开展，也是极其必要的。本课程使学生所学的理论知识与操作技能更好地应用于实际操作中，在培养学生发现问题、分析问题的基础上，进一步落实到最终解决问题、预防问题的实际中。同时培养学生的爱国主义情怀，增强其责任意识和纪律意识，树立严谨、科学、务实、实事求是与诚实守信的价值观。

第一节　脂质提取、分离和分析

脂质是能被选定的有机溶剂，如乙醚、氯仿、苯、乙烷、甲醇等，从植物和动物源食物中抽提出的化合物。脂质作为一个复杂的混合物，其分离和分析涉及与其相关的各个方面。因此进行脂质的提取及其含量的测定，不仅可以用来评价食品品质、衡量食品的营养价值，还可监督生产工艺以及管理生产质量，对储藏方式进行研究等方面有着重要的意义。

一、脂质的提取

自然界中的脂质可以通过以下途径与其他分子结合：①范德瓦耳斯力，如几种脂质分子与蛋白质的相互作用；②静电和氢键，主要是在脂质和蛋白质之间；③脂质、碳水化合物和蛋白质之间的共价键合。因此，为了从复杂的细胞基质中分离脂质，需要使用不同的物理与化学方法。

脂质提取的常规程序通常包括且不局限于以下几点。

（一）样品制备及其脂质提取前的预处理

样品的制备是实验的关键之一，要得到一个均匀的、具有代表性的、且符合分析要求的样品需要注意多个事项。对于固体或半固体油脂，须熔化混合均匀后取样。供分析的油脂样本，应无固体悬浮物、自由水（可分离出来的水）和杂质存在，否则样品须经过滤、沉淀分层等方法处理后才可取样。

对脂质进行分析之前，须将脂质从组织中分离出来，且要求是不含非脂质成分的高质量脂质。在这种初步处理过程中，若操作或处理不当，很可能会造成一些特殊成分的损失。例如，如果组织中存在大量的游离脂肪酸、磷脂酸或 *N*-乙酰基磷脂乙醇胺，就会对脂质的提取和储存带来不利影响。用多种（或混合）有机溶剂来提取脂质时，要确保组织中的脂肪酶等失活，并保证提取尽可能完全。

1. 样品的储存

在理想状态下，动植物或微生物组织从活的有机体上分离下来后应立即进行脂质提取，尽可能避免脂质成分发生变化。但是由于理想状态实现难度较高，所以样品储存就变得很关键。常见的储存方法是将组织储存在低温的密封容器中，惰性（氮气）气体下或干冰上。然而，冷冻储藏本身可能会永久地破坏样品原有的组织状态，这是由于渗透性休克而对组织造成永久性损害，使组织脂质所处的环境发生改变。在长时间的储存（即使是-20℃）或融化状态下脂肪酶会使脂质水解，而且有机溶剂会加速其水解的过程。如果在动植物组织中发现了大量的游离脂肪酸，这就说明其组织已经遭到了不可恢复地破坏，脂质本身也发生了反应。在植物组织中，释放的磷脂酶 D 与磷脂反应，就会产生磷脂酸及相应的水解产物，而脂质的其他一些变化不是很明显，且不易观察。通常使用极性溶剂均质化，进而使组织中的脂肪分解酶不可逆地失活。用稀乙酸溶液煮沸后处理样品，也会起到相同的效果。也有学者推荐将组织存放于盐溶液中。一些研究人员建议将组织存放于全玻璃或者带有聚四氟乙烯盖子的玻璃容器中，在-20℃的氯仿溶液中储存，并在不解冻的状况下将样品组织均质后，用溶剂进行萃取。在可能的情况下，还建议在惰性气体下进行样品制备和提取过程，这可以最大限度地减少不饱和脂质的氧化反应。

2. 样品的干燥

样品的干燥程度对脂质的提取率有一定的影响，如乙醚和已烷等非极性溶剂，不易渗透到潮湿的组织中（大于 8%的水分），不利于脂质提取。此外，高水分含量的样品会由于乙醚的吸湿特性而被水饱和，从而降低了脂质提取效率。因此，降低样品的水分含量可提高脂质提取效率。通常建议预先进行冷冻干燥或低温真空干燥。预干燥也有利于样品的研磨，增加提取率，并可破坏脂肪-水乳液，促使脂肪溶解在有机溶剂中，有助于释放组织中的脂质。而高温条件下干燥样品的方法则要根据样品的特性进行选取，有些样品在高温干燥下会促进样品中脂质与蛋白质或碳水化合物结合，而这种结合的脂质不易于有机溶剂提取。

3. 样品的粉碎

样品颗粒的大小决定其脂质提取的效率，因为样品颗粒尺寸减小可以增加其表面积，使其与溶剂更紧密地接触。在某些情况下，将样品与提取溶剂（或溶剂系统）一起均质化，亦可提高样品的油脂提取率。此外，一些新技术如超声波处理已经被应用于提取微藻和器官组织的脂质。一种称为珠粒打浆的方法已经在实验室和工业中规模化使用，其高速纺丝细珠会破坏细胞并促进油脂释放。另外，渗透压休克法也被广泛应用于细胞破碎，主要是通过活细胞外膜的转移，以增加其内部的渗透压，导致细胞膜的破裂。这种方式与珠粒打浆法相比，其优势在于消耗的能量更低，但是，这种方式的效率也相对较低，目前仅局限于实验室内使用。

4. 样品的酸/碱水解

为了使脂质更加容易被溶剂提取，通常在提取之前还需要用酸或碱处理食品基质样品。酸或碱的水解作用可以促进与蛋白质或者碳水化合物结合的部分脂质的释放，从而提高提取效率。对于许多乳制品，包括黄油、奶酪、牛乳类产品来说，需要用氨预处理以破坏乳化脂肪，中和其中的酸，并在溶剂萃取前溶解蛋白质。

（二）脂质的提取

根据脂类溶于有机溶剂，不溶于水的特性，脂质提取主要方法是利用相似相溶的原理采用有机溶剂进行萃取，实验室采用的方法有索氏抽提法、氯仿-甲醇法、酸水解法和罗兹-哥特里法等，根据样品的特性以及实验的需要而选用不同的溶剂萃取方法。

1. 索氏抽提法

索氏抽提法利用溶剂回流和虹吸原理，使固体物质每一次都能为纯的溶剂所萃取，萃取效率较高。萃取前先将固体物质研磨细，以增加液体浸溶的面积。然后将固体物质放在滤纸套内，放置于萃取室中。安装仪器，方式如图 5-1 所示。

当溶剂加热沸腾后，蒸汽通过导气管上升，被冷凝为液体滴入提取器中。当液面超过虹吸管最高处时，即发生虹吸现象，溶液回流入烧瓶，因此可萃取出溶于溶剂的部分物质。利用溶剂回流和虹吸作用，使固体中的可溶物富集到烧瓶内。由于有机溶剂的抽提物中除脂肪外，还含有游离脂肪酸、甾醇、磷脂、蜡及色素等类脂物质，因而索氏提取法获得的是粗脂肪。

2. 氯仿-甲醇法

氯仿-甲醇法原理是将试样分散于氯仿-甲醇混合液中，在水浴中轻微沸腾，氯仿-甲醇及样品中一定的水分形成了提取脂类的溶剂，在使样品组织中结合态脂类游离出来的同时，与磷脂等极性脂类的亲和性增大，从而有效地提取出全部脂类，经过滤除出非脂成分，回收溶剂，对残留脂类用石油醚提取，蒸去石油醚后定量。

3. 酸水解法

酸水解法原理是强酸与样品一同加热进行水解，可以使得结合或包藏在组织里的脂肪被游离出来，然后用乙醚和石油醚提取脂肪，回收溶剂，除去溶剂后即为脂肪含量。

4. 罗兹-哥特里法

罗兹-哥特里法原理是利用氨-乙醇溶液破坏乳的胶体性状及脂肪球膜使非脂成分

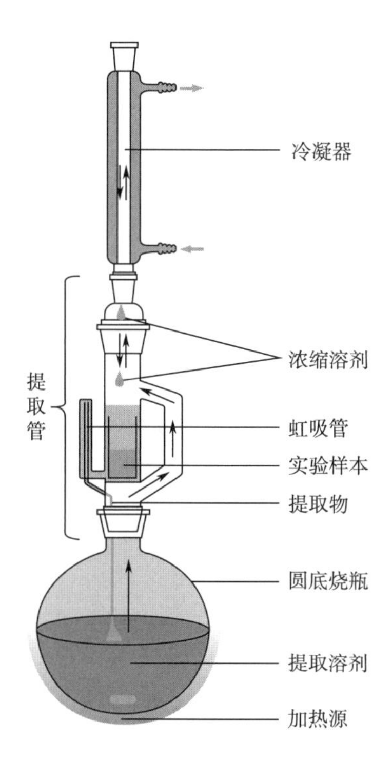

图 5-1　脂质索氏抽提实验装置图

溶解于氨-乙醇溶液中，而脂肪游离出来，再用乙醚-石油醚提取出脂肪，蒸馏去除溶剂后，残留物即为乳脂肪。

二、脂质的分离

从动物组织中萃取的脂质主要成分是甘油三酯，另外还包含胆固醇酯（甾醇酯）、胆固醇（甾醇）、甘油一酯、甘油二酯、游离脂肪酸等简单脂质以及磷脂等复合脂质。除了常见的简单脂质，微量的烃、甲酯、蜡酯以及甘油醚和乙烯基醚也在油脂中发现，它们中的个别或几种成分有时在某种油脂中含量较高，如米糠油中的糠蜡等。

简单脂质的分离一般通过薄层色谱法或柱层析法可以完成，但部分简单脂质组分采用以上方法无法分开，本部分主要介绍常见简单脂质的分离。

（一）薄层色谱法（TLC）

1. 溶剂系统

涂布硅胶 G 的薄层板在不同的溶剂体系中单向展开可有效地分离简单脂质。常用的溶剂有正己烷、乙醚和冰乙酸（或甲酸）。例如展开剂为正己烷：乙醚：冰乙酸 = 80：20：2（体积比）的情况下，简单脂质的展开情况如图 5-2（1）所示。如果甘油二酯是分析样品中的主要成分，需要明显分离，可以通过更换展开剂来实现，如图 5-2

(2) 所示。在 20cm×20cm 硅胶厚度为 0.5mm 的薄层板上，分离简单脂质量最低为 0.5μg，最高可达 50mg，一般为 20mg。

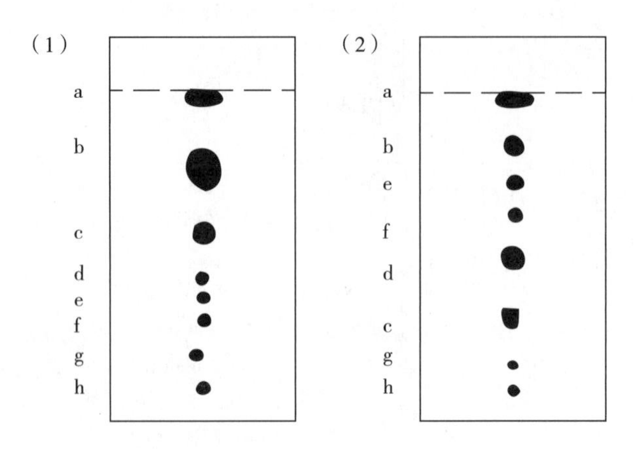

图 5-2 涂布硅胶 G 的薄层色谱分离简单脂质
(1) 展开剂：正己烷-乙醚-甲酸（80∶20∶2，体积比）；
(2) 展开剂：苯-乙醚-乙酸乙酯-冰乙酸（80∶10∶10∶0.2，体积比）
a—胆固醇酯 b—甘油三酯 c—游离脂肪酸 d—胆固醇 e—1,3-甘油二酯
f—1,2-甘油二酯 g—甘油一酯 h—复合脂质

由于胆固醇酯的谱带与溶剂前沿十分接近，因此硅胶 G 中的类似脂质的物质会造成污染，为了避免给分析带来影响，建议先将铺好的薄层板在氯仿-甲醇（4∶1，体积比）的展开剂中展开到末端后，迅速干燥，然后再点样分离。这种方法的缺点是改变了脂质分离的相对保留值。

火焰离子化薄层色谱（TLC-FID）是一项将薄层展开技术和气相检测技术相结合的新型检测手段。样品的展开是在表面带有特殊覆层的石英玻璃柱上进行的。柱的尺寸为 15.2cm×0.9mm（内径），石英玻璃柱的表面涂层由烧结无机键合剂（Sintering inorganic binder）和硅胶（粒度 5μm，平均孔径 6nm）组成。由于硅胶粒子小、涂层薄，所以这种石英玻璃柱具有很高的分离效率。点样在点样器上进行，样品的吸取和上柱都由仪器完成，减少了人为操作的误差。样品展开后经干燥处理（除去展开剂）即可在仪器上进行分析。仪器进行定量监测和获取信号的原理是：当由机械驱动的色谱柱（载有已经实现分离的样品）通过氢火焰检测器时被高能的氢火焰离子化，然后在电场作用下（在信号收集电极和燃烧器之间加有电场），负离子移向燃烧器，正离子移向收集电极。这种电极间离子的移动会产生电流，电流的大小和样品的量成正比（定量分析的依据）。收集的电流信号经过放大和转换，输出为电流随时间变化的信号。

优点：可进行定量和定性分析；应用范围广（几乎适用于各种难挥发物）；易于操作；分析速度快；分析成本低（与液相相比）；对展开剂纯度要求低；样品不需要前处理或特殊处理等。缺点：定量测量的准确度（误差 1%~5%）低于气相和液相。

采用气相色谱（GC）分析各个组分相对含量的具体操作为：将薄层板上已分离好的谱带分别刮下，并分别直接甲酯化，然后加入一定量的外标（脂肪酸甲酯，如十七酸甲酯），通过 GC 分析得出峰面积后计算得出甘油一酯、1,3-甘油二酯、1,2-甘油二酯、游离脂肪酸、甘油三酯等的相对百分含量。

薄层扫描仪是使用一束长宽可以调节的、一定波长、一定强度的光照射到薄层斑点上，进行整个斑点的扫描，同时使用仪器测量通过斑点时光束强度的变化而达到定量的目的。由于测定方式不同，薄层扫描仪可以分为吸收测定法（波长 200~800 nm 内进行测定）和荧光测定法（用于测定对紫外有吸收并能放出荧光的化合物）两种。

根据扫描方式的不同，薄层扫描仪可分为：线性扫描和锯齿扫描。线性扫描是用一束比斑点略长的光束对斑点做单向扫描，该法适用于规则圆形斑点或条状斑点。锯齿扫描是用微小的正方形光束在斑点上按锯齿形轨迹同时沿 X 轴和 Y 轴两个方向扫描，该方法适用于形状不规则与浓度不均匀的斑点。

薄层色谱的其他定量方法还包括目测比较法、测量面积法和洗脱测定法等。

（二）柱色谱法（CC）

较大量的简单脂质的分离可通过柱色谱完成。常用的吸附剂为硅胶、酸洗硅酸镁或硅酸镁等；常用的洗脱剂为正己烷和乙醚；洗脱方式为梯度洗脱。图 5-3 和图 5-4 是柱色谱分离简单脂质的效果图。从图中可以看出，采用不同极性的正己烷-乙醚混合溶剂进行梯度洗脱，可以使其中的烃、胆固醇酯、甘油三酯、甾醇、甘油二酯、甘油一酯得到有效分离。洗脱液的极性变化以及吸附剂的选择会影响到各个组分的分离效果，图 5-3 中胆固醇与甘油二酯没有分离开；而图 5-4 中它们基本分开。

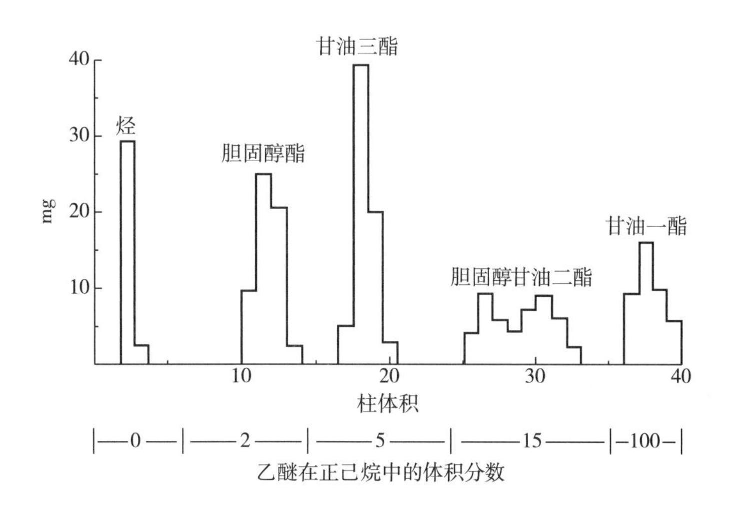

图 5-3　柱色谱分离简单脂质

柱规格：Φ1.5cm×20cm；硅胶：30g

游离脂肪酸可以采用乙醚-乙酸（98∶2，体积比）来洗脱收集。当大量的胆固醇

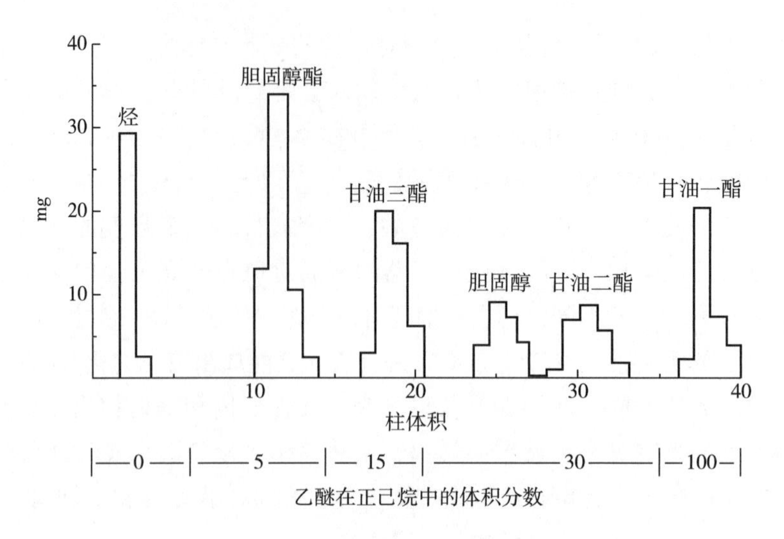

图 5-4 柱色谱分离简单脂质

柱规格：Φ1.5cm×20cm；硅酸镁：30g

酯、甘油三酯或甲酯必须从天然或合成的混合物中分离出来时（其他组分不用分离），可优先选用硅酸镁做吸附剂，必要时可加入 7%的水来实现最好的分离效果以及减少拖尾现象的发生。1g 的脂质能够在 20g 吸附剂的色谱柱上得到较快地分离。吸附剂可以通过甲醇、氯仿和正己烷多次洗涤后再利用。

（三）高效液相色谱法（HPLC）

简单脂质可以通过正相高效液相色谱来分离，并且其中的甘油一酯和甘油二酯可以用配有蒸发光散射检测器（ELSD）的高效液相色谱将洗脱液雾化成细小的雾滴，并通过蒸发器将这些雾状物中的溶剂全部蒸发掉，然后再经过一个光散射检测器来测定散射光的强度。最后根据散射光强度与组分浓度的关系式计算出被检测物的浓度。HPLC 不仅实现简单脂质的分离，并且可以在此基础上实现对简单脂质的分析，具体分析细节详见脂质的分析。

另外，采用 GC 色谱也可以将简单脂质中的胆固醇、甘油三酯、甘油二酯、甘油一酯、胆固醇酯等有效分离，但由于使用温度高，现在多用 HPLC、TLC、CC 等代替。

三、脂质的分析

脂质分离后需要进行脂质分析以确定分离后的脂质的组成和结构。

（一）薄层色谱法（TLC）

TLC 不仅是一种脂质分离方法，也是一种分析方法，主要体现在以下两点。

1. 定性鉴别简单脂质

一般的鉴别方法可采用标准样品法：在同一个薄层板上点待分析样品、各个标准样品或混合标准样品并在同一展开系统中展开，显色后定性。

2. 定量

要对 TLC 分离后的样品进行定量，目前多采用 TLC-FID、GC 分析以及薄层扫描仪等方法。

（二）高效液相色谱法（HPLC）

HPLC 在实现简单脂质分离的基础上，可以实现进一步的分析，以下是简单脂质的高效液相分离分析色谱图（图 5-5）。

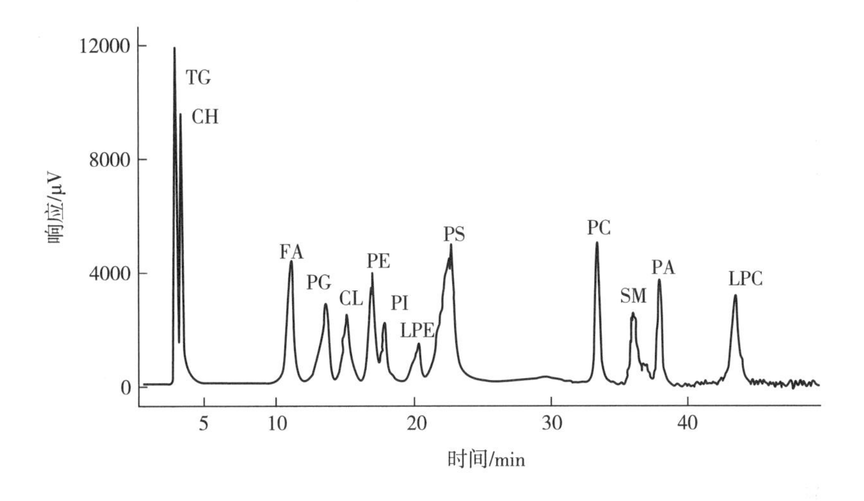

图 5-5 简单脂质的高效液相分离分析色谱图

TG—甘油三酯 CH—胆固醇 FA—脂肪酸 PG—磷脂酰甘油 CL—心磷脂 PE—磷脂酰乙醇胺 PI—磷脂酰肌醇 LPE—溶血磷脂酰乙醇胺 PS—磷脂酰丝氨酸 PC—磷脂酰胆碱 SM—鞘磷脂 PA—磷脂酸 LPC—溶血磷脂酰胆碱

（三）低分辨率核磁共振波谱法

低分辨率核磁共振波谱法原理是以氢原子在连续波低分辨率核磁共振波谱测定仪中所产生的核磁共振信号为依据，测定油料中液态有机物质的含量。待测样品预先已在（103±2）℃下干燥，同时考虑固体物质（油粕）的影响。

（四）X 射线吸收法

由于肉类的 X 射线吸收比脂肪高，通过建立 X 射线吸收值和脂肪含量（脂肪含量用标准溶剂萃取法测定）的标准曲线，就可用于快速测定肉及肉产品中的脂肪含量。AnlyRay 脂肪分析仪就是根据食品中不同组分的 X 射线吸收值，常常用于测定肉制品的瘦/肥比或脂肪含量（通常是新鲜牛排或猪肉）。此外，研究人员还针对生物电阻法以及双能 X 射线吸收法测量老年人脂肪率的结果进行了对比分析。结果显示，双能 X 射线吸收法具有更高的精度，且对身体组成及分布能做出定量的评价。

（五）介电常数测定法

食品的介电常数随油脂含量的变化而变化，例如，瘦肉的电流比肥肉大 20 倍。用标准溶剂萃取法测得的大豆油脂含量与电流减少量的线性回归，相关系数达到 0.98。当脂肪溶解在其中时，所选溶剂的介电常数发生变化。在用溶剂萃取样品并测量混合物的介电常数后，从标准图表确定脂质含量，并使用相应的图表显示在相同溶剂中不同量脂质的介电常数的变化。研究发现，经离心脱脂/调脂的生鲜牛乳的相对介电常数 ε'随着脂肪含量的增大而减小，两者之间存在明显的一元线性关系（$R^2=0.96$）。介质损耗因数 ε'随着脂肪含量的增大而减小，两者存在一元线性关系（$R^2=0.95$），且在低频段减小迅速。

（六）红外光谱测定法

近年来随着红外光谱技术的不断发展，其在油脂检测中被越来越多地应用。该方法相对于其他油脂检测方法，不需要对样品进行前处理，操作简单，并且分析速度较快。红外光谱法（IR）基于脂肪在波长为 5.73μm 处的红外吸收，吸光度越大，样品中脂肪含量越高。红外光谱用来测定如牛乳、肉、谷类和油籽中脂肪的含量，也可用于在线测定。

其次，对于油脂而言，红外光谱的每一个峰以及肩缝都代表其原子结构以及官能团的信息，如图 5-6 所示。研究人员使用傅里叶红外光谱法对油脂进行定量分析。CH_2 中脂肪链和 CH 基团伸缩振动区域有 3 个吸收峰，其中包括顺式双键 CH 基团吸收峰、CH_3 末端的吸收峰。在 $1000\sim1550cm^{-1}$ 吸收区域为油脂指纹区域，用来鉴定油脂类型。

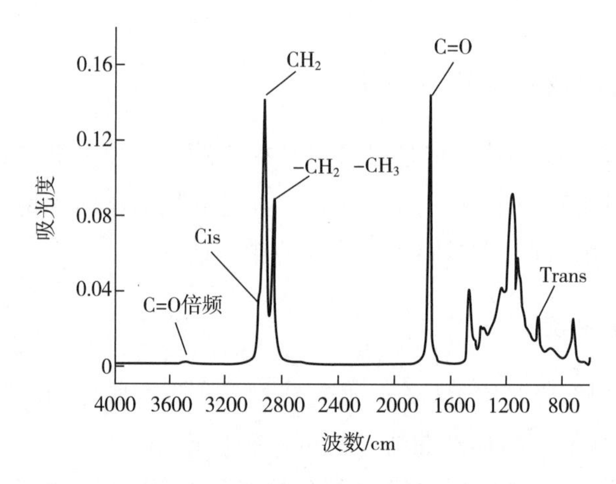

图 5-6　油脂衰减全反射红外光谱

（七）超声波法

超声波法测定脂肪含量的原理是利用高频声波与物质之间的相互作用来获取被测物质内部的物理化学性质。超声波法具有检测速度快、精度高、能自动操作等优点。目前超声波法在食品检测方面的研究大多集中在单组分液体。研究人员使用自主开发的超声波检测仪测定了牛乳中的脂肪含量，并使用 Matlab 软件进行拟合，结果显示预测值与实验值呈较好的线性关系，如图 5-7 所示。

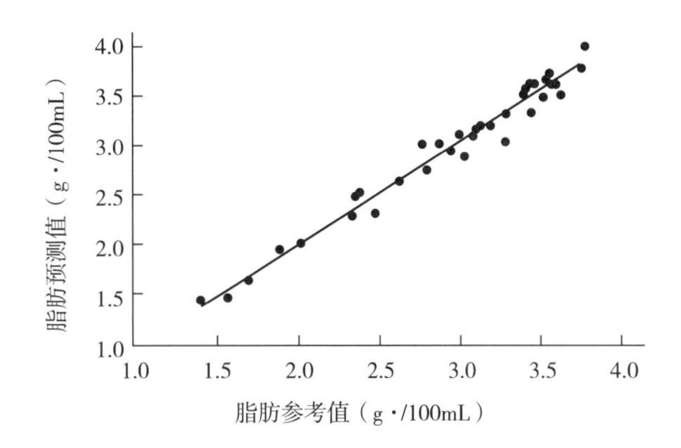

图 5-7　超声波检测牛乳中脂肪预测值与参考值的相关性

（八）比色分析法

利用溶液颜色的深浅变化测定物质含量的方法称比色分析法。随着测试仪器的发展，比色法从早期的目视比色过渡到分光光度法。分光光度法不仅适用于可见光区，还可扩展到紫外和红外光区。物质对光的吸收是比色法和分光光度法的基础，光的吸收定律（朗伯-比尔定律）则是定量测定的依据。分光光度法是借助分光光度计来测量一系列标准溶液的吸光度，绘制标准曲线，然后根据被测试液的吸光度，从标准曲线上求得被测物质的浓度或含量。分光光度法与目视比色法在原理上并不完全一样。分光光度法是比较有色溶液对某一波长光的吸收情况，目视比色法则是比较溶液透过光的强度。因可任意选取某种波长的单色光，利用吸光度的加和性，可同时测定溶液中两种或两种以上的组分。由于入射光的波长范围扩大了，许多无色物质，只要它们在紫外或红外光区域内有吸收峰，都可以用分光光度法进行测定。例如使用分光光度计法检测发酵液体中的脂肪含量，结果发现油脂含量与光密度（OD）之间存在良好的线性相关。

比色法也可采用显色剂与脂肪结合显色而测定样品中脂肪的含量。通过测定牛乳脂肪与异羟肟酸反应产生的颜色，可得到牛乳中的脂肪含量。根据所测得样品的吸光度，在吸光度与脂肪含量的标准曲线上确定其相应的脂肪含量，标准曲线中的脂肪含量由 Mojonnier 法测定。

（九）密度测定法

密度测定法根据样品中含油量与其密度之间的关系从而测定脂肪含量。但是此方法主要用于油籽中，其含油量与其密度之间具有良好的线性关系。油籽中的含油量可通过测定油籽的密度，从油籽密度与脂肪含量的线性回归曲线上得到，线性回归曲线中的脂肪含量由标准溶剂萃取法测得。

（十）FOSS-LET 法

FOSS-LET 法原理和操作方法是：试样与较大相对密度的抽提溶剂（四氯乙烯，相对密度 1.6311）一并装入仪器固定的金属筒中，密闭，开动振动装置使黄铜棒上下高速振动而捣碎试样，将捣成的糊状物，经压滤制得脂肪与溶剂混合液，将混合液置于测定室内，并在其中放一枚磁性浮子。因测定室外的上端有线圈，通电时可构成磁场，可使浮子浮起，调节仪器电流大小，即改变磁场强度，使浮子恰好浮起，所需电流越大，说明混合液相对密度越小，含油量越多。电流大小通过联动装置指示，可直接读出脂肪含量，此法测定速度很快，5~10min 可测一个样品，并且结果重现性好，但此法所用仪器价格昂贵，用样量大（50~100g），而且溶剂用量也大（120mL），成本很高。因为四氯乙烯有一定的毒性，且相对密度大，要求室内地板附近的墙壁上设置通风设备。

（十一）色谱-质谱联用法

近年来，随着色谱分离技术和质谱检测技术的不断进步，基于色谱-质谱联用的脂质分析技术在脂质分析中得到了广泛应用。该方法的常用平台主要可分为气相色谱-质谱联用（GC-MS）和液相色谱-质谱联用（LC-MS）两大类，前者主要用于检测以游离脂肪酸为代表的易挥发脂类成分，后者则可用于分析甘油酯、磷脂和鞘脂等脂类分子。

质谱作为核心检测器，其工作原理在于根据待测物质的分子离子或分子碎片离子的质量差异进行分离和检测，具体包括四极杆质谱（Q-MS）、离子阱质谱（IT-MS）、飞行时间质谱（TOF-MS）、傅里叶变换离子回旋共振质谱（FT-ICR-MS）和静电场轨道阱质谱（Orbitrap-MS）等类型。由于同分异构体和基质效应的存在，直接进行质谱分析的鸟枪法（shotgun）策略在复杂的食品基质中并不多见，所以前端的色谱分离在食品脂质分析中十分重要。

以液相色谱为例，在 C_{18} 色谱柱上建立的反相色谱体系是脂质分析最常用的方法，与质谱联用后可实现对脂肪酸分子、甘油酯分子、磷脂分子、溶血磷脂分子等常见脂质分子的检测（图 5-8）。

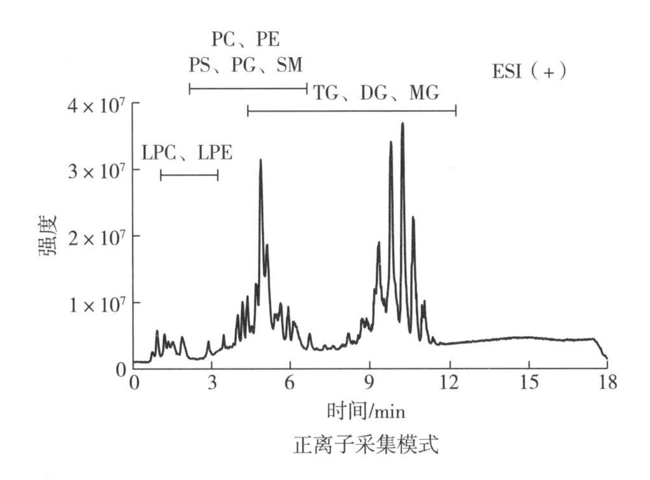

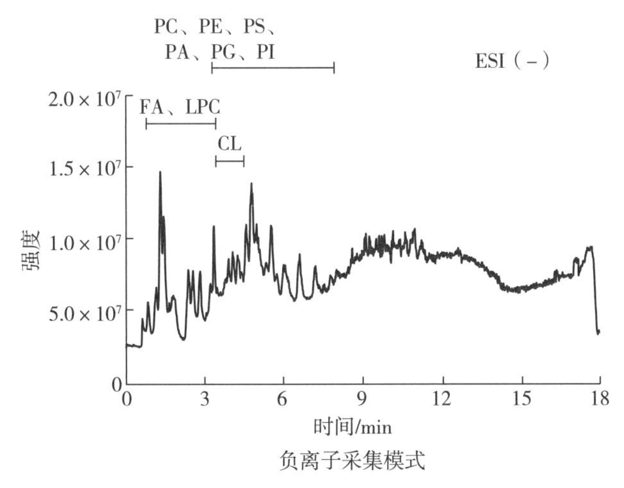

图 5-8　脂质的液相质谱联用法分析图

第二节　油脂基本理化性质分析

一、油脂基本物理性质分析

（一）油脂相对密度的测定

油脂的相对密度又叫比重，是油脂的一个重要的特征指标。用同一密度瓶在同一温度下，分别称量等体积的油脂和蒸馏水的质量，两者的质量比即为油脂的相对密度。在一定温度下，各种正常、纯净的油脂，其相对密度在一定范围内变化。相对密度是一个与密度直接有关的密度量，它没有单位，即是无量纲的值或量纲指数为零的量。

在液体和固体的相对密度计量中，通常采用某一温度下的纯水作为参考物质。若测量时使 V_2 与 V_1 相同，则根据相对密度定义，通过式（5-1）计算：

$$d = \frac{m_1}{m_2} \cdot \frac{V_2}{V_1} \tag{5-1}$$

式中 m_1——所测油脂质量；

m_2——同体积蒸馏水的质量；

V_1——被测物质的体积；

V_2——参考物质的体积。

因为 $V_1 = V_2$，所以，$d = \frac{m_1}{m_2}$。

（二）油脂和脂肪酸熔点的测定

油脂和脂肪酸熔点的测定原理为油脂的熔点是油脂从固态转变为液态时观察到的温度，也就是固态和液态的蒸气压相等时的温度。每种油脂都有固定的熔点范围，它是油脂的一种特性指标。通过测定熔点，可以鉴别不同油脂。

（三）油脂凝固点（脂肪酸冻点）的测定

凝固点是指物质由液态转为固态时的临界温度，不同物质具有不同的凝固点，结晶性物质的凝固点是该物质纯度的重要标志。在进口工业用牛羊油品质检验中，其脂肪酸凝固点是一项很重要的检测指标。

油脂凝固点测定的原理是试样用氢氧化钠溶液皂化，将皂化液溶于水，加盐酸中和，用热蒸馏水洗涤分离出的脂肪酸，过滤并烘干，备用。熔化制备的脂肪酸，持续搅拌降温，观察温度变化。当温度下降受阻时，温度将突然回升并再度下降，记录再度下降前所达到的最高温度，即为脂肪酸凝固点。

（四）油脂色泽的测定

油脂色泽是油脂中各种色素的综合体现，是油脂质量评价的依据之一，常用来作为油脂精炼的基本准则和煎炸前后油脂状况的指标。随着油脂品质的劣变，其色泽加深。目视比较油脂的颜色已经持续了几十年，而且这种方法需要有熟练的经验和较高的素质，并且受环境因素的影响。目前常用的油脂色泽的测定方法有目视法、重铬酸钾法和罗维朋比色法。其中，罗维朋比色法为国际上通用的检验方法。

油脂色泽测定的原理是在同一光源下，由透过已知光程的液态油脂样品的光的颜色与透过标准玻璃色片的光的颜色进行匹配，用罗维朋色值表示其测定结果。

（五）油脂黏度的测定

油脂黏度是油脂最常见的指标之一，可以通过黏度得知其可塑性、品质等一系列性质。目前油脂黏度的测定主要通过快速黏度分析仪进行测定，使用最多的是 RVA 系列黏度测定仪。除了测试仪器转速，油脂的黏度还跟测试温度、测试时间等因素有关。

（六）油脂折光指数的测定

折光指数即一定波长的光线在真空中的传播速度与其在该介质中传播速度的比率。油脂的折光指数在掺伪检测、品质鉴定等方面十分有意义。油脂折光指数测定的原理是在规定温度下，用折光仪测定液态试样的折光指数。

（七）固体脂肪含量的测定

固体脂肪指数是油脂重要的指标之一。当固体含量少时，脂肪容易熔化；当固体含量高时，脂肪脆性增加。天然的油脂在常温下一般都为固体油脂和液体油脂的混合物。固体脂肪含量（SFC）是可可油、人造黄油、黄油等常规测量指标，是脂肪在不同温度下的熔融以及硬度性能指标。熔融和硬度性能对口感、香味以及涂抹性能有很大影响。

固体脂肪含量测定的原理是固液两相的物理存在结构不同，反映在核磁共振信号上则表现出不同的弛豫时间。一般塑性脂肪在 P-NMR 测试中信号与时间的关系如图 5-9 所示。

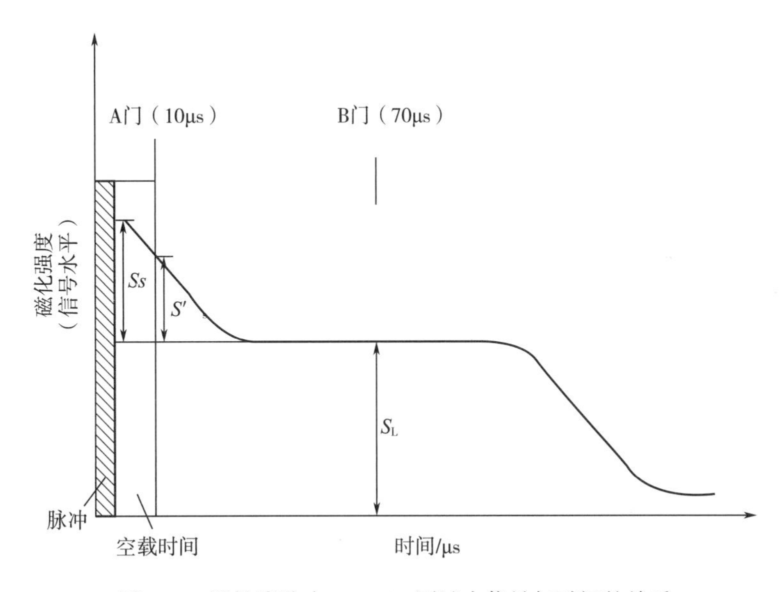

图 5-9 塑性脂肪在 P-NMR 测试中信号与时间的关系

图 5-9 中 S_S 为固体粒子信号，S_S'为固体粒子空载时间后的衰减信号，至 70 μs 后即变为液体油脂的信号（S_L），因此固体脂肪的含量可由式（5-2）计算：

$$SFC = \frac{S_S}{S_S + S_L} \times 100\% \tag{5-2}$$

由于固体粒子的自旋，自旋弛豫时间很短，仪器无法记录下来，因此 S_S 无法测定下来。仪器能够记录的是大约 10 μs 以后的信号，这一段时间叫空载时间（dead time），一般仪器的空载时间为 7~10 μs。S_S 和 S_S'的关系可用校正因子 f 联系起来，f 主要由仪器和油脂特征所决定，可通过标准样品进行测定，因此 SFC 可按式（5-3）计算：

$$SFC = \frac{f \cdot S_S'}{f \cdot S_S' + S_L} \times 100\% \tag{5-3}$$

二、油脂基本化学性质分析

（一）油脂定性分析

油脂的掺假一般可分为两种，即偶然性的和蓄意性的。随着商品经济流通市场的发展，在当前形势下，少数不法分子蓄意性地掺伪可能性较大，即将价格较低的油脂掺入到价格相对较高的油脂中，以获取暴利。所以当前迫切需要各种特效的油脂定性方法，以适应社会的需要。在食用油脂中掺假不但会影响油脂纯度等性质，给人们带来不良口感，严重时甚至会产生毒副作用，影响人体的健康，如桐油、矿物油等。因此，对油脂进行掺伪检测以及定性分析十分重要。一般来说，食品的掺伪检测主要包括对油脂种类的鉴别，防止以次充好的情况发生；对油脂是否掺伪以及掺伪量进行检测，以防止不合格产品流入市场。目前，对油脂掺伪的检测主要通过感官性质以及理化性质进行。感官性质方面主要包括对油脂色泽、气味、透明度、滋味等指标的检测；理化性质方面主要包括对油脂碘值、凝固点、折射率以及各种伴随物的检测。

油脂的常规定性分析比较简单。油脂折射率是油脂定性分析的一个常见指标，油脂折射率往往受油脂相对分子质量、不饱和度等因素的影响。一般来说，每种油脂都有其对应的折射率范围。如果检测过程中发现该油脂与其特有折射率范围不符，则有可能会出现掺伪。常见油脂的折射率$n_D^{20℃}$范围大致如表 5-1 所示。

表 5-1　各种油脂折光指数（20℃）范围

油脂种类	折光指数
花生油	1.4695~1.4720
大豆油	1.4720~1.4770
菜籽油	1.4710~1.4755
棉籽油	1.4690~1.4750
芝麻油	1.4692~1.4791
玉米油	1.4700~1.4740
米糠油	1.4710~1.4730
葵花籽油	1.4740~1.4760
油茶籽油	1.4671~1.4720
亚麻籽油	1.4780~1.4840
橄榄油	1.4460~1.4680
桐油	1.5185~1.5225
棕榈油	1.4560~1.4590

不同种类油脂的凝固点也有显著区别，这一性质也可以作为油脂定性分析的一个辅助手段。例如，花生油中掺杂棕榈油，可以很容易地通过这种方式进行判断。皂化值和碘值也可以作为油脂品种判定的一个判断标准，例如菜籽油的皂化值（170~179）显著低于一般油脂（180~200）。因此，油脂中掺杂菜籽油可以通过这种方式判断。需要说明的是，通过这些手段可以对油脂定性分析有一定帮助，但是由于天然油脂加工以及原料来源的不同都会导致这些指标的变化，因此需要做全面对比，以及多方面综合考量。此外，在对油脂定性分析的时候，通常还需要对掺伪成分进行定量分析。目前主要采取的方法有油脂的结构分析以及油脂特定组分的测定等方法。例如，当油脂中掺杂棕榈油时，可以通过棕榈酸的含量对掺伪进行定量分析。此外，可以通过对亚麻酸含量进行检测，并结合大豆油定性分析方面的综合因素，对油脂中大豆油掺伪含量进行检测。Halphen 试验是棉籽油定性检验方法，主要反映油脂中环丙烯酸的存在和含量。但是，环丙烯酸在氢化等条件下能被破坏，因此这一试验并不是绝对的。另外，动物食用棉籽油或饼较多时，该动物油脂中也会有 Halphen 反应。Baudouin 试验是芝麻油定性实验，主要反映油中芝麻酚和芝麻酚林的存在。Evers 试验是花生油鉴定实验，用于反映其中长链饱和脂肪酸主要是 $C_{20:0}$、$C_{22:0}$ 和 $C_{24:0}$ 的存在（7%左右）。Crismer 值是一个纯度鉴别实验，根据不同油脂中脂肪酸在特定溶剂中完全溶解的温度不同，鉴别油脂纯度。

GB/T 5539—2008《粮油检验　油脂定性试验》中对植物油脂定性试验的术语和定义、仪器设备、试验步骤和结果判定方法进行了规定。该标准适用于桐油、蓖麻油、亚麻油、矿物油、大豆油、花生油、芝麻油、棉籽油、菜籽油、植物油、猪脂、油茶籽油、大麻籽油的定性或检出试验。

（二）油脂皂化值的测定

油脂皂化值指皂化 1g 油脂中的可皂化物所需氢氧化钾的质量，单位为 mg/g。可皂化物一般含游离脂肪酸及脂肪酸甘油酯等。皂化值的大小与油脂中所含甘油酯的化学成分有关。一般油脂的相对分子质量和皂化值的关系是：甘油酯相对分子质量越小，皂化值越高。另外，若游离脂肪酸含量增大，皂化值随之增大。油脂的皂化值是指导肥皂生产的重要数据，可根据皂化值计算皂化所需碱量、油脂内的脂肪酸含量和油脂皂化后生成的理论甘油量三个重要数据。

油脂皂化值测定的原理是利用酸碱中和法，将油脂在加热条件下与过量的氢氧化钾-乙醇溶液进行皂化反应。剩余的氢氧化钾以酸标准溶液进行反滴定，并同时做空白试验，求得皂化油脂耗用的氢氧化钾量。

（三）油脂碘值的测定

碘值（iodine value，IV）是表示有机化合物不饱和程度的一种指标，指 100 g 物质中所能吸收（加成）碘的克数。主要用于油脂、脂肪酸、蜡及聚酯类等物质的测定。

不饱和程度越大，碘值越高。干性油的碘值大于非干性油的碘值。

油脂碘值测定的原理是将油脂试样溶于环己烷和冰乙酸溶剂中，加入韦氏（Wijs）试剂反应一定时间后，加入碘化钾和水，用硫代硫酸钠溶液滴定析出的碘。

（四）油脂羟基值的测定（乙酰化方法）

羟基值即 1 g 油脂乙酰化后再进行水解，中和生成的乙酸需用的氢氧化钾毫克数，单位为 mg KOH/g 油。它是表示油脂中羟基物质含量大小的指标，如果羟基值升高，说明油脂发生酸败，因为甘油三酯水解能生成甘油二酯和甘油一酯，在氧化酸败过程中会生成羟基酸，所以新鲜食用植物油的羟基值都很低。同时，储存保管对羟基值也有影响。如果受热、受潮、受焐，能发生氧化、分解、聚合等一系列变化，而使羟基值下降，同样也影响测定，实验的重复性较差。

油脂羟基值测定的原理是含羟基的油脂试样与一定量的乙酸酐反应，水解过量的乙酸酐后，用氢氧化钾-乙醇标准溶液滴定生成乙酸，同时做空白试验。根据空白与试样消耗氢氧化钾质量的差值来计算羟基值的大小。

（五）油脂中磷脂含量的测定

磷脂是脂溶性物质，在制油工艺中很容易进入油脂中。随着制油工艺的不同，磷脂在油脂中的溶解度也不同。料坯温度高，所得油脂中磷脂含量较高。油脂中磷脂含量多时，经加热后则产生絮状沉淀物，并使油色变深。故从食用角度考虑，油脂中必须除掉磷脂，否则影响油炸食品或菜肴的色泽和风味。另外它又是亲水性物质，能使油脂中水分增多，促使油脂水解和酸败，降低储藏性能。目前磷脂含量作为鉴定油品的一项重要品质指标。

油脂中磷脂含量测定的原理是植物油中的磷脂经灼烧成为五氧化二磷，被热盐酸变成磷酸，遇钼酸钠生成磷钼酸钠，用硫酸联氨还原成钼蓝，用分光光度计在波长 650 nm 下测定钼蓝的吸光度，与标准曲线比较，计算其含量。

（六）油脂中不溶性杂质的测定

在规定条件下不溶于正己烷或石油醚的外来杂质，用质量百分率表示，称作不溶性杂质含量。这些杂质包括机械杂质、矿物质、碳水化合物、含氮化合物、各种树脂、钙皂、氧化脂肪酸内酯和部分碱皂、羟基脂肪酸及其甘油酯等。

油脂中不溶性杂质测定的原理是正己烷或石油醚处理试样部分，对所得溶液进行过滤。然后，用同样的溶剂冲洗滤器和残留物，在（103±2）℃下干燥，并称重。

（七）脂肪酸组成的分析

在油脂脂肪酸组成分析中，使用最普及的分析法有气相色谱法、高效液相色谱法、红外光谱法、质谱法以及联用（气相色谱-红外光谱，气相色谱-质谱）法。红外光谱及质谱起着鉴定器的作用，如红外吸收光谱可以方便地鉴定官能团。在质谱中采用大气压化学离子源（APCI）可以方便地用于极性、难挥发性化合物的离子化，通过电喷雾电离、APCI 谱图可获得平均相对分子质量及相对分子质量分布信息。通过这些仪器的分离鉴定，不仅对油脂、脂肪酸及其衍生物能进行定性定量分析，而且可以对其分子结构、相对分子质量或官能团等进行鉴别。

采用气相色谱法对食品中脂肪酸组成进行分析，其测定原理为将试样所含油脂进行皂化，所得的脂肪酸经甲酯化后，用石油醚或正己烷提取。在一定的条件下，利用样品中各组分在色谱柱中流动相和固定相的分配系数不同来达到样品的分离。与标准品进行比较，以保留时间进行定性，以峰面积进行定量。

（八）反式脂肪酸组分的分析

反式脂肪酸（trans-fatty acid，TFA）是不饱和脂肪酸的一种，是至少含有一个反式构型双键的不饱和脂肪酸的总称。一般天然食用油脂中反式脂肪酸的含量很低，但是个别植物油和反刍动物体内含有一定量的反式脂肪酸。另外，油脂加工的过程会促使顺式脂肪酸向反式脂肪酸转化。例如油脂氢化过程中有时会出现 40%~59%的反式脂肪酸；脱臭过程也会出现 0.2%~2%的反式脂肪酸等。研究表明，大量食用含有反式脂肪酸的食物会加速动脉硬化，容易导致心血管疾病、糖尿病等疾病。国际组织及世界各国纷纷采取相关措施降低或限制食品中的反式脂肪酸含量。因此对食品中反式脂肪酸含量测定方法的研究，了解、分析我国居民的摄入状况具有较大的理论和应用价值。

反式脂肪酸的检测分析方法主要包括：气相色谱法（GC）、红外光谱法（IR）、银离子薄层色谱法、高效液相色谱法（HPLC）等。其中红外光谱快速检测法和气相色谱法作为官方标准检测方法广泛应用于脂质生产和加工过程中。

1. 红外光谱法测定孤立（非共轭）反式脂肪酸

其原理是将油脂试样或试样经石油醚提取所得的脂肪直接用配有氘化三甘氨酸硫酸酯（DTGS）检测器和水平衰减全反射（HATR）附件的傅里叶变换红外光谱仪测定。根据反式脂肪酸标准曲线校正，计算样品中反式脂肪酸在总脂肪中所占的百分比含量。

2. 气相色谱法测定反式脂肪酸及其异构体

其原理是将动植物油脂试样或经酸水解法提取的食品试样中的脂肪，在碱性条件下与甲醇进行酯交换反应生成脂肪酸甲酯，并在强极性固定相毛细管色谱柱上分离。用配有氢火焰离子化检测器的气相色谱仪进行测定，用面积归一化法定量。

（九）油脂中甘油三酯组成分析

甘油三酯是油脂的重要组成部分，也是含量最多的一类脂质。由于甘油三酯含有较多的同分异构体，各种同分异构体之间结构类似、性质相近，对其定性、定量分析都有一定的难度。油脂中脂肪酸组成非常复杂，因此甘油三酯同分异构体更多，分离分析的难度高。其中反相高效液相色谱是检测甘油三酯的最常用的官方标准分析方法。

反相高效液相色谱法是基于甘油三酯分子的碳原子数和饱和度的不同而在色谱柱中具有不同的保留时间，从而实现不同甘油三酯分子的分离和定性、定量分析。其中，当量碳数（equivalent carbon numbers，ECN）是甘油三酯分子碳原子数和不饱和度的函数，该当量碳数（ECN）有时也被称为分配数。ECN = CN − 2*n*。其中，CN 表示甘油三酯分子的碳原子数，*n* 表示甘油三酯分子中双键的个数。其操作方法有示差检测器法、UV−检测器法和质量检测器法（蒸发光散射检测器）。

（十）甘油三酯中脂肪酸位置分布的分析

油脂中的脂肪酸碳链的长度、双键数目、双键位置以及双键的构型是影响其营养价值的重要因素。脂肪酸在甘油三酯中的分布位置，决定了甘油三酯在体内的吸收代谢情况，并对其营养价值具有重大影响。可用以下方法分析甘油三酯中脂肪酸位置的分布。

1. 甘油三酯区域特异性分析的化学方法

化学法分析甘油三酯区域特异性的原理是：目标甘油三酯被胰脂肪酶或格利雅（Grignard）试剂部分降解，然后将所得的部分酰基甘油通过薄层色谱分离。根据分离的 *sn*−1（3）、2−DAG（α，β−DAG）或 *sn*−2 甘油一酯（β−MAG）的脂肪酸组成确定脂肪酸分布。后来有研究人员指出烯丙基溴化镁作为格氏试剂或胰脂肪酶优于乙基溴化镁，其准确性和标准偏差均较小。目前最好的方法是对 *sn*−2 位置的脂肪酸进行直接测定，而对于 *sn*−1（3）位的脂肪酸组成则通过这个公式：1.5×TAG−0.5×2−MAG 计算获得。

此外，研究人员认为，根据格氏试剂降解回收得到的 α−MAG 直接测定 α−位置的脂肪酸组成比通过公式（3×TAG）−（2×α−MAG）进行计算，具有更高的精度。这是因为 β−MAG 被从 α 位置迁移的脂肪酸所污染，并且由于技术限制，无法通过薄层色谱精确分离 α，β−甘油二酯或 β−MAG。α−MAG 的分馏最简单、最精确，因为它的 *Rf* 比其他部分酰基甘油低，具体过程如图 5−10 所示。

2. 甘油三酯立体特异性分析的化学方法

甘油三酯的立体特异性分析即分别确定 *sn*−1、*sn*−2 和 *sn*−3 位置的脂肪酸组成。根据 Brockerhoff 等开发的方法，甘油三酯可以被胰腺脂肪酶部分水解，从而获得 1,2−甘油二酯和 2,3−甘油二酯。它们分别化学转化为 1,2−磷脂酰苯酚和 2,3−磷脂酰苯酚。然后，磷脂酶 A_2 在 *sn*−2 位置选择性水解 1,2−甘油二酯。基于释放的脂肪酸确定在 *sn*−2 处的脂肪酸组成，而根据所得的 1−酰基−2−羟基−磷脂酰苯酚确定在 *sn*−1 处的脂肪酸组成。通过计算从甘油三酯的总脂肪酸组成中减去 *sn*−1 和 *sn*−2 处的脂肪酸，可以估算出 *sn*−3 处的脂肪酸组成。对这一过程进行进一步改进后，使用 Grignard 替代胰脂肪酶完成甘油三酯的水解，以避免其脂肪酸选择性方面的问题。此外，随着高效液相色谱法技术的不断改进，可以实现甘油一酯和甘油二酯对映体的分离。

高效液相色谱法技术的最新发展实现了甘油一酯和甘油二酯对映体的分离。Itabashi 等报道了由 3,5−二硝基苯基异氰酸酯衍生化后由格氏试剂生成的 *sn*−1−甘油一

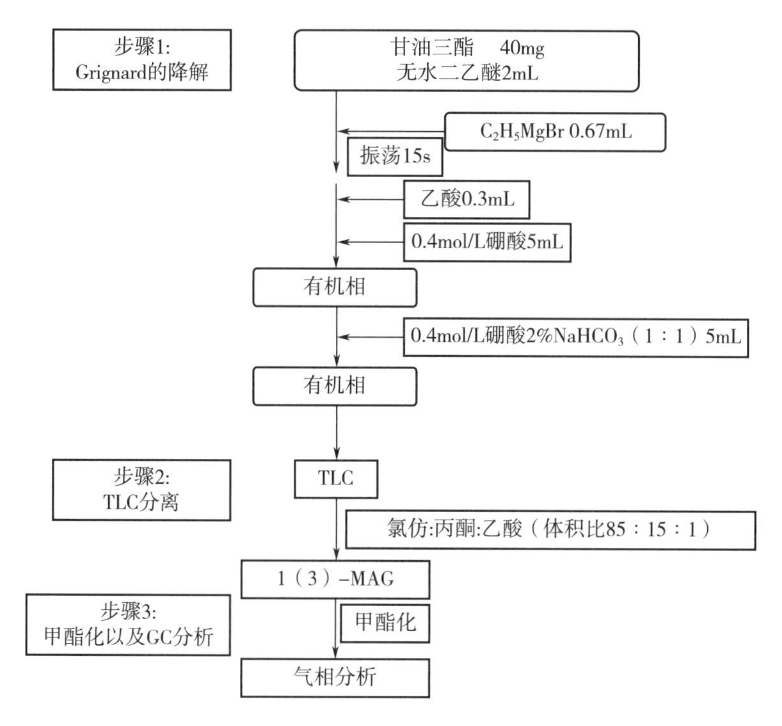

图 5-10　基于 α-MAG 的甘油三酯区域特异性化学分析

酯和 *sn*-3-甘油一酯的手性高效液相色谱法拆分。所得 *sn*-1 和 *sn*-3-甘油一酯的二硝基苯基氨基甲酸酯（DNPU）衍生物在手性高效液相色谱法上分别洗脱，仅取决于酰基的位置，而不取决于包含甘油一酯的每个异构体的脂肪酸。将每个 *sn*-1 和 *sn*-3-甘油一酯馏分甲基化并进行气相色谱法分析，以确定甘油三酯中脂肪酸的立体定向分布。此外，通过手性高效液相色谱法实现了 1,2-DAG 和 2,3-DAG DNPU 衍生物的拆分。

3. 甘油三酯区域特异性分析的酶法分析

甘油三酯的脂肪酸区域特异性分析还可以通过酶法分析进行，猪胰脂肪酶具有 *sn*-1（3）位置选择性，通过对 *sn*-1（3）未知的脂肪酸水解，而实现甘油三酯中 *sn*-2 位脂肪酸的分析。其可分为以下几个步骤，如图 5-11 所示。

4. 直接分析法

前面描述的所有方法都需要多个实验步骤，包括以任何方式部分降解甘油三酯，分离所得分子种类以及脂肪酸的组成分析。相反，使用 HPLC-MS、NMR 和手性 HPLC 可以直接分析甘油三酯（直接分析法有一定限制）。在甘油三酯的 HPLC-MS 分析中，大气压化学电离（APCI）方法或电喷雾电离方法已得到广泛应用。通常，甘油三酯被离子化以产生加合物种类，例如质子化的加合物 $[M+H]^+$、铵加合物 $[M+NH_4]^+$ 和钠加合物 $[M+Na]^+$。甘油三酯进一步在离子源处释放一个酰基，形成甘油二酯离子 $[M-RCOO]^+$。在此，*sn*-1,3 位的酰基容易释放。甘油三酯区域异构体的比例可以根据检测到的甘油二酯异构体离子的比例进行估算。使用 HPLC-MS 技术可确定由蓖麻油和雷斯克勒油组成的大多数分子种类，这些分子富含羟基脂肪酸，并可明确脂肪酸在这些油中的区域分布。

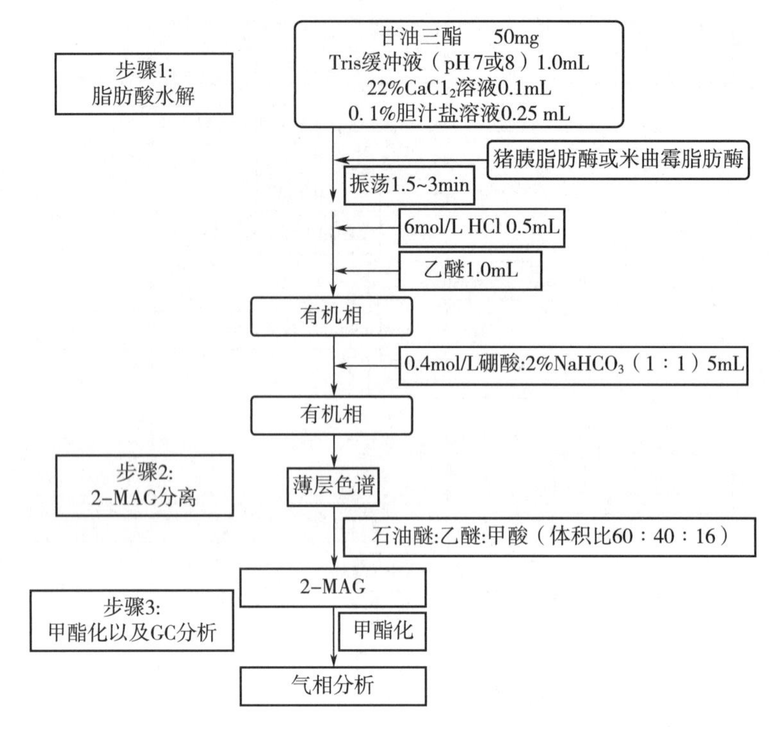

图 5-11 通过酶水解对不含短链脂肪酸和多不饱和脂肪酸的甘油三酯进行区域特异性分析

与需要复杂操作且每个样品需要较长分析时间的 HPLC-MS 分析相比，通过^{13}C NMR 进行的无损分析速度快，也是甘油三酯分析的方法之一。在^{13}C NMR 波谱上，甘油骨架上羰基碳的化学位移因 *sn*-1,3 位置和 *sn*-2 位置而异。例如，在鱼油中，信号按以下顺序从高磁场到低磁场出现：*sn*-2 位置的二十二碳六烯酸（DHA）、*sn*-1,3 位置的 DHA、在 *sn*-2 位置的二十碳五烯酸（EPA）、在 *sn*-1,3 位置的 EPA。根据积分值的比率，可以计算 DHA 或 EPA 在 *sn*-1,3 和 *sn*-2 位置上的分布。沙丁鱼油的典型图谱如图 5-12 所示。

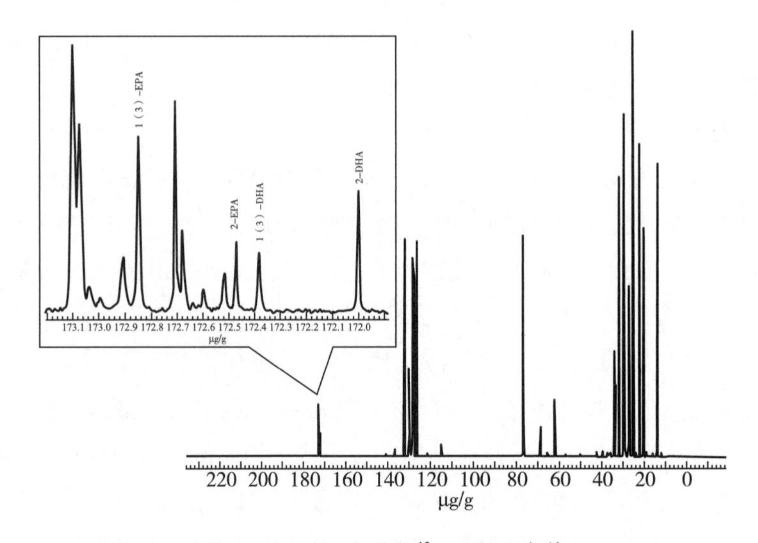

图 5-12 沙丁鱼油的^{13}C NMR 波谱

最近，随着新技术的不断研发，甘油三酯对映体的直接拆分也被陆续报道。研究人员通过正相色谱联合手性 HPLC 色谱柱实现了 sn-DC_8C_8/sn-C_8C_8D 和 sn-EC_8C_8/sn-C_8C_8E 的拆分，其中 C_8 表示辛酸，E 表示 EPA，D 表示 DHA。此后，随着 HPLC 技术的进一步改进，天然油脂中甘油三酯位置异构体和对映异构体的直接分离也被开发出来。研究人员通过手性 HPLC/APCI-MS 方法，使用两个纤维素-三（3,5-二甲基苯基氨基甲酸酯）色谱柱，并以己烷为流动相进行梯度洗脱，实现了所有含有 1~8 个双键和不同脂肪酰基链长度的甘油三酯对映体的拆分。并通过该方法，测定了榛子油和人血浆样品中甘油三酯区域异构体和对映异构体的组成。通过在二十八烷基（C_{28}）柱上进行反相高效液相色谱法分析，获得了天然油中位置异构体的分离度。所得组分通过配备再循环系统的手性高效液相色谱法进一步处理，以分离甘油三酯的对映异构体，包括棕榈油、鱼油和海洋哺乳动物油。

第三节　油脂氧化酸败的测定方法

油脂氧化是导致含油脂食品发生品质变化的重要原因，油脂氧化产生的各种有害物质会严重影响人体健康。油脂在加工和储藏期间，受氧、光、水、热、微生物等的作用会逐渐水解或氧化而变质酸败，还产生明显的“哈喇味”。氧化酸败是一系列复杂的化学反应过程，油脂氧化过程中先生成氢过氧化物（初级氧化产物）。氢过氧化物首先被分解为羟基游离基和烷氧基，烷氧基进一步反应生成醛、酮、醇、酯类、烃类和多聚体等物质。油脂氧化酸败速率与其不饱和双键数量密切相关，油脂中不饱和双键含量越高，即不饱和程度越高，越易氧化，常见如油酸、亚油酸、亚麻酸、花生四烯酸等。氧化酸败的主要方式包括：自动氧化、酶氧化和光敏氧化。油脂氧化产物可以通过化学法和物理法进行测定，针对不同的监测对象，所使用的检测技术也不同。应针对不同的检测目的，选择恰当的检测方法对油脂氧化程度进行评价。

一、油脂酸价的测定

油脂酸价亦称“油脂酸值”，是油脂中游离脂肪酸含量的标志，是检验油脂质量的重要指标，以中和每克油中游离脂肪酸所需氢氧化钾的毫克数表示。油脂中的游离脂肪酸的含量多，则酸价高，品质差；含量低，则酸价低，品质好。因此可以通过测定酸价判定油脂的新鲜程度等。

油脂的酸败主要体现在油脂的酸价上，新鲜的油脂酸价低，经过一段时间的储存，酸价易于增高。如发现酸价高于标准，应立即采取措施进行处理。我国市场供应的食用油脂（菜籽油、花生油、大豆油）的酸价规定为：一级油不超过 1mg KOH/kg 油，二级油不超过 41mg KOH/kg 油，精炼榴籽油不超过 1mg KOH/kg 油。油脂中的酸价的测定主要参考标准 GB 5009.229—2016《食品安全国家标准　食品中酸价的测定》中规定执行，即冷溶剂指示剂滴定法、冷溶剂自动电位滴定法和热乙醇指示剂滴定法三种。

（一）冷溶剂指示剂滴定法

冷溶剂指示剂滴定法原理是用有机溶剂将油脂试样溶解成样品溶液，再用氢氧化钾或氢氧化钠标准滴定溶液中和滴定样品溶液中的游离脂肪酸。以指示剂相应的颜色变化来判定滴定终点，最后通过滴定终点消耗的标准滴定溶液的体积计算油脂试样的酸价。

（二）冷溶剂自动电位滴定法

冷溶剂自动电位滴定法原理是从食品样品中提取出油脂（纯油脂试样可直接取样）作为试样，用有机溶剂将油脂试样溶解成样品溶液，再用氢氧化钾或氢氧化钠标准滴定溶液中和滴定样品溶液中的游离脂肪酸。同时测定滴定过程中样品溶液 pH 的变化并绘制相应的 pH-滴定体积实时变化曲线及其一阶微分曲线，以游离脂肪酸发生中和反应所引起的“pH 突跃”为依据判定滴定终点，最后通过滴定终点消耗的标准溶液的体积计算油脂试样的酸价。

（三）热乙醇指示剂滴定法

热乙醇指示剂滴定法原理是将固体油脂试样同乙醇一起加热至 70℃ 以上（但不超过乙醇的沸点），使固体油脂试样熔化为液态。同时通过振摇形成油脂试样的热乙醇悬浊液，使油脂试样中的游离脂肪酸溶解于热乙醇。再趁热用氢氧化钾或氢氧化钠标准滴定溶液中和滴定热乙醇悬浊液中的游离脂肪酸，以指示剂相应的颜色变化来判定滴定终点，然后通过滴定终点消耗的标准溶液的体积计算样品油脂的酸价。

需要注意的是测定油脂酸败需要根据试样的不同类型进行不同的预处理，通常分为食用油脂、植物油料与含油食品三种类型。

二、油脂过氧化值的测定

油脂中的过氧化值的测定方法主要参考标准 GB 5009.227—2016《食品安全国家标准　食品中过氧化值的测定》。而在实际操作过程中，过氧化值测定方法又可以分为滴定法与电位滴定法两种。

（一）滴定法

滴定法原理是制备的油脂试样在三氯甲烷和冰乙酸中溶解，其中的过氧化物与碘化钾反应生成碘，用硫代硫酸钠标准溶液滴定析出的碘。用过氧化物相当于碘的质量分数或 1kg 样品中活性氧的毫摩尔数表示过氧化值的量。

（二）电位滴定法

电位滴定法原理是制备的油脂试样溶解在异辛烷和冰乙酸中，试样中过氧化物与碘化钾反应生成碘，反应后用硫代硫酸钠标准溶液滴定析出的碘，用电位滴定仪确定滴定终点。用过氧化物相当于碘的质量分数或 1kg 样品中活性氧的毫摩尔数表示过氧化值的量。

需要注意的是测定油脂过氧化值也需要根据试样的不同类型进行不同的预处理，通常分为动植物油脂与油脂制品两大类型。而油脂制品由于种类较多，又可细分为：①人造奶油；②食用氢化油、起酥油、代可可脂；③以动物性食品为原料经速冻、干制、腌制等加工工艺而制成的食品；④以小麦粉、谷物、坚果等植物性食品为原料，经油炸、膨化、烘烤、调制、炒制等加工工艺而制成的食品四种类型。

三、油脂 2-硫代巴比妥酸值的测定

油脂中 2-硫代巴比妥酸值的测定方法主要参考标准 GB/T 35252—2017《动植物油脂 2-硫代巴比妥酸值的测定　直接法》。油脂 2-硫代巴比妥酸值测定的直接法，又称 TBA 值测定法，其原理是油脂中不饱和氧化脂肪酸氧化产物中的丙二醛能与硫代巴比妥酸作用生成粉红色缩合物，该物质在 538nm 处具有最大吸收峰。利用此性质可测出油样中的丙二醛含量，用于评价油脂氧化酸败的程度。2-硫代巴比妥酸值是指 1mg 试样与 1mL 2-硫代巴比妥酸试剂反应，在 530nm 波长下测得的吸光度。反应式如下：

$$CHOCH_2CHO + 2SH-C_4HN_2(OH)_2 \xrightarrow[-H_2O]{OH^-} S-C_4N_2(OH)_2-CH_2-CH=CH-C_4N_2(OH)_2$$

油脂 2-硫代巴比妥酸值的测定需要根据 GB/T 15687—2008《动植物油脂　试样的制备》制备试样。

四、油脂 *p*-茴香胺值的测定

我国尚未制定食用油脂中的 *p*-茴香胺值的测定标准，可参阅 ISO 6885—2006，AOCS Cd-18-9（1997）等方法进行检测。

p-茴香胺值是指溶解于 100mL 混合溶剂或试剂的 1.0g 油样在 350nm 处的吸光度的 100 倍。利用油脂氧化分解产物中的不挥发性的 α-或 β-不饱和醛类（主要是 2-直链烯醛）在乙酸存在的条件下，与 *p*-茴香胺试剂发生缩合反应，然后在 350nm 处测定其缩合生成物的吸光度即可计算 *p*-茴香胺值。反应式如下：

$$R-CH=CH-\overset{\overset{O}{\|}}{C}-H+H_2N-\langle\bigcirc\rangle-OCH_3 \xrightarrow{-H_2O} R-CH=CH-\underset{H}{C}=N-\langle\bigcirc\rangle-OCH_3$$

而油脂中 p-茴香胺值的测定需要根据 GB/T 15687—2008《动植物油脂　试样的制备》制备试样。

五、油脂中聚合物和极性化合物的测定

油脂中聚合物的测定方法参考 GB/T 26636—2011《动植物油脂　聚合甘油三酯的测定　高效空间排阻色谱法（HPSEC）》与 GB/T 22480—2008《动植物油脂　聚乙烯类聚合物的测定》中的规定方法进行。油脂中的极性化合物主要参考 GB 5009.202—2016《食品安全国家标准　食用油中极性组分（PC）的测定》中的规定方法进行。下面主要介绍聚合甘油三酯的测定。

油脂中聚合物测定的原理是将样品溶解于四氢呋喃后，在装填有凝胶的色谱柱上，根据相对分子质量的大小将聚合甘油三酯分离，利用示差折光检测器检测其组分。聚合甘油三酯的含量以提取的所有酰基甘油酯（甘油三酯、聚合甘油三酯、甘油二酯和甘油一酯）的峰面积的百分率表示。而样品预处理需要按照 GB/T 15687—2008《动植物油脂　试样的制备》进行操作。

极性物质测定的方法有柱层析法与制备型快速柱层析法两种。

（一）柱层析法

柱层析法原理是通过柱层析技术的分离，油脂试样被分为非极性组分和极性组分两部分。其中非极性组分首先被洗脱并蒸干溶剂后称重，油脂试样扣除非极性组分的剩余部分即为极性组分。

（二）制备型快速柱层析法

制备型快速柱层析法原理是通过制备型快速柱层析技术的分离，油脂试样被分为非极性组分和极性组分两部分。其中非极性组分首先被洗脱并蒸干溶剂后称重，油脂试样扣除非极性组分的剩余部分即为极性组分。

六、油脂中抗氧化剂的测定

油脂中抗氧化剂种类较多，其检测方法主要参考标准 GB 5009.32—2016《食品安全国家标准　食品中 9 种抗氧化剂的测定》中规定对以下 9 种抗氧化剂作出明确测定规定：没食子酸丙酯（PG）、2,4,5-三羟基苯丁酮（THBP）、特丁基对苯二酚（TBHQ）、去甲二氢愈创木酸（NDGA）、丁基羟基茴香醚（BHA）、2,6-二叔丁基-4-羟甲基苯酚

(Ionox-100)、没食子酸辛酯(OG)、2,6-二叔丁基对甲基苯酚(BHT)、没食子酸十二酯(DG)。同时明确了以下5种方法可作为抗氧化剂的测定的方法:高效液相色谱法、液相色谱串联质谱法、气相色谱-质谱法、气相色谱法与比色法。

(一)高效液相色谱法

高效液相色谱法适用于上述9种抗氧化剂:PG、THBP、TBHQ、NDGA、BHA、BHT、Ionox-100、OG、DG,其原理是油脂样品经有机溶剂溶解后,使用凝胶渗透色谱(GPC)净化。固体类食品样品用正己烷溶解,用乙腈提取,固相萃取柱净化。高效液相色谱法测定,外标法定量。

(二)液相色谱串联质谱法

液相色谱串联质谱法适用于上述5种抗氧化剂:THBP、PG、OG、NDGA、DG,其原理是油脂样品经有机溶剂溶解后,使用凝胶渗透色谱(GPC)净化。固体类食品样品用正己烷溶解,用乙腈提取,固相萃取柱净化。液相色谱串联质谱联用仪测定,外标法定量。

(三)气相色谱-质谱法

气相色谱-质谱法适用于上述4种抗氧化剂:BHA、BHT、TBHQ、Ionox-100,其原理是油脂样品经有机溶剂溶解后,使用凝胶渗透色谱(GPC)净化。固体类食品样品用正己烷溶解,用乙腈提取,固相萃取柱净化。气相色谱-质谱联用仪测定,外标法定量。

(四)气相色谱法

气相色谱法适用于上述3种抗氧化剂:BHA、BHT、TBHQ,其原理是样品中的抗氧化剂用有机溶剂提取、凝胶渗透色谱净化后,用气相色谱氢火焰离子化检测器检测,采用保留时间定性,外标法定量。

(五)比色法

比色法适用于上述1种抗氧化剂:PG,其原理是试样经石油醚溶解、用乙酸铵水溶液提取后,PG与亚铁酒石酸盐起颜色反应,在波长540nm处测定吸光度,与标准曲线比较定量。

第四节 食品专用油脂特征指标的分析

食品专用油脂是食品工业重要的原辅料,它能够影响终端产品的质量。食品专用油脂赋予食品以良好的口感、造型和色泽，广泛应用于煎炸、烘焙、饼干、点心、糖果、饮料等食品加工中。因此，分析食品专用油脂的特征指标包括其结晶行为、热行为、机械性能等指标，对于其在食品工业中的应用具有重要意义。

一、食品专用油脂结晶行为分析

食品专用油脂结晶行为通常从以下几个方面进行分析。

（一）脂肪结晶成核诱导时间的分析

采用相变分析仪进行分析，其基本原理是基于脂肪在结晶过程中，光束撞击样品时所散发出的信号不同。在成核前，相变分析仪记录的信号强度是恒定的。随着脂肪成核结晶，入射光束在固液相边发生散射，信号强度发生变化。随着结晶时间的延长，晶体颗粒不断增加，信号按比例增加，直到达到区域平衡。而信号开始变化的时间点，即为脂肪结晶成核诱导时间。

（二）脂肪结晶动力学分析

脂肪结晶过程包括成核和晶体生长两个过程。在一定的结晶温度下，随着结晶时间的延长，晶体含量不断增加，即固体脂肪含量（solid fat content，SFC）不断增加，直至达到平衡。通过 P-NMR 监测一定结晶温度下的 SFC 随结晶时间的变化，并用 Avrami 方程拟合结晶曲线，从而得出脂肪的结晶动力学特性。

（三）脂肪晶型分析

脂肪晶型分析是将具有一定波长的 X 射线照射到结晶性物质上时，X 射线因在结晶内遇到规则排列的原子或离子而发生散射。散射的 X 射线在某些方向上相位得到加强，从而显示与结晶结构相对应的特有的衍射现象，从而得出结晶内原子或离子的规则排列状态信息。

（四）脂肪晶体微观结构分析

偏光显微镜配有两个偏光镜。在成像的样本之前，将第一偏振器放置在光路中；第二个偏振器，称为检偏器，放置在物镜和观察管之间的光路中。各向异性材料充当光束分离器，因此，当光穿过各向异性脂肪晶体时，它会折射成两束光线，每束光线都会彼此偏振并折射成直角，并以不同的速度传播，这种现象称为双折射。分析仪将在相同方向传播并将在同一平面振动的两束光束重新组合在一起。偏振器可确保重组时两束光束同相，从而获得最大的对比度。偏振光显微镜在深色背景下，可以直接观察到明亮的脂肪晶体网络的双折射固体微结构元素，如图 5-13 所示。

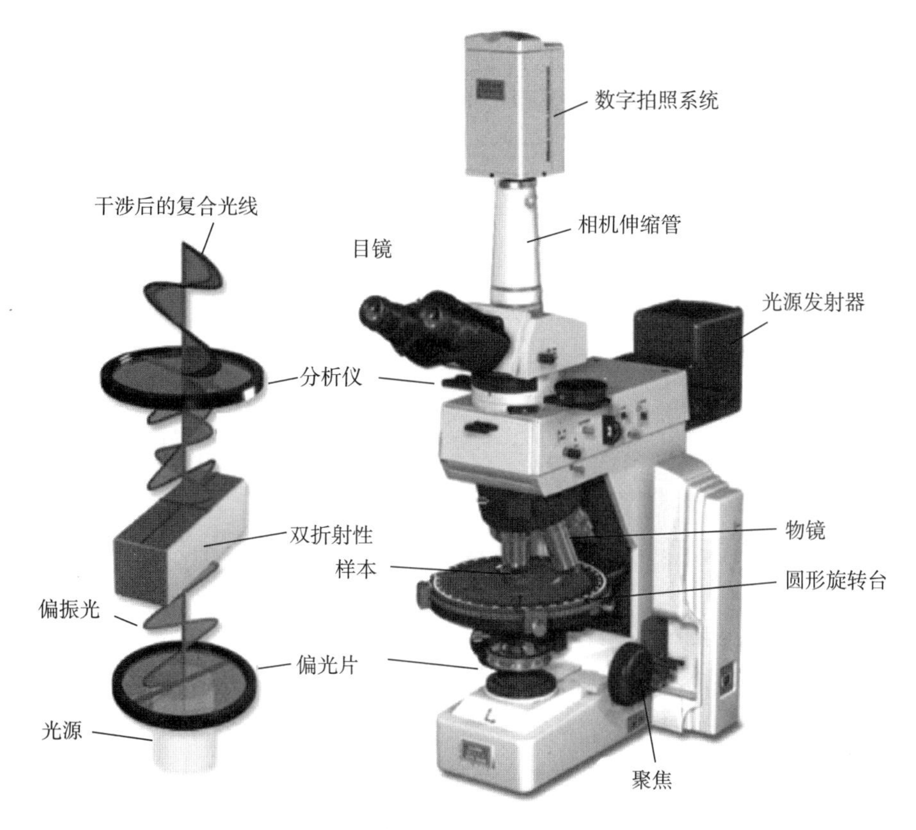

图 5-13　偏振光显微镜的结构示意图

在使用时取适量完全熔化的样品于载玻片上，盖上盖玻片压制均匀，以产生厚度均匀的膜。立即将载玻片转移到设定好温度的冷热台上结晶。找到合适的视野固定，设置温度变化程序，观察样品微观结构，并用随机图像处理软件对图片进行分析。

二、食品专用油脂热行为分析

食品专用油脂热行为分析常使用差示扫描量热法（DSC）研究脂肪样品的热行为，通过测量样品和空白样品之间的温度或热量输入之间的差异，实现表征与相变有关的变化信息（即晶体形成或熔化）。随着温度以受控速率升高或降低，获得与样品相变相关的热分析图。结晶是放热过程，因为在此过程中释放了能量，在热分析图中观察到该能量为一个向上的峰值。另一方面，熔化是一个吸热过程，在该过程中能量被吸收，导致系统的能量流减少，并在热分析图中观察为向下峰，如图 5-14 所示。

在热分析图中，可观察到两种相变现象（即结晶和熔化）。注意：不同仪器软件可将放热过程显示为与基线的热流正偏差（↑）和负偏差（↓）。

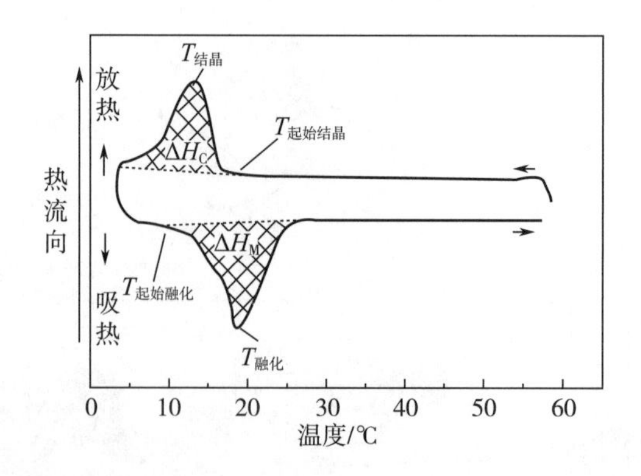

图 5-14 食品专用油脂（可可脂）的结晶融化示意图（热流与温度的关系图）

三、食品专用油脂机械性能分析

脂肪晶体网络的机械性能由多种因素决定，例如化学组成、SFC 和晶体习性以及微观结构等。通过对脂肪结晶网络结晶特性的分析，可以明确不同脂肪晶体的不同尺寸的结构与脂肪结晶网络功能性之间的关系，从而进一步明确结构与性能之间的联系。而机械性能分析通常着重于流变特性与质构特性。

（一）食品专用油脂的流变学特性

脂肪是结晶网络包埋液态油所形成的软物质，具有一定的黏弹特性。利用流变实验中小变形过程中的线性黏弹区研究脂肪的黏弹性，可以揭示脂肪微观结构和其宏观特性之间的关系。小变形流变是在线性黏弹区内进行的，不会对样品造成结构损坏。根据所施加的应力以及应变的测量方式，可以确定不同的模量（应力与应变的比值）。例如，当施加剪切应力时，剪切模量（G）定义为剪切应力（σ）与剪切应变（γ）之比。通过小变形流变学获得的用于描述脂肪结晶网络流变特性的参数有：储能模量（G'）、损耗模量（G''）、相角［tan（δ）］和复合模量（G^*）。

小变形流变方法包括以振动方式施加应力或应变，其中材料以变形（对于受控速率仪器而言）或应力（对于受控应力设备而言）形式受到正弦扰动。如图 5-15 所示，显示了典型的应力-应变正弦关系，其中所产生的应变可与施加的应力同相或异相。当样品是理想（或纯弹性）固体时，施加最大应力时会出现最大应变。如果材料是纯黏性的，则应力和应变相差 90°。黏弹性材料的行为介于纯黏性和纯弹性极限之间，其中 δ 始终在 0°和 90°之间。

储存模量（G'）、损耗模量（G''）、复合模量（G^*）和 tan（δ）之间的关系如下列公式所示。

$$G' = \left(\frac{\sigma_o}{\gamma_o}\right)\cos(\delta) \tag{5-4}$$

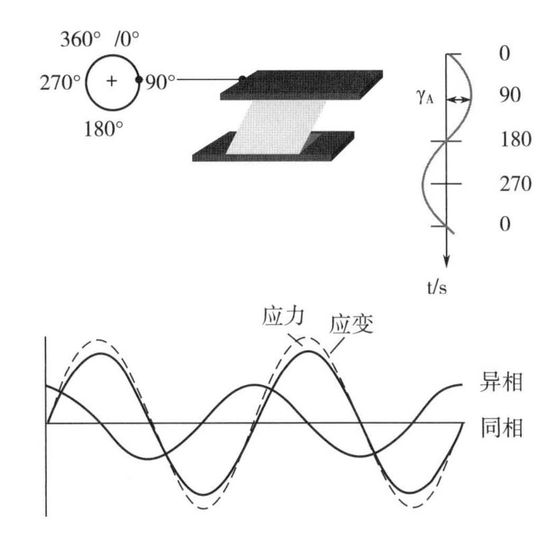

图 5-15　小变形流变下施加振动正弦应力波（虚线）和样品相应的正弦应变波（连续线）

$$G'' = \left(\frac{\sigma_o}{\gamma_o}\right)\sin(\delta) \tag{5-5}$$

$$G^* = \sqrt{(G')^2 + (G'')^2} \tag{5-6}$$

式中　σ_o——施加的应力；

γ_o——产生的应变；

δ——施加的应力和所得应变曲线之间的相位滞后或位移，也称为损耗角，以度（°）为单位。

其中，模量的单位为 Pa。G'是剪切过程中样品中存储的变形能的量度。它是可作为驱动力来补偿所施加的变形的能量，其代表样品的弹性行为。G''是剪切过程中样品中消耗的变形能的量度，这种能量在变形过程中会丢失或消散，因此材料显示出不可逆的变形行为，其代表样品的黏性行为。在脂肪晶体网络中，显示 G'与脂肪晶体网络的硬度和强度有关，而 G''与脂肪晶体网络的可延展性有关。

G'和 G''都是频率的函数，可以用相移和剪切应力与应变之间的振幅比表示。这两个模量之比是用于描述黏弹性行为的常见材料函数，如式（5-7）所示：

$$\tan(\delta) = \frac{G''}{G'} \tag{5-7}$$

tan（δ）是每个周期损失的能量除以每个周期存储的能量的商。换句话说，就是变形行为的黏性与弹性部分之比。

（二）食品专用油脂的质构分析

食品专用油脂的质构分析原理是基于恒定力样品的变形，直至力超过样品的结构能力，导致样品永久变形和破裂。通过测量引起样品变化所需施加力的量，可以获得硬度、铺展性、切削力或屈服力的代表性测量值。这种方法通过在两个 *PP* 之间施加单轴平行力来压缩样品，通过测量屈服力来确定相对硬度（图 5-16）。屈服力至少取决于两个参数，即施加应力的速率和负载。

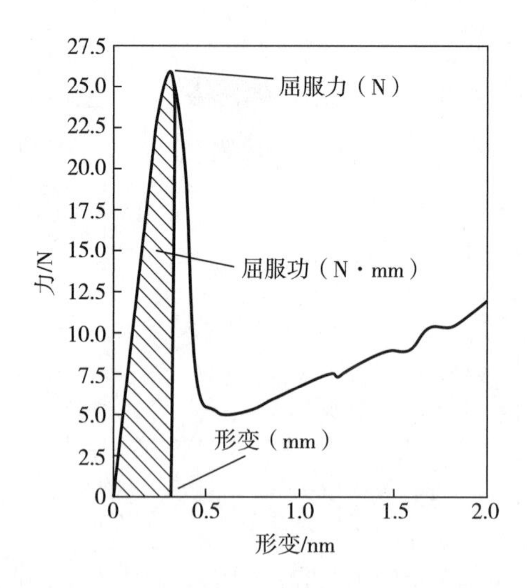

图 5-16　由两个 *PP* 之间的样品压缩所获得的典型载荷-变形曲线

通过以下参数表征其机械性能：屈服力、屈服力时的位移、压缩屈服功和压缩模量。

第五节　油脂中有毒有害物质的测定

食用油脂在加工和储藏过程中存在一些对人体健康有害的物质。油脂中有毒有害的物质主要来自于油脂的污染，包括农药残留污染、霉菌及其毒素污染以及油脂制作过程中溶剂和其他有毒物质的污染等多个方面。油脂中农药残留问题源自于在油料作物的种植过程中使用了农药，并且在加工过程中的溶剂提取、高温加热、吸附剂的加入都可能导致残留在油料种子中的农药分解和吸附。油脂中主要的霉菌及其毒素是黄曲霉及黄曲霉毒素，油脂中黄曲霉毒素来源于油料种子。油料种子在高温高湿条件下储存可被霉菌污染，包括玉米、棉籽、油菜籽等。

一、油脂中残留溶剂的测定

在油脂工业上，浸出法或先压榨后浸出的方法制取植物油脂，存在溶剂残留的问题，浸出法取油是用有机溶剂对油料浸泡、冲洗，使油脂溶入溶剂里，得到溶剂和油脂的混合物，然后加热蒸发，使溶剂挥发而剩下油脂。在 GB 2716—2018《食品安全国家标准　植物油》中，溶剂残留量被列为强制性的限量指标，同时将浸出工艺生产的食用植物油（包括调和油）的溶剂残留量下调为≤20mg/kg，并增加“压榨油溶剂残留量不得检出”要求，不再对植物原油要求溶剂残留指标。并更新了相应的检测方法标准，即按照 GB 5009. 262—2016《食品安全国家标准　食品中溶剂残留量的测定》执行。

测定油脂中的溶剂残留多采用顶空气相色谱法。其原理是样品中存在的溶剂残留在密闭容器中会扩散到气相中，经过一定时间后可达到气相/液相间浓度的动态平衡。用顶空气相色谱法检测上层气相中溶剂残留的含量，即可计算出待测样品中溶剂残留的实际含量。

二、油脂中生物毒素的测定

油脂中的生物毒素以真菌毒素最为常见，在 GB 2761—2017《食品安全国家标准　食品中真菌毒素限量》与 GB 2762—2017《食品安全国家标准　食品中污染物限量》有明确的规定，花生油与玉米油的黄曲霉毒素 B_1 应低于 20μg/kg，而其他油脂及其制品中的黄曲霉毒素 B_1 应低于 10μg/kg，同时也明确了黄曲霉毒素 B 族和 G 族的检测方法按照 GB 5009.22—2016《食品安全国家标准　食品中黄曲霉毒素 B 族和 G 族的测定》执行。而对于其他油脂中的生物毒素的检测方法：黄曲霉毒素 M 家族，脱氧雪腐镰刀菌烯醇，赭曲霉毒素 A，玉米赤霉烯酮则可以分别按照 GB 5009.24—2016《食品安全国家标准　食品中黄曲霉毒素 M 族的测定》，GB 5009.111—2016《食品安全国家标准　食品中脱氧雪腐镰刀菌烯醇及其乙酰化衍生物的测定》，GB 5009.96—2016《食品安全国家标准　食品中赭曲霉毒素 A 的测定》，GB 5009.209—2016《食品安全国家标准　食品中玉米赤霉烯酮的测定》执行。

得益于其他食品中生物毒素检测方法的发展，油脂中生物毒素的检测也呈现多元化，目前多采用同位素稀释液相色谱-串联质谱法、高效液相色谱-柱前衍生法、高效液相色谱-柱后衍生法、酶联免疫吸附筛查法与薄层色谱法五种。

（一）同位素稀释液相色谱-串联质谱法

同位素稀释液相色谱-串联质谱法原理是将试样中的黄曲霉毒素 B_1、黄曲霉毒素 B_2、黄曲霉毒素 G_1、黄曲霉毒素 G_2，用乙腈-水溶液或甲醇-水溶液提取。提取液用含 1% TritonX-100（或吐温-20）的磷酸盐缓冲溶液稀释后（必要时经黄曲霉毒素固相净化柱初步净化），通过免疫亲和柱净化和富集。净化液浓缩、定容和过滤后经液相色谱分离，串联质谱检测，同位素内标法定量。

（二）高效液相色谱-柱前衍生法

高效液相色谱-柱前衍生法原理是将试样中的黄曲霉毒素 B_1、黄曲霉毒素 B_2、黄曲霉毒素 G_1、黄曲霉毒素 G_2，用乙腈-水溶液或甲醇-水溶液的混合溶液提取。提取液经黄曲霉毒素固相净化柱净化去除脂肪、蛋白质、色素及碳水化合物等干扰物质。净化液用三氟乙酸柱前衍生，液相色谱分离，荧光检测器检测，外标法定量。

（三）高效液相色谱-柱后衍生法

高效液相色谱-柱后衍生法原理是将试样中的黄曲霉毒素 B_1、黄曲霉毒素 B_2、黄曲霉毒素 G_1、黄曲霉毒素 G_2，用乙腈-水溶液或甲醇-水溶液的混合溶液提取，提取液经免疫亲和柱净化和富集。净化液浓缩、定容和过滤后经液相色谱分离，柱后衍生（碘或溴试剂衍生、光化学衍生、电化学衍生等），经荧光检测器检测，外标法定量。

（四）酶联免疫吸附筛查法

酶联免疫吸附筛查法原理是将已知的抗原或抗体结合于固相载体表面，并保持抗原或抗体的免疫活性。将抗原或抗体与某种酶连接成酶标抗原或抗体，同时保持酶的活性。在检测时，将待检样品与酶标抗原或抗体按步骤加入反应板，使之与固相载体表面的抗原或抗体反应结合，洗涤去除其他杂质，则最后结合在固相载体表面上的酶量与待检样品中的抗原或抗体量呈现一定的比例。加入底物，其所含的供氢体可在酶的作用下被还原成有色的氧化型，出现颜色反应。故可通过颜色的深浅判断样品中抗原或抗体的量。

（五）薄层色谱法

薄层色谱法原理是将样品经提取、浓缩、薄层分离后，黄曲霉毒素 B_1 在紫外光（波长 365nm）下产生蓝紫色荧光，根据其在薄层上显示荧光的最低检出量来测定含量。

三、油脂中残留农药的测定

油脂中残留农药的测定主要参考目前我国统一规定的食品中农药最大残留限量的强制性国家标准 GB 2763—2021《食品安全国家标准　食品中农药最大残留限量》中的要求。标准规定了 2,4-二氟苯氧乙酸等 564 种农药在 376 种（类）食品中 10092 项残留限量标准，这其中，油料和油脂的限量总数分别为 758 和 3226 项，明确了食用油中的残留农药的具体限值。

而油脂中残留农药的测定多采用气相色谱-质谱法。其原理是将试样用乙腈提取，提取液经固相萃取或分散固相萃取净化，植物油试样经凝胶渗透色谱净化，气相色谱-质谱联用仪器检测。

第六节　油脂中功能物质的测定

相对油脂不溶性物质，油脂中含有很多可/脂溶性功能物质，是一类具有特殊生理功能的物质，对人体有一定的保健和药用功能，有益人体健康。对人体一些相应缺乏症和内源性疾病，特别是高血压、心脏病、癌症、糖尿病等具有积极防治作用。目前，功能性食品的开发已成为食品行业的热点，具有功能性的油脂开发也取得了巨大的进展。将功能性油脂添加到食品中，发挥其特殊的功能作用，在食品工业中将会有广阔的发展前景。因此，针对不同的人群需求，分析不同功能性油脂所含有的功能物质指标对食品工业中添加功能性油脂具有指导意义。油脂中功能物质指标主要包括维生素E、植物甾醇、胡萝卜素、芝麻酚、角鲨烯等。由于油脂体系较多，不同的油脂体系所使用的样品预处理方式也不相同。以下将从分析方法、分析原理等几个方面简要介绍油脂中功能物质指标的测定。

（一）维生素E

维生素E的测定方法多采用正相高效液相色谱法。其原理是将试样中的维生素E经有机溶剂提取、浓缩后，用高效液相色谱酰胺基柱或硅胶柱分离，经荧光检测器检测，外标法定量。

需要注意的是，维生素E的检测分析需要考虑到不同的油脂体系，通常分为植物油脂与奶油、黄油两种。

（二）植物甾醇

植物甾醇的测定方法多采用气相色谱法。其原理是将样品用氢氧化钾-乙醇溶液回流皂化后，不皂化物以氧化铝层析柱进行固相萃取分离。脂肪酸阴离子被氧化铝层析柱吸附，甾醇流出层析柱。通过薄层色谱法将甾醇与不皂化物分离。以桦木醇为内标物，通过气相色谱法对甾醇及其含量进行定性和定量。

（三）胡萝卜素

胡萝卜素的测定方法多采用反相色谱法。其原理是将试样经皂化使胡萝卜素释放为游离态，用石油醚萃取、二氯甲烷定容后，采用反相色谱法分离，外标法定量测定胡萝卜素含量。

（四）芝麻酚

芝麻酚的测定方法采用高效液相色谱法。其原理是将样品中的芝麻酚采用固相萃取技术，提取、净化、富集后，用高效液相色谱分离测定，紫外检测器外标法定量。

（五）角鲨烯

角鲨烯的测定方法采用气相色谱法。其原理是将样品用氢氧化钾-乙醇溶液皂化、正己烷提取后，采用气相色谱法，以角鲨烷为内标测定植物油中角鲨烯的含量。

（六）异黄酮

异黄酮的测定方法采用液相色谱-串联质谱法。其原理是将样品中的异黄酮用正己烷提取，经固相萃取柱净化浓缩后，液相色谱-串联质谱正离子模式下测定，外标法定量。

思考题

1. 简述脂质提取分离的方法及特点。
2. 简述脂质含量的测定方法及特点。
3. 分别简述油脂的基本物理与化学特性。
4. 简述油脂中功能性物质都有哪些？
5. 简述油脂氧化酸败的定义、特点及测定方法。
6. 简述偏振光显微镜的工作原理及其应用。
7. 简述食品专用油脂的特征指标。
8. 简述油脂中的有毒有害物质的种类及其测定方法。

参考文献

［1］刘元法．食品专用油脂［M］. 北京：中国轻工业出版社，2017.

［2］毕艳兰，等．油脂化学［M］. 北京：化学工业出版社，2005.

［3］金青哲．功能性脂质［M］. 北京：中国轻工业出版社，2013.

［4］曹振宇，刘泽龙，张慧娟，等．食用植物油脂凝胶化技术研究进展［J］. 中国油脂，2019，44（8）：57—64.

［5］钟金锋，覃小丽，刘雄．凝胶油及其在食品工业中的应用研究进展［J］. 食品科学，2015，36（3）：272—279.

［6］AKOH CC，MIN DB. Food lipids［M］. New York：M. Dekkev，2002.

［7］GURR MI，HARWOOD JL，FRAYN KN. Lipid Biochemistry［M］. Blackwell Science，Oxford，2002.

［8］王兴国，金青哲．油脂化学［M］. 北京：科学出版社，2012.

［9］李培武，谢立华，魏丽芳．反式脂肪酸检测方法研究与应用［J］. 中国油料作物学报，2009，31（3）：374—379.

［10］韦伟，张星河，金青哲，等．人乳脂中甘油三酯分析方法及组成的研究进展［J］. 中国油脂，2017，42（12）：35—39.

［11］BROCKERHOFF H. A stereospecific analysis of triglycerides［J］. Journal of Lipid Research，1965，6（1）：10—15.

［12］ITABASHI Y，TAKAGI T. High performance liquid chromatographic separation of monoacylglycerol enantiomers on a chiral stationary phase［J］. Lipids，1986，21（6）：413—416.

［13］TAKAGI T，ANDO Y. Stereospecific analysis of triacyl-sn-glycerols by chiral high-performance liquid chromatography［J］. Lipids，1991，26（7）：542—547.

［14］TAKAGI T. Chromatographic resolution of chiral lipid derivatives［J］. Progress in Lipid Research，1990，29（4）：277—298.

［15］CHRISTIE W，CLAPPERTON J. Structures of the triglycerides of cows' milk，fortified milks（including. infant formulae），and human milk［J］. International Journal of Dairy Technology，1982，35（1）：22—24.

［16］TAKAGI T，ITABASHI Y. Resolution of Racemic Monoacylglycerols to Enantiomers by High-Performance Liquid Chromatography［J］. Journal of Japan Oil Chemists' Society，1985，34（11）：962—963.

[17] LISA M, HOLCAPEK M. Characterization of triacylglycerol enantiomers using chiral HPLC/APCI - MS and synthesis of enantiomeric triacylglycerols [J]. Analytical Chemistry, 2013, 85 (3): 1852—1859.

[18] 李兆丰，徐勇将，范柳萍，等. 未来食品基础科学问题 [J]. 食品与生物技术学报，2020，39 (10)：9.

[19] LINGWOOD D, KAI S. Lipid Rafts As a Membrane-Organizing Principle [J]. Science, 2010, 327: 46—50.

[20] KO CW, QU J, BLACK DD, et al. Regulation of intestinal lipid metabolism: current concepts and relevance to disease [J]. Nature Reviews Gastroenterology & Hepatology, 2020, 17: 1—15.

[21] SCHOELER M, CAESAR R. Dietary lipids, gut microbiota and lipid metabolism [J]. Reviews in Endocrine and Metabolic Disorders, 2019, 20 (4): 461-472.

[22] YE Z, XU Y, LIU Y. Influences of dietary oils and fats, and the accompanied minor content of components on the gut microbiota and gut inflammation: A review [J]. Trends in Food Science & Technology, 2021, 113: 255—276.

[23] 胡亚平. 油料作物油脂合成相关基因的转录、克隆和功能比较研究 [D]. 中国农业科学院，2009.

[24] 郭小宇，杨兰，李宪臻，等. 提高微生物油脂生产能力的研究进展 [J]. 微生物学通报，2013，40 (12)：2295—2305.

[25] 罗质. 油脂精炼工艺学 [M]. 北京：中国轻工业出版社，2016.

[26] 何东平，闫子鹏. 油脂精炼与加工工艺学 [M]. 北京：中国轻工业出版社，2012.

[27] 刘玉兰. 油脂制取与加工工艺学 [M]. 北京：科学出版社，2009.

[28] 王兴国，金青哲. 食用油精准适度加工理论与实践 [M]. 北京：中国轻工业出版社，2016.

[29] 张露，陈俭春，李学红. 甘三酯结晶特性的研究进展 [J]. 中国油脂，2017，42 (9)：72—77.

[30] 贺媛，唐文斌，李兴博. 生物电阻抗分析法和双能 X 射线吸收法测量老年人体脂肪率的对比研究 [J]. 中国食物与营养，2016，22 (4)，4.

[31] 于修烛，杜双奎，王青林，等. 傅里叶红外光谱法油脂定量分析研究进展 [J]. 中国粮油学报，2009，24 (1)：129—136.

[32] 彭丹，纪俊敏，徐可欣. 超声法同时测定牛奶中脂肪和蛋白质含量 [J]. 农产品加工，2009，9：20—22.